第一推动丛书：物理系列
The Physics Series

寻找希格斯粒子
The Particle at the End of the Universe

[美] 肖恩·卡罗尔 著 王文浩 译
Sean Carroll

湖南科学技术出版社

THE
FIRST
MOVER

总序

《第一推动丛书》编委会

科学，特别是自然科学，最重要的目标之一，就是追寻科学本身的原动力，或曰追寻其第一推动。同时，科学的这种追求精神本身，又成为社会发展和人类进步的一种最基本的推动。

科学总是寻求发现和了解客观世界的新现象，研究和掌握新规律，总是在不懈地追求真理。科学是认真的、严谨的、实事求是的，同时，科学又是创造的。科学的最基本态度之一就是疑问，科学的最基本精神之一就是批判。

的确，科学活动，特别是自然科学活动，比起其他的人类活动来，其最基本特征就是不断进步。哪怕在其他方面倒退的时候，科学却总是进步着，即使是缓慢而艰难的进步。这表明，自然科学活动中包含着人类的最进步因素。

正是在这个意义上，科学堪称为人类进步的“第一推动”。

科学教育，特别是自然科学的教育，是提高人们素质的重要因素，是现代教育的一个核心。科学教育不仅使人获得生活和工作所需的知识和技能，更重要的是使人获得科学思想、科学精神、科学态度以及科学方法的熏陶和培养，使人获得非生物本能的智慧，获得非与生俱来的灵魂。可以这样说，没有科学的“教育”，只是培养信仰，而不是教育。没有受过科学教育的人，只能称为受过训练，而非受过教育。

正是在这个意义上，科学堪称为使人进化为现代人的“第一推动”。

近百年来，无数仁人志士意识到，强国富民再造中国离不开科学技术，他们为摆脱愚昧与无知做了艰苦卓绝的奋斗。中国的科学先贤们代代相传，不遗余力地为中国的进步献身于科学启蒙运动，以图完成国人的强国梦。然而可以说，这个目标远未达到。今日的中国需要新的科学启蒙，需要现代科学教育。只有全社会的人具备较高的科学素质，以科学的精神和思想、科学的态度和方法作为探讨和解决各类问题的共同基础和出发点，社会才能更好地向前发展和进步。因此，中国的进步离不开科学，是毋庸置疑的。

正是在这个意义上，似乎可以说，科学已被公认是中国进步所必不可少的推动。

然而，这并不意味着，科学的精神也同样地被公认和接受。虽然，科学已渗透到社会的各个领域和层面，科学的价值和地位也更高了，但是，毋庸讳言，在一定的范围内或某些特定时候，人们只是承认“科学是有用的”，只停留在对科学所带来的结果的接受和承认，而不是对科学的原动力——科学的精神的接受和承认。此种现象的存在也是不能忽视的。

科学的精神之一，是它自身就是自身的“第一推动”。也就是说，科学活动在原则上不隶属于服务于神学，不隶属于服务于儒学，科学活动在原则上也不隶属于服务于任何哲学。科学是超越宗教差别的，超越民族差别的，超越党派差别的，超越文化和地域差别的，科学是普适的、独立的，它自身就是自身的主宰。

湖南科学技术出版社精选了一批关于科学思想和科学精神的世界名著，请有关学者译成中文出版，其目的就是为了传播科学精神和科学思想，特别是自然科学的精神和思想，从而起到倡导科学精神，推动科技发展，对全民进行新的科学启蒙和科学教育的作用，为中国的进步做一点推动。丛书定名为“第一推动”，当然并非说其中每一册都是第一推动，但是可以肯定，蕴含在每一册中的科学的内容、观点、思想和精神，都会使你或多或少地更接近第一推动，或多或少地发现自身如何成为自身的主宰。

再版序
一个坠落苹果的两面：极端智慧与极致想象

龚曙光

2017年9月8日凌晨于抱朴庐

连我们自己也很惊讶，《第一推动丛书》已经出了25年。

或许，因为全神贯注于每一本书的编辑和出版细节，反倒忽视了这套丛书的出版历程，忽视了自己头上的黑发渐染霜雪，忽视了团队编辑的老退新替，忽视好些早年的读者，已经成长为多个领域的栋梁。

对于一套丛书的出版而言，25年的确是一段不短的历程；对于科学研究的进程而言，四分之一个世纪更是一部跨越式的历史。古人“洞中方七日，世上已千秋”的时间感，用来形容人类科学探求的速律，倒也恰当和准确。回头看看我们逐年出版的这些科普著作，许多当年的假设已经被证实，也有一些结论被证伪；许多当年的理论已经被孵化，也有一些发明被淘汰……

无论这些著作阐释的学科和学说，属于以上所说的哪种状况，都本质地呈现了科学探索的旨趣与真相：科学永远是一个求真的过程，所谓的真理，都只是这一过程中的阶段性成果。论证被想象讪笑，结论被假设挑衅，人类以其最优越的物种秉赋——智慧，让锐利无比的理性之刃，和绚烂无比的想象之花相克相生，相否相成。在形形色色的生活中，似乎没有哪一个领域如同科学探索一样，既是一次次伟大的理性历险，又是一次次极致的感性审美。科学家们穷其毕生所奉献的，不仅仅是我们无法发现的科学结论，还是我们无法展开的绚丽想象。在我们难以感知的极小与极大世界中，没有他们记历这些伟大历险和极致审美的科普著作，我们不但永远无法洞悉我们赖以生存世界的各种奥秘，无法领略我们难以抵达世界的各种美丽，更无法认知人类在找到真理和遭遇美景时的心路历程。在这个意义上，科普是人类极端智慧和极致审美的结晶，是物种独有的精神文本，是人类任何其他创造——神学、哲学、文学和艺术无法替代的文明载体。

在神学家给出“我是谁”的结论后，整个人类，不仅仅是科学家，包括庸常生活中的我们，都企图突破宗教教义的铁窗，自由探求世界的本质。于是，时间、物质和本源，成为了人类共同的终极探寻之地，成为了人类突破慵懒、挣脱琐碎、拒绝因袭的历险之旅。这一旅程中，引领着我们艰难而快乐前行的，是那一代又一代最伟大的科学家。他们是极端的智者和极致的幻想家，是真理的先知和审美的天使。

我曾有幸采访《时间简史》的作者史蒂芬·霍金，他痛苦地斜躺在轮椅上，用特制的语音器和我交谈。聆听着由他按击出的极其单调的金属般的音符，我确信，那个只留下萎缩的躯干和游丝一般生命气息的智者就是先知，就是上帝遣派给人类的孤独使者。倘若不是亲眼所见，你根本无法相信，那些深奥到极致而又浅白到极致，简练到极致而又美丽到极致的天书，竟是他蜷缩在轮椅上，用唯一能够动弹的手指，一个语音一个语音按击出来的。如果不是为了引导人类，你想象不出他人生此行还能有其他的目的。

无怪《时间简史》如此畅销！自出版始，每年都在中文图书的畅销榜上。其实何止《时间简史》，霍金的其他著作，《第一推动丛书》所遴选的其他作者著作，25年来都在热销。据此我们相信，这些著作不仅属于某一代人，甚至不仅属于20世纪。只要人类仍在为时间、物质乃至本源的命题所困扰，只要人类仍在为求真与审美的本能所驱动，丛书中的著作，便是永不过时的启蒙读本，永不熄灭的引领之光。

虽然著作中的某些假说会被否定，某些理论会被超越，但科学家们探求真理的精神，思考宇宙的智慧，感悟时空的审美，必将与日月同辉，成为人类进化中永不腐朽的历史界碑。

因而在25年这一时间节点上，我们合集再版这套丛书，便不只是为了纪念出版行为本身，更多的则是为了彰显这些著作的不朽，为了向新的时代和新的读者告白：21世纪不仅需要科学的功利，而且需要科学的审美。

当然，我们深知，并非所有的发现都为人类带来福祉，并非所有的创造都为世界带来安宁。在科学仍在为政治集团和经济集团所利用,甚至垄断的时代，初衷与结果悖反、无辜与有罪并存的科学公案屡见不鲜。对于科学可能带来的负能量，只能由了解科技的公民用群体的意愿抑制和抵消：选择推进人类进化的科学方向，选择造福人类生存的科学发现，是每个现代公民对自己，也是对物种应当肩负的一份责任、应该表达的一种诉求！在这一理解上，我们将科普阅读不仅视为一种个人爱好，而且视为一种公共使命！

牛顿站在苹果树下，在苹果坠落的那一刹那，他的顿悟一定不只包含了对于地心引力的推断，而且包含了对于苹果与地球、地球与行星、行星与未知宇宙奇妙关系的想象。我相信，那不仅仅是一次枯燥之极的理性推演，而且是一次瑰丽之极的感性审美……

如果说，求真与审美，是这套丛书难以评估的价值，那么，极端的智慧与极致的想象，则是这套丛书无法穷尽的魅力！

献给我的母亲

——一位领我走进图书馆的人

目录

	001	序幕
第 1 章	008	物质为什么很重要
第 2 章	021	堪称神圣
第 3 章	042	原子与粒子
第 4 章	058	加速器的故事
第 5 章	079	史上最大的机器
第 6 章	098	智破粒子
第 7 章	121	波动的粒子
第 8 章	143	穿越破镜
第 9 章	174	实验室沸腾了
第 10 章	203	“希格斯子” 不胫而走
第 11 章	225	诺贝尔的梦想
第 12 章	262	地平线之外
第 13 章	289	粒子物理学的未来
附录 1	305	质量与自旋
附录 2	315	标准模型粒子
附录 3	321	粒子及其相互作用
	331	进一步阅读材料
	333	参考文献
	340	致谢
	343	名词索引
	388	译后记

1 序幕

乔安妮·休伊特感到有点眩晕。她在对着摄像机镜头兴高采烈地说话时，脸上总是洋溢着灿烂的笑容。此刻，出席旧金山瑞士领事馆聚会的人们正沉浸在一派喧闹声中。这个聚会是为庆祝大型强子对撞机（LHC）第一次在地下的机器隧道内成功实现质子循环而举办的。位于日内瓦郊外法国—瑞士边境的这台强子对撞机是一台巨大的粒子加速器，其目标是要揭开宇宙的秘密。香槟四溢，没人惊奇。乔安妮提高了嗓门强调道："为了这一天我已经等了25年了。"

这是一个重要时刻。在2008年的这一时刻，粒子物理学家们终于实现了他们长期坚守的梦想——为了迈出下一大步，他们需要建造一台能够让质子以巨大能量相互对撞而粉碎的巨型粒子加速器。那会儿他们曾认为美国会建一个这样的装置。但事情并没有如预期的那样发生。1983年，休伊特刚开始读研究生，当时美国国会首次同意在得克萨斯州建造超导超级对撞机（SSC）。原计划这台机器将在2000年以前开始运行，它将是当时世界上建造的最大的对撞机。她，像她那个时代的大多数充满朝气雄心勃勃的物理学家一样，相信在这台装置上的发现能够奠定他们的研究生涯的基础。

但是，SSC被取消了，物理学家们指望改变未来几十年研究领域面貌的平台被人拆了。政治、官僚主义和内斗处处挡道。现在的LHC，在很多方面都与SSC非常相似，经过长时间的等待后终于要进行第一次运行了。休伊特和她的同事们早已经准备就绪。“在过去的25年里，我所做的事情就是对提出的每一种新的疯狂的理论进行分析，计算它们在SSC或LHC上的印迹（即我们如何认定新的粒子）。”她说。[2]

让休伊特感到眩晕的还有另一个更为私密的原因。在视频中，她的一头红发剪得很短，几乎是平头。这不是时尚的选择。在那年的早些时候，她被诊断出罹患恶性乳腺癌，治愈的概率大约只有1/5。她选择了一种非常积极的治疗方案：痛苦的化疗加简直是无穷无尽的手术。她那标志性的、以前一直垂到腰际的红色秀发很快消失了。很多时候，她对困境付之一笑，安之若泰，始终保持着高昂的精神状态积极思考在LHC上能发现什么新粒子。

作为朋友和同事，我和乔安妮已相识多年。我自己的专长主要在宇宙学，对宇宙做整体研究，这一领域近年来可谓处于新数据和惊人发现勃发的黄金年代。粒子物理学，这个已经变得与宇宙学密不可分的知识领域，正渴望着新的实验结果，以便能颠覆现有的理论范式，引领我们进入一种新的设想。这种压力已经持续了很长时间。聚会上的另一位物理学家，华盛顿大学的戈登·沃茨，被问到长时间期盼着LHC是不是一直很紧张。“那是肯定的。你看我这里的头发都灰白了。我妻子说那是因为我们孩子的缘故，但实际上确实是因为LHC。”

粒子物理学家站在了一个新的时代的边缘，在这个新时代里，有些理论将被淘汰，而另一些理论则变得值得投资。聚会中的每一位物[3]理学家都有他们自己钟爱的模型——希格斯玻色子、超对称、彩色、额外维、暗物质，以及一大堆奇思怪想的概念和梦幻般的推想。

“我希望LHC发现的‘不是上面的任何一种’，”休伊特热情地说道，“我确实认为它会带来惊喜，因为我认为大自然要比我们聪明，她为我们准备了惊喜，我们得好好花时间来搞清楚这一切，那将是巨大的进步！”

那是在2008年。回到2012年，旧金山的那场为庆祝LHC落成的聚会已经结束，做出新发现的新纪元已正式开始。休伊特的头发长起来了。治疗虽然痛苦，但似乎很管用。她的整个职业生涯中一直期待着的实验正在创造历史。经过25年的理论打磨，她的想法终于等到了用真实数据——一些迄今为止我们从来不曾见过的粒子和相互作用——进行检验的时刻，那是大自然一直藏着不肯轻易示人的惊喜。

镜头拉回到2012年7月4日——国际高能物理会议开幕的当日。这是一个每两年一届的会议，在不同年份由世界上各个不同的城市轮流举办，这一年轮到了澳大利亚的墨尔本。包括休伊特在内的好几百位粒子物理学家正济济一堂，在主会场聆听一场特殊的研讨会。建造LHC的所有投资，机器运行期间的所有期待，就要在此时得到回报了。

研讨会在日内瓦欧洲核子研究中心（CERN）的LHC实验室和墨尔本同时举行。有两场报告会，作为大会议程的一部分通常应在墨尔本主会场举行。但在最后时刻，大会决定，宣布新发现的那一刻应当与为实现LHC成功的很多贡献者共同分享。这一决定得到称赞——CERN的数百位物理学家在预定于日内瓦时间上午9时开始的会议之前已经等候了几个小时，他们露营排队，在睡袋里熬了一夜，就是为了能占个好座位。

CERN的总干事罗尔夫·霍伊尔（Rolf Heuer）介绍了会议议程。在两个主要实验中从事LHC数据收集和分析的两个实验组各作一个报告。第一个报告由美国物理学家乔·印坎德拉（Joe Incandela）代表CMS联合实验组来作，第二个报告由意大利物理学家法比奥拉·詹诺蒂（Fabiola Gianotti）代表ATLAS联合实验组给出。两个实验有超过3000名物理学家参与，其中大部分人的工作是在散布世界各地的实验室的电脑上进行的。整个实验过程通过网络直播，不仅传往墨尔本，而且传向全世界——任何一个关心这一实验的人都可以实时听到结果。这种传播方式正适合进行这次现代大科学的庆祝活动——高科技国际合作与大赌注结合产生出令人振奋的回报。

詹诺蒂和印坎德拉在作报告时明显显得神情紧张，但结果的展示已说明一切。两人对使实验成功的各位工程师和科学家表示衷心的感谢。然后，他们不约而同地将报告重点转向说明为什么我们应该相信他们目前的结果。他们解释了各自的机器是如何工作的，数据的分析为什么是准确和可靠的。在这一切精心的铺垫完成之后，他们告诉我们他们已经找到了要找的东西。

事实摆在那儿。几张图，在未经物理学训练的人看来似乎并没有太多区别，但它们都具有一致的特征：出现了比特定能量下所预期的事件数更多的事件（从一次碰撞中得到的粒子流的集合）。所有在场的物理学家立刻就知道这意味着什么：一个新粒子。LHC瞥见了大自然以前从未显露过的一部分。印坎德拉和詹诺蒂经过细致的统计分析，将真正的发现从纷繁的统计涨落中挑选出来，两种实验情形下的结果毫不含糊地表明：结果是真实的。

掌声。在日内瓦、墨尔本和世界的其他地方。数据是如此精确和清晰，甚至连许多从事实验多年的行家们都对此感到吃惊。威尔士物理学家林恩·埃文斯（Lyn Evans），作为负责指导LHC走过崎岖不平道路直至完成的第一人，在看到两个实验如此一致的结果时才承认自己“大吃一惊”。

我自己那天就在欧洲核子研究中心，扮成一名记者待在主大厅隔壁的记者室。记者通常不对他们报道的新闻事件报以掌声，但此时此刻，济济一堂的记者们让情感压倒性地爆发了出来。[5]这不只是CERN或物理学的成功，这是整个人类的成功。

我们认为我们知道我们所发现的东西：一种称为“希格斯玻色子”的基本粒子（以最先提出存在这种性质的粒子的苏格兰物理学家彼得·希格斯的名字命名）。83岁的希格斯本人正坐在研讨会房间里，脸上写满了感动：“我从来没有想过今生我会看到这种情况发生。”早在1964年就提出过同样想法的其他几位资深物理学家也出席了会议。一种理论被命名的约定并不总是公平的，但在此刻，每个人都可以参与到庆祝活动中来。

那么什么是希格斯玻色子呢？它是自然界的一种新粒子。它的数量不是很多，但却是非常特殊的一种。在现代粒子物理学里，已知的粒子有3种。有构成物质的粒子，像电子和夸克，它们构成原子，原子又构成我们所看到的一切；有传递力的粒子，它们传递引力、电磁力和核力，并使物质粒子结合在一起；再有就是希格斯子，它单独构成一类。

希格斯子很重要，不只是因为它是什么，而且是因为它做什么。希格斯子由弥漫于空间的场产生，这种场称为希格斯场。宇宙中已知的一切东西在穿越空间时就会在希格斯场中运动。希格斯场是永远存在的，只不过是潜伏在本底中，我们看不见它。可以这么说：如果没有希格斯子，电子和夸克就没有质量，变得像光子（传播光的粒子）。它们本身将以光速运动，这样就不可能形成原子和分子，更谈不上形成我们知道的各种生命形态。在普通物质的形成机制中，希格斯场不是一种主动的角色，但它在本底中的存在至关重要。如果没有它，世界将完全是另一副样子。现在，我们找到它了。

这里用词需十分谨慎。我们实际上掌握的是非常类似于希格斯子的粒子的证据。它有正确的质量，它基本上按我们预期的方式产生和衰变。但要说我们发现的肯定就是原始模型所预言的希格斯子还为时过早。这里面可能还有更复杂的东西，或者发现的只是精妙的相关粒子谱中的一个部分。但我们的确已经发现了某种新粒子，它的表现就像我们认定的希格斯玻色子。因此在本书中，我将2012年7月4日当作宣布发现希格斯玻色子的日子。如果大自然更微妙，那对我们每一个人来说就更好——物理学家就喜欢活在惊喜中。

人们非常希望希格斯子的发现标志着粒子物理学的新时代的开始。我们知道，物理学的内容要比我们目前所了解的更丰富。对希格斯子的研究提供了一个观察未知世界的新的窗口。现在，像詹诺蒂和印坎德拉这样的实验物理学家有了新的标本可研究，而像休伊特这样的理论物理学家则有了新的线索，可以建立起更好的模型。我们对宇宙的理解则迈出了期待已久的一大步。

这是一个关于一群将毕生奉献给发现大自然最终本性的人的故事。希格斯本人就是一个完美的体现。这里有用笔和纸工作的理论家，他们喝着浓咖啡，和同事激烈地争论，由此推动着在头脑中形成抽象的概念；有工程师，他们想方设法让机器和电子器件突破现有技术限制；最关键的当然是实验者，他们将机器和理论家的想法结合起来去发现大自然的一些新的东西。现代物理学的前沿研究涉及耗资数十亿美元的项目，需要几十年才能完成，因此需要研究者具有非凡的奉献精神，并愿意冒着高风险去寻找独特的回报。当这一切都得以实现之时，世界就变样了。

生活真美好。请再来一杯香槟。

第1章
物质为什么很重要

在本章里，我们讲述为什么会有这么一群睿智而富于献身精神的人毕生致力于探求小到不可见的东西。

粒子物理学是一种神奇的研究活动。成千上万的人花费数十亿美元建造起横贯数英里（1英里 = 1.609千米）的巨型机器，将亚原子粒子加速到接近光速并发生相互碰撞。所有这一切都是为了发现和研究另一些亚原子粒子。而这些粒子除了在粒子物理学家看来意义重大之外，对任何人的日常生活基本上没有影响。

这是看待这件事情的一种态度。但这里要说的是另一种态度：粒子物理学最纯粹地表现出人类对于我们生活其中的这个世界的好奇心。人类一直在探索各种各样的问题。自两千年前的古希腊人以来，在试图弄清楚宇宙运行的基本法则这一点上，人类的探索已经从最初的个体冲动发展为一种系统的全球性努力。粒子物理学直接产生于我们试图理解物质世界的渴望。激发我们不断进行探索的动力不是来自粒子本身，而是来自人类总想弄清楚那些不明白的事情的欲望。

21世纪的最初几年是一个转折点。上一次给出的真正令人震惊的实验结果还是在35年前的20世纪70年代（确切的日期取决于你对“惊喜”的定义）。这不是因为实验者都在机器前睡着了——事情根本不是那样。机器的改善这些年里应该说有了跨越式发展，它所触及的时空范围已经延伸到不久前还根本无法企及的尺度。问题是实验者在这个全新的尺度空间里没有看到任何我们预料应当看到的东西。对于那些总希望对实验结果感到惊讶的科学家而言，这非常令人恼火。

8

换句话说，问题不在于实验不够充分，而是理论不太对头。现代科学专业化的一个特征就是“实验者”和“理论家”的分工变得相当清晰，这在粒子物理学里表现得尤为明显。那样的日子——远的不说，就在20世纪上半叶，还诞生过如意大利物理学家恩里科·费米那样的天才，不但能够提出一种新的弱相互作用理论，而且能够指导建设第一座自持的人工链式核反应——已经一去不复返了。今天的粒子物理理论家们整天忙于在黑板上写着公式，这些公式最后变成具体的模型，然后由实验者在高度精密的机器上进行实验，收集数据，予以确认。最好的理论家与实验走得最近，反之亦然，但没有一个同时是两方面的高手。

20世纪70年代给出的最好的粒子物理学成果，就是“标准模型”。这个理论名字听上去极其平淡，但正是它描述了夸克、胶子、中微子和你可能听说过的其他的基本粒子。就像好莱坞名人和富有魅力的政治家一样，当今的科学理论似乎都建立在有可能被摧毁的基础上。你不会因为证明了别人的理论是正确的而成为著名的物理学家，但可以因为指出某个理论出错或是提出了更好的理论而出名。

但标准模型很牢固。几十年来，地球上我们能做的每一项实验都毫无悬念地证实了它的预言。在学术阶梯上从学生爬到资深教授的粒子物理学家已经有整整一代人，但粒子物理学领域却没出现他们能够发现或解释的新现象。前景已经变得令人不堪忍受。

但所有这一切正在改变。大型强子对撞机（LHC）为物理学带来了一个新时代。它能以人类此前从未取得过的能量将粒子撞得粉碎。它不只是能够提供“更高的能量”，而是一种我们多年来一直梦想着希望能找到新的粒子并带来意想不到的惊喜的能量，在这种能量下，人们将揭示所谓“弱相互作用力”背后隐藏的秘密。[9]

赌注很高。什么事情都可能发生，研究工作就是这个样子。参与竞争的理论模型有很多，都希望能预言到LHC上有可能发现的现象。但在你看到结果之前，你不知道你会看到什么。在这些可能的粒子谱的中心位置上是一种不起眼的粒子——希格斯玻色子。它既代表着标准模型的最后成功，也将是人类第一次将视野扩展到世界之外。

小粒子构成的大宇宙

在南加州的太平洋岸边，距我住的洛杉矶南部约一个半小时车程的地方，有一个能使梦想成真的神奇所在：乐高乐园。在恐龙岛、同乐镇和其他景点，儿童对那些由可以无限组合的积木和小塑料拼块精心搭建的世界惊奇不已。

乐高乐园很像真实世界。在任何时候，你周围的环境通常包含了所有的物质种类：木料、塑料、织物、玻璃、金属、空气、水和各种有生命的个体。它们是非常不同的东西，具有非常不同的特性。但当你以更近的距离来看它们时，你会发现这些物质并不是真正的彼此不同。它们只是少量的基本构件的不同的安排而已。这些构件就是基本粒子。像乐高乐园里的建筑一样，桌子、汽车、树木和人代表了某些你可以用少数简单组件按照各种不同方式予以组合而形成的惊人的多样性。原子的大小只有一个乐高积木块的万亿分之一，但构成事物的原理是相似的。

10　我们理所当然地认为，物质都是由原子构成的。这是我们在学校里学到的东西。我们做化学实验，教室的墙上挂着元素周期表。我们很容易对一些惊人的事实视而不见。有些东西很硬，有些很软，有些很轻，有些很重；有些东西是液体的，有些则是固体的，有些是气体的；有些东西是透明的，有些是不透明的，有些东西是活的，有些则不是。但在表观之下，所有这些东西其实都是同一种东西。元素周期表中列有100多种原子，我们周围的一切都只是这些原子的某种组合。

人类有一种古老的想法，就是希望能够用几种基本成分来理解这个世界。在远古时代，不同的文化——巴比伦的、古希腊的、印度的和其他诸种——都曾发明出一套彼此非常一致的“五元素”学说，用来说明一切。这些元素里有我们最熟悉的土、气、火和水，但也有一种是只有天堂里才有的第5元素——以太或叫精髓（是的，那部由布鲁斯·威利和米拉·乔沃维奇主演的电影就是这样命名的）。像许多概念一样，这种物质构成的概念在亚里士多德那里被发展成一个复杂的系统。他认为每种元素都会寻求一种特定的自然状态，例如，土倾向于下落，气倾向于上升。通过这些元素的不同组合的混合，我们就可以解释我们看到的周围的不同物质形态。

比亚里士多德还要早的古希腊哲学家德谟克利特认为，我们所知道的一切都是由微小且不可分的东西构成的，他称这种东西为“原子”。但不幸的是，这个术语被19世纪初的化学家约翰·道尔顿借用来定义化学元素。实际上我们现在所认识的原子不是完全不可分的——它们是由原子核和绕核作轨道运动的电子群构成的，而原子核则是由质子和中子构成的。即使是质子和中子也不是不可分的，它们是由更小的被称为“夸克”的东西构成的。

夸克和电子是真正的、德谟克利特所定义的物质的不可分构件意义上的原子。今天我们称它们为基本粒子。两种夸克——“上”夸克和“下”夸克——构成了原子核的组分质子和中子。因此可以说，我们只需要3种基本粒子——电子、上夸克和下夸克——就可以构成我们能够感知的周围环境里的一切。这是对古代五元素学说的一种改进，是元素周期表的一个很大的进步。

11

纷繁的世界还原到只有3种粒子有点夸张。尽管电子、上夸克和下夸克足以解释汽车、河流和小狗，但它们不是我们发现的仅有的几种粒子。实际上，“物质粒子”有12种不同类别：6种夸克，它们具有很强的相互作用，并被束缚在如质子和中子这样的较大的集合体内；6种“轻子”，它们可以独自穿越空间。我们还有一些传递力的粒子，它们以不同的组合将上述12种粒子结合在一块儿。如果没有传递力的粒子，我们这个世界将变得非常乏味——单个粒子走直线穿过空间，彼此间没有任何相互作用。用来解释我们看到的一切的物质组成方式也将少得多，但坦率地说，它们可能也简单得多。休伊特和其他粒子物理学家正在尝试做得更好。

希格斯玻色子

这就是粒子物理学的标准模型：12个物质粒子加上一组将它们结合在一起的传递力（载力）的粒子。尽管它给出的世界图像不是最简洁的，但却能够解释所有的实验数据。我们已经收集到用于成功描述我们周围世界所需的所有物质成分，至少在地球上是如此。在外太空，我们发现了如暗物质和暗能量的证据。这些东西不断提醒着我们，我们远没有搞清楚一切——这些东西肯定不能由标准模型来解释。

标准模型的主要内容可以恰当地分为“物质粒子”和“载力粒子”。12 希格斯玻色子则不同。希格斯玻色子得名于苏格兰物理学家彼得·希格斯。希格斯是20世纪60年代里最早提出这种粒子概念的几位学者之一。但希格斯玻色子有点像丑小鸭。用行话讲，它是个传递力的粒子，但它与我们熟悉的那些传递不同种力的载力粒子不同。在理论物理学家看来，希格斯子似乎可以任意添加到其他的优美结构中。如果不是因为希格斯玻色子，标准模型可以说简直就是优雅和美德的化身。但因为有了它，标准模型显得有点乱。找出这个捣乱的始作俑者已被证明是一个相当艰巨的挑战。

那么，为什么会有这么多的物理学家相信希格斯玻色子必定存在呢？你可能听说过（它能）“使其他粒子得到质量”和（它）“造成对称性破缺”这样的解释，这两者都对，但乍一听则并不容易明白。主要是因为，如果没有希格斯玻色子，标准模型看起来将非常不同，完全不像真实世界。而有了希格斯玻色子，一切就会变得天衣无缝。

在构造不含希格斯玻色子的理论，或构造一种含有不同于标准模型所含玻色子的理论方面，理论物理学家确实竭尽了全力。但面对实验数据，它们中的大多数均归于失败，幸存的其他理论则显得过于复杂，没有一个看上去像是真正的标准模型的升级版。

但现在，我们找到它了。或更严谨点说，我们找到了一种非常类似于希格斯玻色子的粒子。至于具体如何，就要看物理学家们在谈论这件事时有多仔细了。他们会说：“我们发现了希格斯玻色子。”或者说“我们发现了一个类希格斯粒子”，甚至说“我们发现了一种非常类似于希格斯子的粒子”。7月4日的公告中是这样描述这种粒子的：一种其形态非常像希格斯子应表现出的粒子——它基本上以我们预期的衰减方式衰减为特定的其他粒子。但要确定还为时尚早，只有当我们收集到更多的数据后，我们才有足够的理由惊喜。物理学家们并不希望它就是我们所期望的希格斯子，如果发现的是意想不到的东西，那总是更有趣，更令人惊喜。实验数据已经有些微的印迹暗示这种新粒子可能不完全是我们所期望的希格斯子。只有进一步的实验才能揭示真相。

为什么我们很关心

13

我曾经接受过一个地方广播电台关于粒子物理学、引力、宇宙学等知识进展的采访。那是在2005年，为纪念爱因斯坦“奇迹年”1905年的100周年。爱因斯坦在这一年里发表了几篇使物理学领域发生翻天覆地变化的论文。当时我尽全力来解释这些抽象的概念，上下舞动着双手，尽管我知道这是在电台做节目，但当时完全是情不自禁的。

采访者似乎很高兴，但在我们结束采访后，他一边收拾录音设备，关掉头上的照明灯，一边问我是否愿意回答一个问题。我说那当然可以，于是他再次戴上耳麦。问题很简单：“人们为什么会关心这些东西？”毕竟这种研究既不能引领治愈癌症，又不能带来更便宜的智能手机。

我当时给出的答案现在想来仍然有意义：“当你6岁时，每个人都会问这些问题：为什么天空是蓝色的，为什么东西要往下掉？为什么有些东西是热的而有些是冷的？它会一直都有效吗？”我们不必通过学习就知道如何变得对科学感兴趣——孩子就是天生的科学家。多年的教育和现实生活的压力使我们那种与生俱来的好奇心受到摧残。我们开始关心如何找一份工作，如何与爱慕的人拍拖，如何抚养自己的孩子。我们不再追问这个世界是如何运行的，而是开始考虑如何能够让它为我们工作。后来我发现，实证研究显示，孩子在14岁之前都热爱科学。

在认真追求科学400年后的今天，对于6岁孩童提出的问题，我们已经有相当多的答案。我们关于物理世界的知识已经非常丰富，可以说现在只有有关非常遥远地方的问题和极端条件下的问题才是尚无法回答的。这是物理学的情形，反观像生物学和神经科学这样的领域，我们可以毫不困难地提出一系列难于回答的问题。但物理学——至少在寻找物理实在的基本构件的“基本”物理学这个分支——已经将知识的边界扩展到需要建立巨大的加速器和望远镜才能收集到新的、[14]无法用现有理论来解释的观察数据。

在科学史上，基础研究——那种只是出于好奇而不为任何直接的实际利益的探求——已经不止一次地被证明能够导致巨大的、实实在在的利益，尽管它本身并不带来这些利益。早在1831年，当代电磁学的创始人之一迈克尔·法拉第就被一位好奇的政治家问到这种新奇的“带电的”玩意儿有什么用处。据说他是这样回答的：“我不知道。但我敢打赌总有一天贵国政府将对此征税。”（这场对话的证据不足为凭，但它确实是个好故事，否则人们也不会不断地复述它。）一个世纪后，科学上一些最伟大的头脑都在努力探索量子力学新领域。这种探索是由一些令人费解的实验结果引起的，但它最终推翻了整个物理学的基础。当时这些东西都相当的抽象，但随后它却导致了晶体管、激光、超导、发光二极管和我们所知道的有关核电厂（和核武器）等一切事情的产生。如果没有这种基础研究，我们今天的世界将完全是另一个样子。

即使是广义相对论——爱因斯坦杰出的时空理论——也被证明有着非常实际的应用。如果你用过全球定位系统（GPS）设备来确定某地的位置，你便已经运用了广义相对论。GPS装置可能就装在你的移动电话或汽车导航系统中，它从一组轨道卫星那里获取信号，并用这些信号的精确计时功能通过三角测量方法来定位地面上此处的位置。但根据爱因斯坦的广义相对论，卫星轨道上（一个较弱的引力场）

的时钟走时要比地球海平面上的时钟的走时要快一点点。这个效应尽管很小，但可以肯定的是它确实存在。如果不考虑这种相对论效应，GPS信号就会逐渐漂移，误差积累到最后变得根本不能用——这种误差累积仅短短一天，你的位置就会差出几英里（1英里=1.609千米）。

15 技术应用尽管很重要，但却不是我和乔安妮·休伊特以及那些花上很长时间来建立装置筛选数据的其他实验工作者的最终目的。科学成果能得到技术应用当然很值得夸耀，但如果有人想用希格斯玻色子来找到治愈老化的方法我们只能嗤之以鼻。这不是我们费劲去寻找它的理由。我们之所以去寻找是因为我们很好奇。希格斯子是我们长期以来一直努力要完成的拼图上的最后一块。找到它本身就是回报。

大型强子对撞机

如果没有大型强子对撞机（LHC），我们就不可能发现希格斯子。LHC寄托着人类做出新发现的全部希望，它是世界上最大的、有史以来人类所建造的最复杂的机器，耗资高达90亿美元。在这上面工作的科学家们希望它能高效运行50年。但他们都没有这么好的耐心，都希望很快就得到一些改变世界的发现。

LHC不论从哪个方面看都是一个庞然大物。第一次提出这一设想还是在20世纪80年代。到1994年这一建议终于得到批准开始建设。而在它落成之前，它早已成为轰动的新闻了：有人打官司试图阻止它的建设，理由是它可能会产生黑洞吞噬世界。当然这些无稽之谈都被成功化解，巨大的对撞机在2009年开始工作。

2011年12月13日，世界各地的物理学家——和不少对此感兴趣的旁观者——静静地聚集在会议室以及各自的计算机终端前，聆听LHC研究人员的两次讨论。讨论的主题是寻找希格斯玻色子。这种主题的物理研讨会此前已多次举行，会议的小册子上无一例外地写着“搜索进行得顺利！祝我们好运！”但这一次不同，好几天以前互联网上就已经传开了。这暗示这一次我们要获得的不是普普通通的消息——这次他们可能会说：“OK，我们实际上也许会看到某种东西，也许我们终于找到了真的存在希格斯玻色子的证据。”

答案是肯定的：有迹象表明，LHC实际上看到了希格斯子。之所以说是有迹象，是想提醒你这还不是最终答案。LHC以巨大的能量让质子发生相互碰撞，两种不同的巨型实验探测器密切观察着这些碰撞产生的碎片粒子。如果不存在希格斯玻色子，那么在特定能量段上出现两个高能光子（光粒子）的次数就会大大提高。数据显示好像是有什么东西出现，但尚谈不上发现。只是一切都还顺利。罗尔夫·霍伊尔以喜悦的语气结束了新闻发布会：“明年就会有发现，到时再见。”

16

他们确实做到了。2012年7月4日，两个讨论会给我们带来了搜索希格斯子的最新成果。这一次会议给出的不是诱人的暗示，他们毫无疑问发现了一种新粒子。世界各地的数千名物理学家报以喜悦的掌声，同时也吐出了一口气：大型强子对撞机就是好使。

十字路口

粒子物理学走到了一个十分关键的十字路口。人类长期追求更好地理解宇宙的运行机制是一种基础性研究，其投入十分高昂，但其未来目前还不清楚。

寻找希格斯玻色子不只是有关亚原子粒子和深奥概念的故事，它也关乎金钱、政治和嫉妒。一个涉及这么多人、前所未有的国际合作和无数项技术突破的项目，如果不发生一点扯皮、妥协甚至偶尔的欺骗伎俩是不可能的。

LHC不是第一台用于寻找希格斯子的巨型粒子加速器。早在1983年，坐落在芝加哥郊外的费米实验室的太电子伏级加速器Tevatron就开始了实验运行，2011年9月，这台加速器在完成了包括发现顶夸克（但没有发现希格斯子）等贡献后寿终正寝被关闭。大型[17]正负电子对撞机（LEP）从1989年运行到2000年。后来建设的LHC用的是LEP的同一条地下隧道，只是LEP里相撞的不是质量较大的质子，而是电子及其反粒子——正电子。这台机器可以做到非常精确的测量，但这些技术手段也没有发现希格斯子。

再后来就是前面休伊特提到的超导超级对撞机（SSC）。SSC是美国版的LHC，只是更大、性能更优越，而且规划准备得最早。SSC的计划是在20世纪80年代提出的，运行的能量范围比当时认定的LHC的能量高了近3倍（是现在LHC实际运行能量的6倍）。但是，LHC与SSC相比拥有一个巨大的优势：它得到了实施。

仅仅运行了两年后，LHC就带给我们一个真正的发现，一个看起来非常像希格斯玻色子的粒子。这是一个时代的结束，也是另一个时代的开始。希格斯子不仅是一个粒子——它是一种特殊的粒子，一种可以很自然地与我们尚未发现的其他种类粒子互动的粒子。我们知道，标准模型不是最终答案，天文学家给出的暗物质图谱就清楚地证明了这一点。希格斯子可能是我们这个世界与另一个我们无法企及的世界连接的门户。发现了一个新的粒子，使我们又有几十年的工作好做，我们需要了解其性质，搞清楚它可能会导致的结果。

从长远的观点看，实验粒子物理学的未来仍然不甚清晰。在一个世纪甚至50年前，一个科学家和他带领的学生团队用自己建立起来的设备就有可能做出粒子物理学中的基础性发现。那样的日子可能已经结束。如果LHC只带给我们希格斯子而没有别的，那么要想说服政府拨出更多的钱来建设下一代对撞机就将变得越来越困难。

18

像LHC这样的机器，不仅意味着数十亿美元的投资，而且需要有数以千计的毕生致力于发掘到一点点大自然奥秘的科学家付出多年努力。许多人，譬如林恩·埃文斯，那个帮助建立大型强子对撞机的人，或研究了无数理论模型的乔安妮·休伊特，或领导实验取得了历史性成就的法比奥拉·詹诺蒂和乔·印坎德拉，为此投下了巨大的赌注。他们豪赌这台机器会带来一个开创新时代的发现。他们赌的是他们多年的职业生涯。找到希格斯子是对他们所完成的所有工作的一种回报。但正如休伊特所说，我们真正想要的是惊讶——那种发现了没人预料到的东西所带来的惊喜。这是真正能够让我们的头脑动起来的动力源泉。

从历史上看，大自然非常善于令我们大吃一惊。

19

第 2 章
堪称神圣

在本章里，我们说明希格斯玻色子是如何与上帝撇清关系，并且为什么仍是非常重要的。

莱昂·莱德曼的想法不止一个。他知道他已经做了什么，但他不能把它送回去。它只是那些小东西之一，它们有着巨大的意想不到的结果。

当然，我们这里说的是“上帝粒子”。这个粒子本身是指希格斯玻色子，但“上帝粒子”的称呼却来自莱德曼。

作为世界上最伟大的实验物理学家之一，莱德曼因发现存在不止一种类型的中微子而于1988年荣获诺贝尔物理学奖。实际上，他即使不是因为这项成就而获奖，也仍有可能因其他成就而获奖。这些成就中就包括发现了一种新型夸克。当时有3种已知的中微子和6种已知的夸克，所以这类成果还不能完全构成对称的树状图谱。除了研究工作，莱德曼还一直担任着费米实验室的主管，并建立了伊利诺伊大学数学和科学学院。他有着极富魅力的个性，在同事中以幽默和善讲故事著称。莱德曼最爱讲的故事之一，就是做研究生时在普林斯顿高等研究院巧遇爱因斯坦的事。爱因斯坦耐心地听完这位热切的年轻人讲述的他在哥伦比亚大学做粒子物理研究的事儿，然后微笑着说："这个意思不大。"

20

但在公众眼里，莱德曼则以不太恰当的用词而著称：这就是那句用来指称希格斯玻色子的"上帝粒子"。事实上，这个名称是他与迪克·特雷西合写的一本关于粒子物理学和寻找希格斯子的书的书名。他在该书的第一章中解释说，他们之所以选用这一称呼，部分是因为"出版商不会让我们称它为'该死的粒子'，尽管这个称呼可能是个更贴切的标题，因为它让人难以捕捉，且花费不菲"。

世界各地的物理学家在这件事情上很快达成一致：他们讨厌"上帝粒子"这个称呼。苏格兰物理学家彼得·希格斯喜欢用较传统的方式来命名粒子，他对此笑道："我真的很讨厌这本书，我想我不是唯一的一个。"

与此同时，世界各地的记者，尽管出于各自的考虑对这本书很有争议，但有一点意见颇为一致：他们喜欢"上帝粒子"这个名字。世界上最安全的赌注，就是如果你在大众媒体上看到一篇关于希格斯玻色子的文章，十之八九作者就称这种粒子为"上帝粒子"。

你很难责怪记者。如今好记的名字走俏，"上帝粒子"能带来票房收入，而"希格斯玻色子"则显得有点高深莫测。但你也不能责怪物理学家。希格斯子根本与上帝不沾边。这真是一种非常重要的粒子，一种值得兴奋的粒子，即使这种兴奋还没到宗教狂热的份上。值得弄明白的是为什么物理学家会乐于赋予这种不起眼的基本粒子以神圣的地位，尽管它实际上不带来任何神学上的影响。（难道真的有人认为上帝会在粒子中间扮演宠儿？）

21

上帝之所想

物理学家与上帝之间有着长期和复杂的关系。这种关系不是说承认存在一个假想的创造了宇宙的万能之主，而在于“上帝”一词本身。当物理学家谈到宇宙的时候，他们经常用上帝的概念来表达关于物理世界的一些东西。爱因斯坦在这方面就很出名。人们最常引用的他的话是：“我想知道上帝的看法，其他的都是细节”，当然“我相信，在关于宇宙的问题上，上帝不掷骰子”。

很多人禁不住会跟在爱因斯坦后面亦步亦趋。1992年，美国航天局的称为“宇宙背景探测器”（COBE）的卫星公布了令人惊叹的、由宇宙大爆炸遗留下来的背景辐射的细微涟漪影像。这一成果的意义让COBE观测结果的研究者之一乔治·斯穆特大为感动，开口道：“如果你是基督徒，看着这些照片就好像仰望着上帝。”史蒂芬·霍金在他热卖的畅销书《时间简史》的最后一段也提到，（他）不避讳使用神学语言：

> 然而，如果我们能发现一种完整的理论，那么它应该是每个人都能很快明白的，而不是只有少数科学家才能搞懂。到那时，我们所有人，包括哲学家、科学家，乃至最普通的人，就都可以参与到对为什么我们和宇宙存在问题的

> 讨论中来。如果我们找到了这个问题的答案，这将是人类理智的终极胜利——因为那时我们就能知道上帝之所想了。

从历史上看，世界上一些最有影响力的物理学家都具有相当浓烈的宗教情怀。艾萨克·牛顿——有史以来最伟大的科学家——是一位虔诚的或可说有些异端的基督徒，在他从事物理学研究的同时，他花了很多时间来研究和解释《圣经》。在20世纪里，我们可举出宇宙学家乔治·勒迈特作为例子。勒迈特创立了现今所称的大爆炸宇宙模型的前身——“初始原子”理论。他既是比利时鲁汶天主教大学的教授，也是一位牧师。在大爆炸宇宙模型中，我们这个可观察的宇宙始于137亿年前的一个密度无限大的那一刻。而在基督徒看来，我们这个宇宙就是上帝在那一刻创造的。两种解释明显并行不悖。但勒迈特总是格外小心，不使他的宗教情怀与科学研究相混。在这一点上，教皇庇护十二世曾暗示，初始原子概念与《创世记》中的“要有光”是同一的，但勒迈特亲自说服他放弃这种推理。

22

然而今天，大多数职业物理学家已经不像普通民众那样相信上帝了。当你将研究大自然的运行规律作为一种谋生手段时，你只会对宇宙是如何自足地运转留下深刻印象，而不会考虑任何超自然的援手。怀有宗教信仰的物理学家的突出例证肯定还有，但同样可以肯定的是，物理学的实际工作除了将自然世界纳入公式这一目标外不会考虑任何其他因素。

借上帝之口

那么，既然物理学家都不大信上帝，为什么他们还要继续谈论他呢？实际上这有两个原因，一个是正面的，一个是负面的。

正面的原因很简单，就是“上帝”为谈论宇宙提供了一种非常方便的比喻。当爱因斯坦说“我想知道上帝的看法”时，他没有像教皇可能会想象的那样考虑到是否需要超自然的解释。他只是在表达内心的一种对于了解实在的基本运作规律的渴望。就宇宙而言，存在一个令人吃惊的事实：它能够被理解。我们可以研究物质在各种情况下发生了什么，我们发现存在各种似乎从不会被违反的惊人的规律。当这些规律被毋庸置疑地真正建立起来后，我们称它为“自然法则”。

自然界的实际法则很有意思，但同样有趣的是为什么会存在这些法则。迄今为止我们已经发现的法则都可以用精确和优美的数学表达式来表示。对此，物理学家尤金·魏格纳深为触动，他称之为“数学在物理学上的不可理喻的有效性”。我们的宇宙不是单纯由随机事件杂七杂八地堆砌起来的，而是一个高度有序的、可预见的物质结构演化过程，是粒子和力之间内在地相互作用所演出的舞蹈。

当物理学家借喻“上帝”的时候，他们只是在按人类的自然倾向将物理世界人格化——给它一张人的脸。“上帝的想法”实则为“大自然的基本法则”的代名词。我们想知道这些法则究竟是什么。说得更大点，我们想知道这些法则是否在不同的条件下会有所不同——实际的自然法则是不是只是许多可能的法则中的一种，或者说我们这个世界到底独特和特殊在什么地方？我们也许能或许不能回答这样宏大的问题，但正是这类问题点亮了职业科学家的想象力。

科学家借上帝之口的另一个原因少了几分崇高：让大众易懂。将希格斯玻色子称为“上帝粒子”可能非常不准确，但它体现了胸有市场概念的机智。物理学家用恐惧和轻蔑的态度来看待“上帝粒子”这一标签，但它能吸引眼球，这就是为什么它会持续走俏，尽管每一个从事科学专栏的记者都知道物理学家是怎么看待这个术语的。

“上帝粒子”能让人们坐立起来引起注意。一个名词一旦流行开来后，我们是没有办法向每个人去解释这个深奥的概念是怎么回事，让他不要这么用的。假设你在电视上说正在寻找希格斯玻色子，许多人会立马换频道——还不如看看卡戴珊[1]又做出什么出格的事了呢。但假设你说你正在寻找上帝粒子，没准至少会引起人们注意看看你想表达什么意思。卡戴珊嘛，明天还可以看。

有时，这种丰富多彩的语言给科学家惹来不少麻烦。1993年，当时美国正计划建造超导超级对撞机，一台比大型强子对撞机更强大的机器。诺贝尔物理学奖得主斯蒂芬·温伯格在国会上作证宣传新机器的各种优点。但也就一刹那，这个议题便出现了出人意料的转折。 24

> 众议员哈里斯·法韦尔（R-IL）：我想有时候我们必须用一个词来说明这是可行的或是行不通的。我想温伯格博

---

1. 金·卡戴珊（Kim Kardashian），美国当代时尚界和娱乐界新宠，职业是服装设计师，但拍电影电视、玩性爱录像，一样不落，常出镜电视博得眼球。——译注

士您也许正在一点点地接近它，我不能确信这一点，但我还是有点困惑。你说你怀疑这很可能不是个意外，因为支配物质的有一整套法则，抱歉我记得比较匆忙。你是不是要我们相信找到了上帝？我当然知道你不会提出这样的论断，但它真的就能让我们对宇宙的了解达到如此丰富的地步吗？

众议员唐·里特尔（R-PA）：这位先生这么说是真的吗？如果他愿意歇会儿，我想说……

法韦尔：我不知道我该说什么。

里特尔：如果这台机器真的这么好，我支持上。

在听证会上，温伯格没有傻到用“上帝粒子”来指称希格斯玻色子。但隐喻的暗示很强烈，在论述实在的运行机制时它就会让人产生这样的问题。

这么说应当不存在任何歧义：我们可能在LHC上什么也没找到，但在超导超级对撞机可能会发现点什么，那将会使我们找到上帝。但实际上我们只是对自然法则理解得更深入一些。

25 **最后一块拼板**

莱德曼和特雷西起初并没有称希格斯玻色子为“上帝粒子”，因为他们知道这会引起别人的注意（虽然他们想到过这本书的前景）。但在最后，华丽的命名的吸引力还是占了上风，书名取得不好和取得好能引起同样的注意力。正如他们在本书的再版“前言”中表述的那样：

“这个书名会得罪两类人：相信上帝的人和不信上帝的人。我们热忱希望它能得到中间派读者的喜欢。”

他们在书中要表达的是希格斯玻色子的重要性。你眼下正在读的这本书的书名就比较中性……只是略显偏激。说实话，当我跟物理学家们谈论“宇宙尽头的粒子”时，他们并没有带着不快的反应。据我们所知，宇宙无所谓“尽头”，无论是从空间位置上说还是从时间上说，都是如此。如果宇宙有一个称得上是尽头的位置，那么我们就没有理由认为你会在那儿发现粒子。而如果你发现了，我们也没有理由认为你发现的会是希格斯玻色子。

但是，我们这里所说的还是一种比喻。希格斯子不是位于空间和时间上的“宇宙尽头”——它被置于解释的尽头。它是解开构成我们日常世界的普通物质是如何产生的这一谜团的最后一块拼板。这是非常重要的。

我得赶紧提出警告，否则我的物理学家同事又该生气了。其实希格斯子并不是“绝对万物拼图”所缺的最后一块拼板，只是寻找希格斯子并测量它的属性能给物理学留下大量值得探讨的课题。譬如引力——一种自然界所有物质共有的力——就不能完全满足量子力学的要求，我们也不指望希格斯子对此有任何帮助。还有遍及宇宙的神秘物质——暗物质和暗能量，也一直无法在地球上直接探测到。还有其他一些假设性的奇异粒子，自理论物理学家提出之后，迄今也没找到它们存在的证据。更不用说还有更多的其他学科门类——从原子分子物理学到化学、生物学、地质学，乃至社会学、心理学和经济学，

26

它们各自所面临的挑战都与粒子物理学的关键投入没太多关系。人类对了解世界的渴望不会仅仅因为我们发现了希格斯玻色子而终止于某个成功的结论。

在阐明了所有这些文字上容易引起误解的叙述方式之后，让我们回到强调希格斯子的独特作用这个问题上来：为什么说它是粒子物理学标准模型的最后一块拼板。标准模型能够解释我们日常生活中除引力（在此不做说明，以免离题）之外所遇到的一切东西。夸克、中微子和光子；热、光和放射性；桌椅、电梯和飞机；电视、电脑和手机；细菌、大象和人；小行星、行星和恒星——所有这些都可以归结为标准模型在不同情况下的简单应用。这是一个可立即辨识实在的完整理论，它能够完美地经受住各种实验检验，前提是必须存在希格斯玻色子。如果没有希格斯子，也没有其他更离奇的东西来替代它，那么标准模型就将解体。

摸清门道

上面我们一直在强调希格斯玻色子非常重要。但在我们真的发现它之前，我们怎么知道它很重要？是什么原因驱使我们不断谈起这个从来没有人观察到的假想粒子的属性呢？

想象一下你看到一个非常有才华的魔术师在表演。他正在做一个高难度的牌类表演，就是让一张牌飞出去后神秘地飘浮在空中。你对这一招很是不解，但你坚信魔术师绝对不是靠神秘的力量使纸牌飘浮在空中的。你既聪明又执著，动过一番脑筋后，你拿出了一套魔术师

27

可能采用的方法，就是偷偷地用细线将纸牌一张张连起来。当然你也可能想出其他各种可能的方案，譬如说借助吹风和热泵，但用线串起来既简单又合理。你甚至可以走得很远——在家里实际练一练这套魔术，确定合适的线长，使你可以像魔术师那样收放自如。

于是你又回到杂技场馆去观摩魔术师的表演，在那里你再次看到纸牌悬浮在空中。他的做法看起来与你在家中做的别无二致——只是有一点，你试了也是可以做到的，就是你根本看不见连线本身。

标准模型里的希格斯玻色子就是这样的连线。有很长一段时间，我们无法直接看到它，但我们可以看到它带来的效果。甚至更好的是，如果它存在的话，我们看到的世界就会显得很完美；而没有它，世界就会变得根基不牢。如果没有希格斯玻色子，像电子这样的粒子就会是零质量并以光速运动，反之，电子就会有质量，运动得较慢。如果没有希格斯玻色子，许多基本粒子就会变得彼此相同；反之，它们就能够彼此区别，各有各的质量和寿命。有了希格斯子，粒子物理学的所有这些面貌就都会变得完美。

在此情形下，我们有两个选择：①我们的理论（存在这种连线或叫希格斯玻色子）是正确的；②更有趣、更复杂的正确理论还有待产生。表观效应——纸牌飘浮在空中，便是粒子有质量。这一点必须有一个解释。如果机制很简单，我们便可为人类的聪明额手称庆；如果机制较复杂，那么我们也学到了非常有趣的东西。也许我们在大型强子对撞机上发现的粒子只是希格斯子派生出的某个部分而不是全部；也许希格斯子所扮演的角色由多个粒子分担，而我们只是发现了其中的一个。但无论怎样，只要我们能最终成功搞清楚是怎么回事，我们就赢了。

28 ## 费米子和玻色子

让我们来看看我们是否能为希格斯玻色子的重要性找到一种更具体的解释。

粒子可分为两种类型：构成物质的粒子称为费米子，传递力的粒子称为玻色子。两者之间的区别是，费米子每一个都占据各自独立的空间，而玻色子则可以堆叠在一起。你无法将一堆相同的费米子置于同一个地方，量子力学法则不允许它这么做。这就是为什么费米子的集合能构成像桌椅和行星这样的坚实物体，费米子不可能彼此挤作一堆。

特别是，粒子的质量越小，它所占用的空间就越多。原子是由3种费米子——上夸克、下夸克和电子——通过力结合在一起的。上夸克和下夸克先结合成质子和中子，再由质子和中子结合成原子核，因此原子核比较重，并且占据一个相对较小的空间区域。同时电子则要轻得多（约为质子或中子质量的1/2000），并占据大得多的空间。正是原子中的电子使得物质具有固态性质。

玻色子不占据任何空间。不论是两个玻色子，还是2万亿个玻色子，都可以精确地在同一个位置上彼此叠加。这就是为什么玻色子是传递力的粒子。它们可以结合起来形成宏观的力场，譬如像使我们待在地球上的引力场或使罗盘磁针偏转的磁场。

在实际工作中，物理学家喜欢互换着使用“力”、“相互作用”和“耦合”等概念。这反映了20世纪物理学的一个深刻的真理：力可以被认为是由粒子的交换产生的。（正如我们将要看到的，这相当于说：“力源自场的振荡。”）当月球感受到地球的引力时，我们可以认为引力在这两个天体之间来回地传递。当电子被原子核俘获时，它们之间交换光子。力不只是起推拉的作用，它还被用来解释粒子的其他过程，譬如湮灭和衰变的过程。一个放射性核衰变时，我们可以将这种衰变归因于强作用或弱作用的核力在起作用，具体是前者还是后者要根据发生衰变的具体方式来判定。在粒子物理学中，“力”负责解释各种行为。

29

除了希格斯子，我们知道的力有4种，而且每一种都有各自关联的玻色子。有引力，很明显，与之关联的粒子称为引力子。当然，我们还没有实际观测到单个引力子，因此引力子通常不包含在标准模型的讨论范围之内，虽然我们可以检测到引力。（我们每天都感受引力，这就是为什么我们不会飘浮在空间的原因。）但既然引力是一种力，那么按照量子力学和相对论的基本法则，就必然存在与之关联的粒子，因此我们用“引力子”来指称这种尚未检测到的粒子。引力作为一种力作用到其他粒子上的方式很简单：每个粒子都吸引所有其他粒子（尽管其强度非常弱）。

还有电磁作用。在19世纪，物理学家弄明白了“电”和“磁”的现象其实是同一种基本力的两种不同表现。与电磁作用相关联的粒子称为光子，一种我们任何时间都直接感受到的粒子。能够进行电磁相互作用的粒子都是“带电的”，而那些不能进行电磁作用的粒子则被称为是“中性的”。正像10个指头有长短一样，电荷也可以分成正的和负的，同号电荷相互排斥，异号电荷相互吸引。同号电荷相互排斥的能力对于宇宙的工作机制绝对至关重要。如果电磁作用只有吸引力，那么每个粒子都吸引所有其他粒子，宇宙中的所有物质就会尽力坍缩成一个巨大的黑洞。幸运的是，我们既有电磁斥力又有电磁引力，因此才使得生命更有趣。

30 ## 核力

此外我们还有两种核力。之所以有此称谓，是因为它们的力程很短（这一点与引力和电磁力不同），只局限在与原子核可比或更小的尺度范围内。一种核力称为强作用力，就是将夸克束缚在质子和中子内的那种力，与其关联的粒子有个好听的名字，叫胶子。强作用核力（毫无疑问）非常强，它是夸克之间的相互作用，但对电子不起作用。胶子是无质量的粒子，就像光子和引力子。当力由无质量粒子携带时，我们预计其影响应延伸到很远的距离范围，但强力的力程其实很短。

1973年，戴维·格罗斯、戴维·波利策和弗兰克·维尔切克证明了强力有一种惊人的属性：两个夸克之间的作用力在夸克分开时会变得更强。因此，将两个夸克拉开需要更多的能量，拉开的距离越大，所需的能量就越高，以至于最终只是产生更多的夸克。就像拉橡皮胶带，胶带的两端代表两个夸克。你可以拉两端，但永远不会得到单个的一端。相反，当你将胶带拉断后，只是产生了两个新的端。因此，你绝不会看到一个单独的自由夸克，它们（和胶子）被束缚在较重的粒子体内。这些由夸克和胶子构成的复合粒子称为*强子*，大型强子对撞机所指的“强子”就由此得名。格罗斯、波利策和维尔切克因这一发现共同荣获了2004年度的诺贝尔物理学奖。

另一个是弱核力，这个名字真可谓名副其实。虽然弱作用力对我们的地球环境起不到多大作用，但对生命的存在仍然是重要的：它帮助太阳发光。太阳的能量产生于质子转换成氦核的过程，这一过程需要将一些质子通过弱相互作用转变成中子。但是在地球上，除非你是个粒子物理学家或核物理学家，否则你不会注意到弱力的效应。

31

3种不同类型的玻色子携带弱力，这3种粒子可以简单地用字母标记为电中性的Z玻色子和两种带不同电荷的W玻色子，一个带正电荷，另一个带负电荷，分别写作W^+和W^-。按基本粒子的质量标准看，W玻色子和Z玻色子有相当巨大的质量（大约与锆原子一样重，如果这么形容有帮助的话），这意味着它们的产生和衰变都不可能很快，所有这一切都有助于我们理解为什么弱相互作用是如此微弱。

在日常讲话中，我们用“力”来指称各种事情。当东西滑动时会产生摩擦力，当你撞到墙上去时会受到冲击力，当羽毛落向地面时会遇到空气阻力。你会注意到，所有这些力属于我们列出的自然界的4种基本力，没有一种玻色子与其关联。这便是基本粒子物理学与口语用法之间的差异。我们在日常生活中体验到的所有宏观的“力”——从我们踩下油门使汽车加速的力，到一只狗看到一只松鼠后突然跃起的力，最终都属于大自然基本力的复杂的副效应。事实上，除了引力之外（它非常简单，就是将东西拉过来），所有这些日常现象都只是电磁作用及其与原子之间相互作用的表现形式。这是现代科学的胜利：我们周围世界的各种奇妙景观都可以拆解为几种简单的成分。

场统治宇宙

在这4种力中，有一种力显得怪异，这就是弱力。我们注意到，引力有引力子，电磁力有光子，强力有胶子——每一种力对应于一种玻色子，而只有弱力对应于3种不同的玻色子：中性的Z子和两种带电的W子。这些玻色子的行为很奇怪。一种费米子可以通过发射一个W玻色子而变成另一种费米子：一个下夸克可以放出一个W子而转变成一个上夸克。由两个下夸克和一个上夸克构成的中子，如果处于核外，就会衰变——它们的一个下夸克放出一个W子而转变为由两个上夸克和一个下夸克构成的质子。这种改变身份的相互作用不需要其他的力参与。

弱相互作用基本上是个烂摊子。原因很简单：希格斯子。

希格斯子本质上不同于所有其他的玻色子。在第8章中我们会看到，所有粒子均产生于大自然的某种对称性，即与不同空间点上所发生的事情相联系。一旦你相信存在这些对称性，那么出现玻色子实际上是不可避免的。但希格斯子则完全不是这样。没有什么深刻的原理要求它存在，但它毕竟存在在那里。

7月4日宣布在LHC上发现希格斯子后，人们曾做出了数百种尝试来解释这意味着什么。这项任务之所以是一个巨大挑战的最大原因，其实不在于希格斯玻色子本身是多么有趣，而是产生希格斯玻色子的希格斯场。事实上，所有不同的粒子其实都产生于场——这是量子场论给出的结论，是粒子物理学家做一切研究的基本框架。但是，我们的高中物理教学里还没有量子场论的内容，甚至流行的物理学书籍里也不作这方面的讨论。我们谈论粒子，谈量子力学、相对论，但很少深入到这一切的基础量子场论上。但是，当我们谈到希格斯玻色子时，我们就无法绕过场这个终极概念了。

当我们谈论“场”时，我们实际上是谈论“每一个空间点上的值”。地球大气层的温度是一个场，因为在地球表面上的每一个点（或在地面上方的任意高度位置上）的空气都具有一定的温度值。大气的密度和湿度同样是场。但这些场都不是*基本场*——它们只是空气本身的属性。与此相反，电磁场或引力场被认为是基本场。它们不是由别的东西构成的，而是它们构成了世界。根据量子场论，绝对点说，一切东西都是由场或场的组合构成的。我们所说的“粒子”只是这些场的微小振荡。

33

量子场论的“量子”部分很流行。关于量子力学人们谈论得很多，这个概念或许是人类能够想出的最神秘的概念了，但我们需要的只是一个简单的（尽管很难接受的）事实：我们看到的这个世界所呈现的样子与它实际的样子是非常不同的。

物理学家约翰·惠勒曾经提出过一个挑战：你能否用5个词或更

少的词来准确地解释量子力学？在现代世界，对于只需简短回答的问题很容易得到建议：你只需发一个字数限定在140个字符以内的帖子简单问一下Twitter（微博服务商推特）即可。当我提出有关量子力学的问题后，阿迪什·巴蒂亚（@aatishb）给出了最佳答案："不看：是波；看：是粒子。"概括地说，这就是量子力学。

往深处说，我们在标准模型中谈到的每一种粒子都是某一特定粒子场的振荡波。传递电磁作用的光子是空间无限伸展的电磁场的振荡。引力子是引力场的振荡，胶子是胶子场的振荡，依此类推。即使是费米子——物质粒子——也是基础场的振荡。有电子场、上夸克场和其他每种类型粒子场。就像声波在空气中传播，振荡在量子场中传播，这种振荡就是我们观察到的粒子。

以前我们提到过，小质量的粒子要比大质量粒子占据更大的空间，这是因为粒子并不真正是具有均匀密度的小球，而是量子波。每个波有波长，它给了我们一个大概的大小尺度。波长还确定了粒子的能量：波长越短，它所需的能量就越大，因为波需要更迅速地从一个点变到另一个点。而质量，只是能量的一种形式，这一点爱因斯坦很久以前就教导过我们。因此质量越小，意味着能量越少，波长越长，尺寸越大；质量越大，意味着能量越高，波长越短，尺寸越小。一旦你弄明白了这些，就一通百通了。

34

非零状态

场在空间的每一点都有一个值，如果空间完全是空的，这些值通常为零。在这里“空”的意思是“尽可能地撤空”，或更具体地说就是“具有尽可能少的能量”。根据这一定义，如果空间真真确确是空的，那么像引力场或电磁场这样的场就只能静静地坐在零点位置上。如果它们取某些其他的值，那么它们必定携带着能量，因此空间就不是空的。由于量子力学固有的神秘性，所有的场都有微小的振荡，但这些振荡都是围绕着某个平均值的振荡，而这个平均值往往取零值。

希格斯子则不同。它是一个场，像其他场一样。希格斯场可以取零或其他一些值。但它不想取零值，它想在宇宙各处都取某个固定的值。在希格斯场取非零值时，它的能量比取零值时更低。

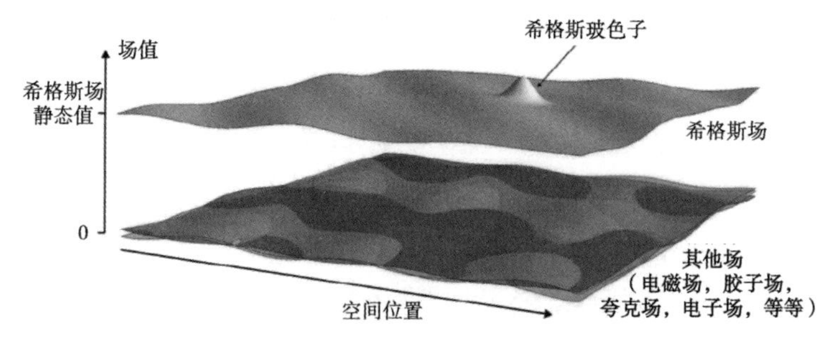

希格斯场与其他场的主要差别在于希格斯场的静态值不为零。所有的场都因量子力学的内在不确定性而存在微小的振动。大的振动就是我们看到的粒子，在本图中即为希格斯玻色子

因此，虚空空间里充满了非零的希格斯场。这是永远存在的场，存在于宇宙的每一个点，它使弱相互作用成为可能，并为基本费米子赋上质量。希格斯玻色子——在LHC上发现的粒子——是一种场的

振荡，其振动幅度远远超过它的平均值。

由于希格斯子是玻色子，它产生一种自然力。两个大质量粒子可以相互贯穿，并通过交换希格斯玻色子而相互作用，就像两个带电粒子可以通过交换光子而相互作用一样。但是，这种希格斯力不是那种让粒子获得质量的力，它通常没有什么大惊小怪的。让粒子获得质量的是静静地处在背景处的希格斯场，它提供了一种其他粒子穿越其中移动的媒介，因此始终影响着这些粒子的性质。

当我们穿越空间时，我们处在希格斯场的包围之下并在其中运动，如同鱼在水中游，我们通常不会注意到它，但正是这个场使得标准模型变得古怪。

本章摘要

物理学面临的很多深刻的挑战都与希格斯玻色子概念紧密相连。现在让我们总结一下希格斯场是如何工作的，以及为什么它如此重要。简洁明了地说就是：

（1）世界是由场构成的——物质散布在整个空间，我们通过场的振荡注意到它的存在，这种振荡就是我们看到的粒子。电场和引力场我们都很熟悉了，但根据量子场论，像电子和夸克这样的粒子其实都是某些类型的场的振荡。

（2）希格斯玻色子是希格斯场的振荡，就像光的光子是电磁场的振荡一样。

（3）自然界的4种基本力均产生于对称性——所谓对称性，是指我们可以改变其位置而不改变所发生事情的重要属性。（你可能不会立即明白为什么说“不造成差异的变化”会直接导致“自然力”……但这确实是20世纪物理学令人吃惊的见解之一。）

（4）对称性有时是隐藏着的，因此我们看不到它。物理学家常说，隐藏的对称性是“破缺的”，但它们仍存在于物理学基本定律之中——就是说，它们伪装得很好，我们在直接可观察的世界中看不见它们。

（5）特别是，弱核力就是基于某种对称性而产生的。如果这种对称性没有破缺，那么基本粒子就不可能获得质量。它们都将以光速运动。

（6）但绝大多数基本粒子都有质量，它们都不以光速运动。因此，弱相互作用的对称性必然是破缺的。

（7）当空间完全是空空的时候，大多数场都处于平静状态，其值取零。如果一个场在虚空空间中不为零，那么它就会打破某种对称性。在弱相互作用的情形下，这便是希格斯场的工作。没有它，宇宙将完全是另一种样子。

都明白了吗？我得承认，这些内容是有点多得难以消化。但当我们通读完本书后面的章节，我们就一定能搞懂它们的意义。相信我。

37 本书的其余部分将在希格斯机制背后的概念和实验探寻发现这种玻色子的过程之间来回穿梭。我们将从快速回顾标准模型下的粒子和力是如何结合在一块儿的内容开始，接着探索物理学家用技术手段和强烈的进取心去发现新粒子的令人惊异的方式，这之后我们回到理论上来，考虑有关的场、各种对称性以及希格斯子如何能够藏匿起对称性等内容。最后，我们会展示希格斯子是如何被发现，关于它的新闻是如何传播开的，谁应享有这种声誉，以及它对未来意味着什么。

现在应该很清楚了，为什么莱昂·莱德曼会认为用“上帝粒子”来称呼希格斯玻色子是合适的。玻色子是我们的宇宙表演有趣的魔术时隐藏起来的一件道具，它给粒子赋以不同的质量，从而使粒子物理学变得丰富有趣。如果没有希格斯子，那么标准模型下的复杂多变性就会坍缩成毫无特色的一堆基本全同的粒子，所有的费米子也将基本上是无质量的，更不会有原子、化学和生命。从非常现实的意义上说，38 希格斯玻色子为宇宙带来了生命。如果有一种粒子配得上这样一个崇高的称号，那毫无疑问是希格斯子。

第3章
原子与粒子

在本章里，我们将解剖物质，看看它的最终成分：夸克和轻子。

在19世纪早期，德国医生塞缪尔·哈尼曼创立了顺势疗法。当时，哈尼曼对药物的无效备感失望，于是他研发了一种基于“同样的制剂治疗同类疾病”原则的新方法——只要操作得当，一种疾病可以用能在健康人体中产生相同症状的药剂来治疗。这种操作方法称为强化，它包括这么几个步骤：将该物质反复多次稀释在水中，每次稀释后大力摇动。一种典型的稀释方法是将1份该物质与99份水混合起来。顺势疗法制剂的制作就是稀释、摇动、再稀释、再摇动，反复重复多达200次。

最近，专业软件顾问兼娱乐派怀疑论者克里斯皮安·杰戈试图证明，他不相信顺势疗法是一种有效的医疗方法。于是，他决定对容易获得的物质——自己的尿液——采用连续稀释方法，然后将其喝下去。因为他搞到最后有点不耐烦了，因此只对尿液稀释了30次。不同的是，他不称其为“尿”，而称为“小便”，然后宣称，他正在开发一种药物，这种药能将受到被撒尿的侮辱的人的情绪转换成生气（主要在美国）或酩酊大醉（主要在英国）。结果很自然是以热闹的You Tube

40 视频呈现给世界。

杰戈有充分的理由不会被骚扰。因为按1∶99的浓度稀释30次以后，所喝的液体中已不存在一丁点儿原先的尿液成分。如果他稀释的时候非常小心，那么稀释后的液体里确实不是“含有微不足道的份额”，而是真的没有。

这是因为我们日常世界里的一切——尿、钻石、炸薯条等——是由原子构成的，这些原子通常结合成分子。而这些分子是我们能够辨认某种物质的最小物质单位。拆开来，两个氢原子和一个氧原子都只是原子；合起来后，它们变成水。

因为世界是由原子和分子构成的，因此你不可能一直不断地稀释某种东西同时还使它保持自己的特性。一小匙尿液可能包含约10^{24}个分子。如果我们将1份尿液与99份纯水混合，那么稀释后的尿液中就只有10^{22}个尿液分子。稀释两次后只剩下10^{20}个分子。当我们稀释过12次之后，稀释后的液体里平均只剩下一个分子的原始物质。这之后，所有操作都只是装装样子了：余下的混合都只是原来的水与新加入的水的混合。如果稀释上40次，我们可以稀释掉已知宇宙中的每一种分子。

所以，当杰戈完成反复勾兑的程序，并最终以胜利者的姿态将液体一口喝下时，他喝的水已经纯净到与通常的自来水毫无二致。顺势疗法的提倡者当然知道这一点。但他们认为，水分子会保留对稀释前所用的原始草药或化学药物中的“记忆”，并确实认为最终的制剂要比开始时的物质更给力。这种做法与我们关于物理和化学的一切已知的知识相悖，临床试验也证明，从对抗疾病的作用看，顺势疗法并不比安慰剂更有效。但是，每个人都有权保留自己的意见。

俗话说，自己经历的那点事情不足为凭。但物质都是由原子和分子构成的则是一个惊人的事实。这里有两个关键：第一，我们可以将物质拿过来并将它分解成小块，这些小块代表着该物质的最小存在单位；第二，我们只需要一些基本构件就可以用不同的组合方式来解释可观察世界里的所有现象。

41

乍一看，粒子家族似乎非常复杂和吓人，但物质粒子只有12种，它们可以整齐地分成两组，每组6个：感受强核力的夸克和不受强核力作用的轻子。这是一个引人入胜的故事，从1897年的电子被发现到2000年的最后一个基本费米子（τ子中微子）被检测到，跨越了一个多世纪。在此我们将采取一种旋风般的旅行，要想定量了解详细信息的读者请参考附录2。当浓雾散尽，我们将看到一个相对可控的粒子集合，它们构成了这个世界上的一切事物。

原子图像

大家都看过原子的卡通图像。它们通常被描绘成微型太阳系：中心是原子核，四周围绕着轨道电子。这是一个标志性的形象，例如用作美国原子能委员会会标的标志就是如此。但这种原子结构图像在某种细微之处也会有误导性。

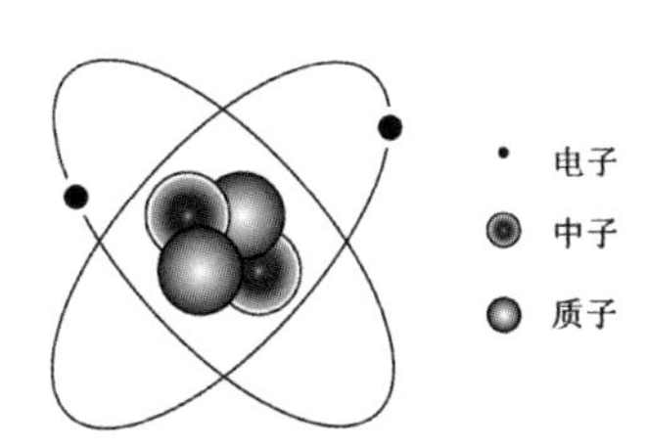

氦原子的卡通图像。原子核由两个质子和两个中子组成，核外围绕着两个电子

卡通原子代表的是玻尔模型（以丹麦物理学家尼尔斯·玻尔的名字命名）。玻尔将量子力学最初的见解用到早先由新西兰、英国物理学家欧内斯特·卢瑟福发展的原子模型上。在卢瑟福的原子模型中，电子的绕核运行轨道可以是任意半径，有点像真实太阳系里的行星（只是它们受到的中心吸引力是电磁力而不是万有引力）。玻尔修改了这一设想，认为电子只能在某些特定的轨道上，这一修正在拟合原子的辐射数据方面迈出了伟大的一步。现在我们都知道，电子其实根本不是处在"轨道"上，因为它们根本不具有"位置"和"速度"。量子力学认为，电子处在所谓"波函数"的概率云的状态下。这种波函数告诉我们，如果我们要找到电子，在哪个地方有可能找到它。

42

一切都那么当然，如果我们要找的东西是某种直觉上便于把握的东西的话，那么我们心中记住的原子基本卡通图像看上去还不坏。核处在中间，电子处在四周。电子相对较轻；原子的99.9%以上的质量都位于原子核内。而核是由质子和中子组合构成的。中子稍重于质子——中子的质量是电子的1842倍，质子质量约为电子的1836倍。质子和中子都是所谓的"核子"，因为它们是构成核的粒子。除了质子具有电荷和中子稍重这两点外，这两个核子非常相似。

像生活中很多事情一样，原子的性质是一种完美平衡的结果。电子因电磁力而受到核的吸引，这种力要比引力作用强上许多倍。电子与质子之间的电磁吸引力约是它们之间万有引力的10^{39}倍强。但是，引力要简单点——一切东西都吸引着另一些东西——而电磁力就要微妙些。中子之所以得此名字正在于它们是电中性的，不带电荷。因此电子与中子之间的电磁力是零。

43

带同号电荷的粒子之间相互排斥，而带异号电荷的粒子之间相互吸引。电子之所以受到原子核内部质子的吸引就因为电子带负电荷而质子带正电荷。既然这样——你可能会问自己——为什么待在核内的质子不会彼此推开而且还离得那么近？答案是，它们之间的电磁斥力确实把它们分开，但核中起主要作用的是强相互作用力。电子感受不到强作用力（正如中子感受不到电磁力一样），而质子和中子则能感受到，这就是为什么它们结合得如此紧密形成原子核的原因。但有一点需要指出，如果原子核太大，电磁斥力就会大到不可忽略，核就会变得具有放射性。它只能暂时存在，最终会衰变成较小的核。平衡就这么精妙。

反物质

你一睁眼立即就能看到周围的一切，你用自己的眼睛曾经看到过的一切，你用耳朵听到的一切，你的感官所经历的一切，都是电子、质子、中子，以及引力、电磁力和使得质子和中子聚在一起的核力的某种结合。早在20世纪30年代，电子、质子和中子的故事就已为人们所知。当时，人们无法想象这3种费米子是宇宙真正的基本成分，是基础性的建筑材料，它们构造了一切。但是，大自然有更多的弯弯绕绕。

搞清楚费米子基本工作方式的第一人是英国物理学家保罗·狄拉克。他在20世纪20年代后期写出了一个描述电子的方程。狄拉克方程的一个直接结果，尽管物理学家在很长一段时间内难以接受，是每一个费米子都伴有一个相反类型的粒子，称为它的*反粒子*。反物质粒子具有与它们的正粒子兄弟完全一样的质量，只是电荷符号相反。当粒子和反粒子走到一起时，它们通常会发生湮灭释放出高能辐射。因此（在理论上），反物质的集合是一种非常好的储能方式，这种设想为科幻小说畅想用之形成先进的火箭推进力起到了强大的推动作用。

1932年，狄拉克的理论变成了现实——美国物理学家卡尔·安德森发现了正电子，即电子的反粒子。物质和反物质之间存在严格的对称性，一个由反物质构成的人无疑会将构成他们的粒子称为“物质”，而称构成我们的粒子为反物质。然而，我们观察到的宇宙充满了物质，反物质非常少。具体的原因对物理学家来说仍是一个谜，虽然我们有不少有前途的想法。

安德森当时正在研究宇宙射线，来自太空的高能粒子闯入地球大气层，产生出最终到达我们地面的其他粒子。就是说你头顶上的空气就像一个巨大的粒子探测器。

为了得到带电粒子轨迹的图像，安德森用了一种称为“云室”的惊人技术。这个名字很恰当，因为其基本原理非常类似于我们在天空中看到的实际的云。云室里充满了过饱和水蒸气。“过饱和”是指这样一种水蒸气，它在通常条件下无法形成液态水滴，除非给它施加某种外部触发。对于通常的云，这种触发主要是杂质颗粒，比如灰尘或盐粒。而在物理学家的云室中，这种触发是通过云室的带电粒子。粒子碰到云室里的原子，碰出原子核外的电子使原子变成离子。这些离子便成为形成小水滴的核。因此，通过云室的带电粒子会在其身后留下一道液滴的痕迹，很像飞机飞过后在空中留下的轨迹。 45

安德森将他的包裹着强磁铁的云室安置在加州理工学院航空大厦的屋顶上，用于观察宇宙线。要获得云室内的过饱和水蒸气，就要求气压迅速下降，就像活塞的运动会造成“砰”的一声巨响。由于云室的运行会造成大量的电力消耗，因此只在夜间工作。于是每天晚上帕萨迪纳的空气都会带来“砰砰”的爆裂声，宇宙的秘密就这样被发现了。

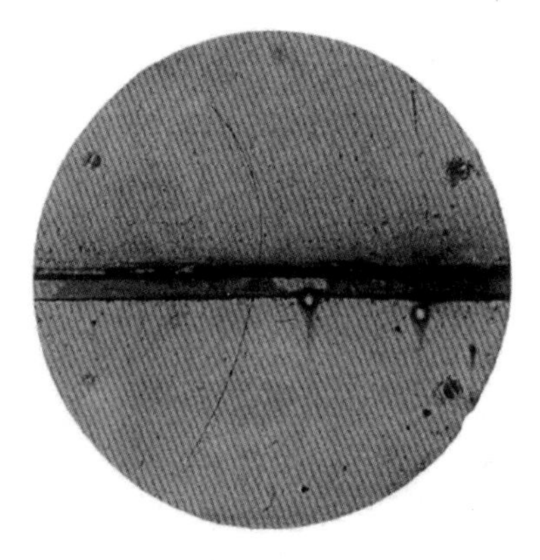

卡尔·安德森拍摄的导致正电子被发现的云室图像。正电子的径迹始于靠近图片下方的曲线，曲线在中间被铅板遮挡，在上方很清晰，径迹弯曲得更加厉害

安德森拍下的图片显示，按顺时针偏转的粒子数和按逆时针偏转的粒子数相等。对此最明显的解释是，辐射中包含的质子数量与电子数量一样多。其实你完全可以预料到这一点，因为带负电荷的粒子不可能在不产生平衡的正电荷的情形下被创造出来。但是安德森还有另外一组数据：离子在云室中留下的径迹宽度。他发现，对于给定径迹的曲率，产生这些径迹的质子的速度相对缓慢（用他的话来说就是，"低于光速的95%"）。在这种情况下，它们本该留下较观察到的更宽的离子径迹。这些穿过云室的神秘粒子像质子一样带正电荷，但很轻，从质量上说像电子。

当然逻辑上还有另外一种可能性：也许径迹是由向后移动的电子造成的。为了验证这个想法，安德森用铅板将云室一分为二。从铅板一侧进入云室的粒子到达铅板另一侧时速度会减慢，这清楚地表明了粒子运动轨迹的方向。在这张粒子物理学史上具有标志性的照片上我们看到，一个逆时针弯曲的粒子穿入云室，经过铅板后变慢——正电子就这样被发现了。核物理学界的领袖级人物，如欧内斯特·卢瑟福、沃尔夫冈·泡利、尼尔斯·玻尔，等等，起初都不敢相信。但优美的实验结果总是胜过理论上的直觉，不管这一理论有多么辉煌。反物质的概念就这样闯进了粒子物理学的世界。

46

中微子

由此，我们有的不再仅仅是3个费米子（质子、中子和电子），而是3个以上（反质子、反中子和正电子），共6个——数量还相当稀少。但恼人的问题仍然存在。例如，中子衰变时，它们通过发射一个电子而变成质子。但对这个过程进行仔细测量后发现，能量似乎不守恒——质子和电子的总能量总是小于原初的中子。

1930年，沃尔夫冈·泡利对这个难题提出了一种答案：其余的能量可能被一种很难检测到的微小的中性粒子带走了，这种粒子后来被称为“中微子”。事实上，中子衰变时发射出的是我们现在所称的反中微子，但原理是完全正确的。当初，泡利还为他提议的粒子无法检测到而感到挺不好意思，但现在，中微子已成为粒子物理学家的面包和奶油。

即使发现了中微子，中子衰变的确切过程仍然有问题。粒子间的彼此互相作用意味着存在某种力，但中子衰变所牵涉的既不是我们所期望的引力、电磁力，也不是核力。因此物理学家开始将中子衰变归结为“弱核力”，因为它不仅明显作用到核子上，而且显然不是将核子聚拢在一块儿的力，后者称为“强核力。”

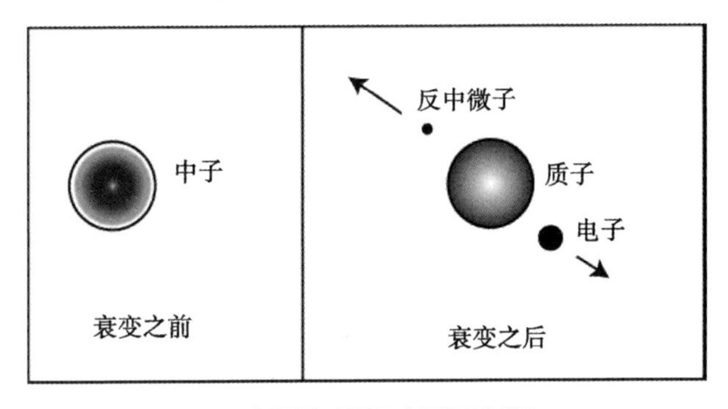

中子衰变成质子、电子和反中微子

中微子的存在使得基本粒子之间建立起一种可爱的小对称性。我们有两种轻粒子：电子和中微子，它们最终被称为“轻子”（取自古希腊字“lepton”，意为“小”）；两种重粒子：质子和中子，称它们为（得名晚于前者）“强子”（“Hadron”，古希腊的字面意思是“大”）。强子感受强核力，而轻子却否。每个类别包含一种带电粒子和一种中性粒子。

代

1936年，一位不速之客从天而降——μ子。当时正电子的发现者卡尔·安德森正和塞斯·内登迈耶研究外空间进入地球大气层的宇宙线粒子。他们发现，有一种粒子像电子一样带负电荷，但较电子重，同时又轻于反质子。在20世纪30年代，有一多半的已知的基本粒子（电子、正电子、质子、中子、μ子和反μ子）都是由卡尔·安德森所在的加州理工学院发现的。谁知道呢？也许从现在开始的10年或20年，半数新粒子将由LHC来发现。

μ子的发现完全是个惊喜。我们已经有了电子，为什么还要有一个较重的表亲呢？I. I. 拉比的著名讽刺敏锐地抓住了物理学家的这种困惑：“谁叫它来的？”这正是我们希望在LHC实验上得到的反应——发现一种完全出乎预期的东西，然后将结果留给理论去回答。

这仅仅是开始。1962年，实验者莱昂·莱德曼、梅尔文·施瓦茨和杰克·斯坦伯格证明，实际上有两种不同的中微子。有“电子中微子”，它与电子相互作用，并经常与电子一起产生；还有“μ子中微子”，它与μ子同时出现。中子衰变时会发射出一个电子、一个质子和一个

电子反中微子。μ子本身会衰变，这时它不仅发射出一个电子和一个电子反中微子，而且还发射出一个μ子中微子。 49

这种发现过程再次重复。在20世纪70年代，人们发现了τ子，还是像带电子一样带负电，但比μ子更重。这3种粒子几乎是相同的表兄弟，不同的只是质量。尤其是，所有这3种粒子都感受到弱力和电磁力，但不参与强相互作用。τ子也有它自己的中微子，人们早就有此预期，但直到2000年τ子中微子才被直接检测到。

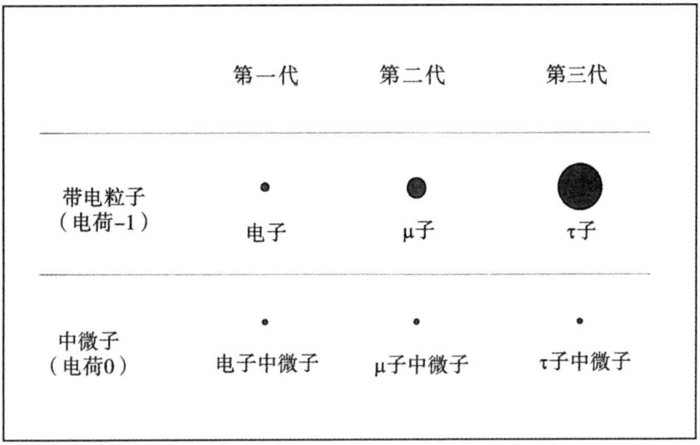

	第一代	第二代	第三代
带电粒子（电荷-1）	电子	μ子	τ子
中微子（电荷0）	电子中微子	μ子中微子	τ子中微子

现在我们已经有不下6种轻子，它们来自3个“家庭”或“代”：电子及其中微子、μ子及其中微子和τ子及其中微子。人们很自然地会想到，是否还有第四代或更多的轻子还没被发现？现在，这个答案是明确的：“也许有”。虽然已有的3代我们都得到了证据，但这是因为已知的中微子都具有非常小的质量——肯定不比电子重，有的可能要小得多。现在我们已经知道如何通过仔细分析较重粒子的衰变来寻找新的轻粒子。那么，在这些衰变中，我们可以计数的必须考虑的 50

类似中微子的粒子有多少种呢？答案是：3种。可以肯定地说，我们不可能再找到更多的潜伏的轻子，它们有异常大的质量。应当说，我们已经发现了所有的中微子（因此也是所有代的轻子）。

夸克和强子

与此同时，强子也坐不住了。20世纪中叶，随着粒子加速器的蓬勃发展，物理学家发现了一大批所谓的基本粒子。其中有 π 介子、K介子、η介子、ρ介子、超子等。威利斯 · 兰姆在他的1955年诺贝尔物理学奖获奖演讲中打趣道：“过去，发现一种新的基本粒子就可获得诺贝尔奖，但现在这样的发现应该被处以10000美元的罚款。”

所有这些新粒子都是强子——与轻子不同的是，它们与中子和质子有强烈的相互作用。越来越多的物理学家开始怀疑这些新来者不是真正的“基本粒子”，而是反映了一些更深层次的结构。

1964年，默里 · 盖尔曼和乔治 · 茨威格终于破解了这个秘密。他们分别独立地提出，强子是由更小的称为“夸克”的粒子构成的。像轻子一样，夸克有6种不同的味：上、下、粲、奇异、顶和底。所有的上/粲/顶夸克具有+2/3的电荷，而下/奇异/底夸克则具有-1/3的电荷，有时这些夸克也被分别归类为“上型”和“下型”夸克。

但与轻子不同的是，每味夸克实际上代表着粒子的3种态，而不只是一种态。每味夸克的3种态分别标以颜色：红色、绿色和蓝色。这些名称很有趣，但不是真的带上色，你不可能真的看到夸克。即便你能看到，它们也不会实际带有这些颜色。

夸克是被“禁闭”的，这意味着它们只能以组合的形式存在于强子内部，夸克本身从来不是孤立的。当它们结合在一起时，总是以“无色”组合方式存在。质子和中子都是由3个夸克组成的：质子是两个上夸克加一个下夸克，而中子是两个下夸克加一个上夸克。单个夸克可能是红色，或绿色，或蓝色。它们合在一起则显示为白色，也就是我们说的无色。稍后我们将看到，核子内有时还存在“虚拟”的夸克-反夸克对，它们以色/反色的组合形式出现，但外观上的整体白色不受影响。

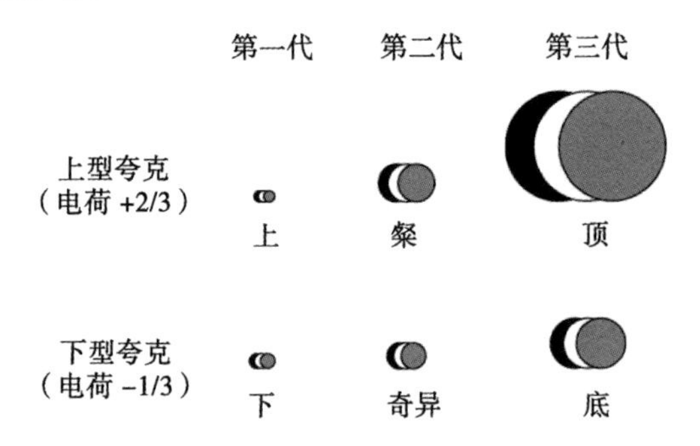

标准模型里的夸克按3代排列。每种类型的夸克有3种色。较大的圆表示粒子质量较大，但不表示其尺寸大小

要描绘轻子和夸克，我们不可能不借助某种模式来进行。对这两类粒子我们有6种类型。这6种类型被精确地排成3对，每对中的两个粒子相差一个单元的电荷。这种结构会有更深层次的解释吗？答案是至少有部分是肯定的。如果不考虑充满空间的希格斯场的影响的话，每对中的两个粒子，譬如电子及其中微子，将是精确相同的。所以在这方面，希格斯场的对称破缺作用得到了淋漓尽致的反映。我们将在

52

本书的后面更仔细地研究这个问题。

不匹配的力

标准模型的费米子是那种使我们周围的物质具有大小和形状的东西。但只有借助各种力及其关联的玻色子粒子，这些费米子才能够彼此相互作用。费米子可以通过将玻色子掷来掷去而彼此推拉，或通过释放某种玻色子而失去能量或衰变为其他费米子。如果没有玻色子，费米子会不受宇宙中任何干扰地永远做着直线运动。为什么宇宙如此复杂而有趣，就是因为这些力各不相同，并以互补的方式推拉着物质。

物理学家常说，有4种自然力，但不包括希格斯子。这并不仅仅是因为发现它需要花很长时间，而是因为希格斯子本质上就不同于其他的玻色子。其他玻色子被称为“规范玻色子”（这一点我们在第8章中再作讨论），它们都深深联系着自然界的基本对称性。引力子也与别的粒子有点不同。每种基本粒子都具有某种内在的“自旋”。光子、胶子和W/Z玻色子的自旋都等于1，而引力子的自旋为2（详细性质见附录1）。我们还不知道如何将引力与量子力学的要求调和起来，但称它为规范玻色子仍然是公平的。

另一方面，希格斯子则完全不同。它是我们所说的“标量”玻色子，这意味着它具有零自旋。与规范玻色子不同，希格斯子不通过对称性或自然界的其他深刻原理而对我们施加某种力。一个没有希格斯子的世界看起来会很不同，但它的存在与物理理论是完全一致的。同样重要的是，希格斯子是标准模型优美的数学结构上的一个污点。但

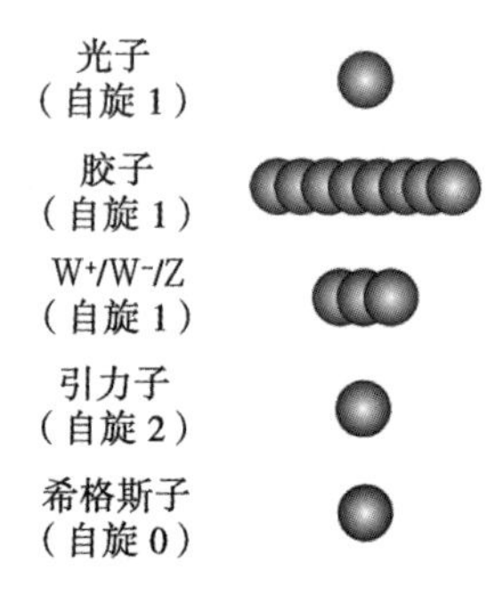

标准模型里的玻色子。（本书中我们包含了引力子，但这不是公认的。）除W子之外，所有玻色子都是电中性的。除了W/Z玻色子和希格斯子之外，其他玻色子都是无质量的

它毕竟是玻色子，因此可以来回地与其他粒子交换，从而产生自然力。

希格斯玻色子是希格斯场的振荡。希格斯场是那种让所有大质量基本粒子带上质量的东西。因此，希格斯玻色子可以与粒子家族中的所有大质量粒子——夸克、带电轻子、W玻色子和Z玻色子——发生相互作用。（中微子质量还不能完全理解，因此让我们假装它们不与希格斯子发生作用，虽然陪审团还在外面。）粒子的质量越大，与希格斯子的作用就越强烈。实际上我们也可以反过来表述：一个粒子如果与希格斯子的相互作用越强烈，则它从弥漫于虚空空间的希格斯场中获得的质量就越大。

54

希格斯子的这一特点——与质量越大的粒子作用得越强烈——对于研究LHC里的各种成分粒子是非常重要的。希格斯子本身就是一个重粒子，即使当我们生产它的时候，我们也无法直接看到它。它会非常迅速地衰变为其他粒子。我们预计它会有一定的衰变率衰变为

(譬如)W玻色子，按不同的衰变率衰变到底夸克、τ子，等等。这种衰变不是随机的——我们确切知道希格斯子应该如何与其他粒子相互作用(因为我们知道它们每一种的质量是多少)，因此我们可以比较准确地计算出不同衰变的预期频率。

当然，我们真正想要的最好是上述这些都是错的。这是发现希格斯粒子的一个伟大胜利。我们真正需要的是某种令人惊讶的新东西。寻找一种既看不见又很难产生但却迅速衰变成其他粒子的粒子是一项艰巨的任务。它需要耐心、精确和非常仔细的统计分析。好在物理学法则(或这些法则的任何一种假设性版本)是无情的，对我们应该看到的东西的预测是明确的和不变的。如果希格斯子被证明与我们原来所期望的东西有所不同，那它便成为标准模型最终失败，新现象的大门已经打开的明确信号。

第 4 章
加速器的故事

在本章里，我们追述以越来越高能量将粒子碰撞在一起的那段丰富多彩的历史。

我在10岁左右的时候，在我们当地——宾夕法尼亚州的雄鹿县——的图书馆里找到了科学书目。我立刻被吸引住了。我最喜欢读的书是图书分类索书号为520和530的两类，即天文学和物理学这两类。我专心通读过一本由哈尔·赫尔曼写的名为《高能物理学》的书。书不算厚。那是在20世纪70年代的中后期，而这本书写于1968年，即标准模型诞生之前。当时，“夸克”还是一种稀奇古怪有点吓人的理论猜测。但强子——现在我们知道它是由夸克和胶子组成的粒子——已经发现了不少，《高能物理学》里插入了很多的粒子轨迹的照片，每一张都代表一个投向大自然秘密的短暂一瞥。

这些照片里有许多是在强大的高能质子同步稳相加速器Bevatron上拍摄的。在20世纪50年代和60年代，Bevatron是当时最先进的粒子加速器。这台加速器建于美国加州大学伯克利分校，但Bevatron这个名字里的“B”与地名无关，而是指“Billion”，即10亿电子伏——加速器能够达到的能量。（电子伏是粒子物理学家爱用的

一种奇怪的能量单位，后面我们会给予解释。）按照现代规范的数量
56
级表示，10亿对应于“千兆”（giga-），因此10亿电子伏现在写为GeV，但在那时，美国人往往爱用“BeV”，而且“Gevatron”听起来就觉得不顺耳。

Bevatron上的发现造就了两个诺贝尔奖：1959年，埃米利奥·塞格雷和欧文·张伯伦因发现反质子而获奖；1968年，路易斯·阿尔瓦雷斯因发现多得难以计数的粒子共振态而获奖——所有这些共振态都是讨厌的强子。后来，阿尔瓦雷斯还和他的儿子沃尔特一起首次证明了小行星撞击地球是恐龙灭绝的可能原因。他们发现，那个时候形成的地层中，铱的浓度高得异常。

粒子加速器背后的概念很简单：取一些粒子，将它们加速到很高的速度，并让它们与另一些粒子碰撞，然后仔细观察产物。这个过程就好比将两块精美的瑞士手表互相撞击，然后通过观察飞散开来的碎片来判断它们是由什么材料做成的。但这种比喻不太到位。因为当我们将粒子撞在一起的时候，我们看不出它们是由什么构成的，实际上我们正在产生一些撞击前根本不存在的全新粒子。这就像让两块天美时手表撞在一起，看看能否自动组装成一块劳力士手表一样。

为了达到这样高的速度，加速器运用了这样一种基本原理：带电粒子（例如电子和质子）可以被电场和磁场控制住。实际上，我们是利用电场将粒子加速到足够高的速度，而磁场则用来使它们朝着正确的方向前进，如沿着Bevatron或LHC的环形管道旋转。通过精确地调整这些场的参数以便让粒子行走在正确的轨道上，物理学家就可以再

现某些地球上绝不会自动形成的条件(来自外太空的宇宙线可以有很高的能量，但它们太过稀少，很难观察)。

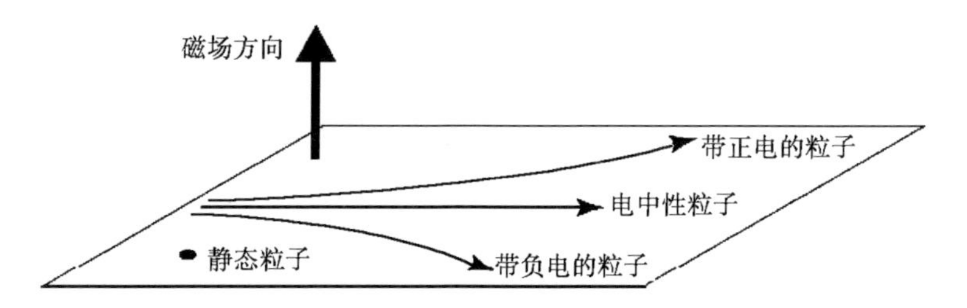

磁场对在其中运动的粒子的影响。如果磁场指向上，那么它会使带正电的粒子沿逆时针方向偏转，使带负电的粒子沿顺时针方向偏转，但对电中性粒子不起作用。同样，静态粒子仍保持不动

技术上的挑战是显而易见的：将粒子加速到尽可能高的能量，然后让它们撞在一起，看看会出现什么新的粒子。这些步骤里没有一步是容易实现的。LHC可以说代表了我们几十年来在学习如何建造更大更好的加速器方面的巅峰之作。 57

$E = mc^2$

Bevatron之所以产生反质子，不是因为反质子藏在与之相互作用的质子和原子核的背后，而是碰撞带来的一种新粒子。用量子场论的话来说就是，代表原初粒子的波造成了反质子场的一种新的振荡，它就是我们发现的粒子。

为了做到这一点，最重要的就是要有足够高的能量。粒子物理学得以确立的基础是爱因斯坦的著名公式$E = mc^2$。它告诉我们，质量实际上是能量的一种形式。具体说来就是，一个物体的质量是这个

物体能够具有的最低能量状态。当一个物体处于完全静止的状态时，不论它是什么，其能量都等于其质量乘以光速的平方。光速是一个186000英里每秒（300000千米每秒）的大数，它在这里只是一个从质量转换到能量的计量单位。粒子物理学家还喜欢用光年（光在一年里走过的距离）作为计量单位。在这种情况下，它就等于1，质量和能量可实现真正的互换。

58

当一个对象处于运动状态又该如何呢？有时讨论相对论时我们喜欢说，当粒子以接近光速的速度运动时，其质量增加。但这种说法有点误导。我们最好这样来考虑问题：一个物体的质量是恒定的——该物体静止时的能量，当它运动的速度越来越快时，其能量增大。事实上，当物体的速度越来越接近光速时，其能量将增长到无限大。这也就是为什么光速是一个物体可以具有的速度的绝对上限的原因——此时将需要无穷大的能量来驱动一个物体的运动。（相反，无质量的粒子总是以光速运动。）当粒子加速器将质子的能量提得越来越高时，质子的速度就越来越接近光速，但永远到不了光速。

通过这个简单公式的魔力，粒子物理学家就可以用较轻的粒子来构造重粒子。在碰撞中，总能量是守恒的，但总质量不守恒。质量仅仅是能量的一种形式，能量可以从一种形式转换到另一种形式，只要其总能量保持恒定即可。当两个质子以很大的速度迎头相会时，如果它们的总能量足够大，那它们就可以转换成较重的粒子。我们甚至可以让完全无质量的粒子发生碰撞来产生有质量的粒子。两个光子碰撞可以产生电子-正电子对；两个无质量胶子碰撞可以产生希格斯玻色子，只要它们的总能量大于希格斯子的质量。希格斯玻色子要比质子

重100倍以上，这便是为什么它如此难以产生的一个重要原因。 59

粒子物理学家爱用“电子伏”或简称“eV”作为能量单位。一个eV就是电子在1伏特的电势下运动所获得的能量。换句话说，如果将一个电子从电池的正极移到负9伏特的负极时，它就得到了9个电子伏的能量。这不是说物理学家会花很多时间将电子移向电池的负极，而只是该领域广泛采用的一种方便的能量计量标准。 60

一个电子伏的能量只有一点点。一个可见光光子的能量是几个电子伏，而一个飞蚊的动能则有100万兆电子伏（1 TeV，这是因为构成一个蚊子的原子有很多，故每个粒子的能量还是只有一点点）。燃烧1加仑汽油所释放的能量超过10^{27} eV，而一个巨无霸的营养能量（700卡路里）大约是10^{25} eV。因此，一个电子伏确实没多少能量。

由于质量是能量的一种形式，因此我们可以用电子伏作为基本粒子的质量单位。质子或中子的质量差不多为10亿电子伏，而电子的质量约为50万电子伏。LHC上发现的希格斯玻色子的质量在125 GeV。因为1eV是如此之小，因此我们经常使用的更方便的单位是GeV，即千兆电子伏（10亿电子伏）。你还可以看到keV（千电子伏）、MeV（兆电子伏）、TeV（100万兆电子伏）这样的单位。2012年，LHC碰撞质子的总能量为8 TeV，其最终目标是要达到14 TeV。这么大的能量足以产生足够多的希格斯玻色子和其他奇异粒子，关键是一旦产生它们要能够被检测到。

我们甚至可以用相同的单位来测量温度，因为温度仅仅是物质中

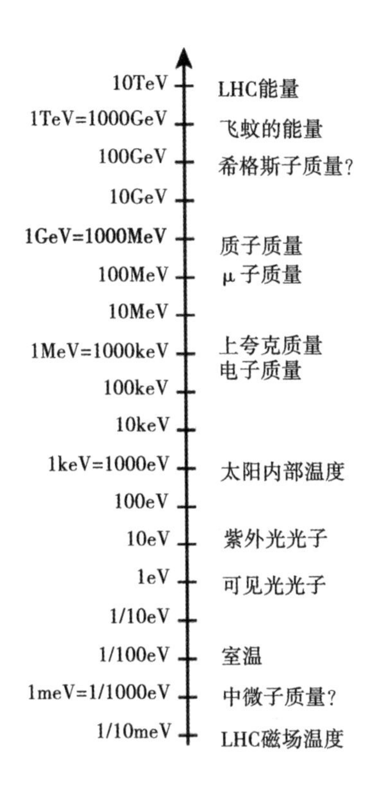

能量尺度。物理学用同一个尺度来衡量温度、质量和能量，其基本单位是“电子伏”。常用单位有meV（1/1000 eV），keV（1000 eV），MeV（兆eV），GeV（1000兆eV）和TeV（100万兆eV）。图中有些数值是近似值

分子的平均能量。从这个角度来看，室温仅相当于1/200电子伏[1]，而太阳中心的温度约为1000电子伏。当温度上升到高于某个粒子的质量时，这便意味着碰撞有足够的能量来产生该粒子。即使是太阳中心，尽管非常热，其温度也没有高到足以产生电子（0.5 MeV）的程度，更不用说产生质子或中子（约1 GeV）了。但回到宇宙最初的大爆

1. 这个数据似有误。按室温22℃计，应相当于约0.5 eV，故文中单位疑应为keV。—— 译注

炸状态，产生这些粒子则是没有问题的。

大自然藏起一种粒子让我们看不见它的最简单的方法就是让它重到我们无法轻易地在实验室条件下产生它。这就是为什么粒子加速器的发展史就是一部不断追求越来越高的能量的历史，为什么加速器会有Bevatron和Tevatron等名称的原因。实现一种前所未有的能量实[61]质上就是进入一个前所未知的领域。

欧洲核子研究中心（CERN）

位于日内瓦的LHC实验室所在的欧洲核子研究中心（CERN）的正式名称是“欧洲核研究组织”（OERN）。你可能注意到这个缩写在不同的语言里不是总有效。这是因为目前的这个“组织”是欧洲核子研究中心的直接分支机构，大家一致认为，即使以后正式名称更名，老的缩写仍将沿用。没有人坚持采用“OERN”。

该组织成立于1954年，由试图重新激发战后欧洲物理学研究的12个国家共同发起成立。自那时起，CERN一直处在粒子物理学和核物理学研究的前列，一直是欧洲物理学的知识中心，也是日内瓦身份的一个重要组成部分。如果你前往这个瑞士的第二大城市，这个世界金融、外交和钟表制造业的中心，你会发现，日内瓦机场里每16位乘客中就有一位其工作以某种方式与欧洲核子研究中心有关。在你的飞机落地前，你都有机会与一两位物理学家交往。

像大多数粒子物理学实验室一样，欧洲核子研究中心的故事一直是如何制造更大、更好、可以获得有史以来更高能量的机器。1957年，故事的主角是同步回旋加速器，它将质子的能量加速到0.6 GeV；1959年，它见证了质子同步加速器的就职典礼，这台机器的能量达到28 GeV，至今仍然运行，它提供的质子束由其他机器（包括大型强子对撞机）再进行进一步加速。

1971年，交叉储存环（ISR）的运行又向前迈出了重要一步。这台机器使总能量达到了62 GeV。ISR既是一台质子加速器，更是质子对撞机。以前的机器加速质子，然后用被加速的质子束去打固定的物质靶，这种靶比较容易打中。而ISR是让沿相反方向运动的两束质子发生对心碰撞，因此实现这种技术不仅是一个更大的技术挑战，也使获得高得多的能量成为可能。在ISR上，不仅每束质子携带能量，而且这些能量都对产生新粒子有贡献。（在固定靶实验中，大部分能量都变成了靶的动能。）建造粒子对撞机的设想是在20世纪50年代由美国物理学家杰拉德·奥尼尔提出的（奥尼尔后来因提出并倡导人类到外空间寻找栖息地而变得更为知名）。20世纪60年代，在奥地利物理学家布鲁诺·图切克的领导下，在意大利弗拉斯卡蒂建造了一台小型的正负电子对撞机。

ISR的环形轨道周长约为3/4英里（约1.2千米）。自那以后，机器的环形轨道周长变得越来越大。1976年开始运行的超级质子同步加速器（SPS）的周长超过4千米，能量达到300 GeV。几年后，欧洲核子研究中心做出了一项大胆的举动——在原有基础上重新设计SPS，使它由原来的加速质子的任务变为进行对质子与反质子碰撞的新配置。正如你能想到的，反质子很难收集，而且难于与之发生相互作用。反质子不像质子随时可得，你必须通过低能碰撞将它们产生出来，然后费力将它们收集起来，不使之与环境中的质子发生碰撞湮灭成一道闪光。为了做到这一点，你可以利用如下事实：质子和反质子带有相反的电荷，因此可以用相同的磁场让它们沿相反方向偏转。（LHC采用的是质子与质子的碰撞，因此必须用两个分离的束管道。）1983年，意大利物理学家卡罗·鲁比亚用升级后的SPS发现了传递弱核力的W玻色子和Z玻色子，从而荣获了1984年度的诺贝尔物理学奖。

SPS仍在运行，工作起来仍很艰辛。幸亏进行了升级，现在它可以将质子加速到450 GeV，然后将这些质子转交给LHC，由后者将质子加速到更高的能量。粒子物理学家都是能量循环利用方面的高手。

63

1989年，CERN开始了它的下一个大机器——大型正负电子对撞机（LEP）——的建设。这需要另建一条新的隧道，这条新隧道的长度约为17英里（约27千米），建在330英尺（约100米）深的地下，横跨瑞士和法国边境。如果这些数字听起来很熟悉，那是因为它们现在也是LHC的隧道，虽然最初是专为LEP建的。LEP运行成功后，于2000年被关闭并拆除，以便为LHC让路。

大型正负电子对撞机

质子是强子——强相互作用粒子。当你让两个强子（或一个质子和反质子）撞在一起后，结果有点不可预知。实际情况是，一个强子内的夸克和胶子与另一个强子内的夸克和胶子撞在一起，但你不知道两个粒子开始碰撞时的确切能量。而一台使电子与正电子碰撞的机器则完全不同：你可以做得非常精准，而且能量也不高。当电子和正电子（譬如在LEP中）发生碰撞时，你能够确切知道到底会产生什么，结果更适合于对粒子特性进行精密测量，而不是将发现新粒子摆在首位。如果你玩过《寻找瓦尔多》的游戏，你就会明白，建立在强子对撞机上的粒子物理学就像是在整个画面中寻找一顶轻松活泼的条纹帽，而正负电子对撞机上的搜索则像是用细网格筛在整个画面上来精心检查一个个的面孔。

LEP是如此的精确，它甚至能够发现月球，或者至少是月球引起的潮汐变化。每一天，月亮在绕地球旋转时，它的引力场拖曳着地球。在欧洲核子研究中心，这个微小的牵引力会造成LEP隧道的总长度每天拉伸和收缩1/25英寸（约1毫米）。这么点变化对于17英里（约27千米）长的束流管道不算什么，但它足以引起电子和正电子的能量发生小的波动——这种小扰动很容易被高精密仪器探测到。对于每天的这点能量变化，CERN的物理学家们经过最初的困惑，很快就想通了发生了什么事。（实际上，用这种方法来探测月球与天体物理学家通过引力效应来发现宇宙中的暗物质没有什么本质的不同。）LEP也能够检测到通过高速铁路进入日内瓦的TGV列车，因为它所带来的漏电流会干扰到精确调谐的机器。

64

但LEP物理学家没去检测月球或火车，他们希望发现希格斯玻色子。有一段时间，他们认为他们做到了。

对标准模型的预言成功地进行了精确测量（但没有发现任何新的粒子）后，LEP计划于2000年9月被关闭和拆除，以便为LHC腾出地方。在知道他们的机器只有几个月的运行时间后，技术人员开始孤注一掷。他们想尽办法将能量提高到了209 GeV，远高于机器的设计能量极值。如果机器坏了，它也不过是个“跛脚鸭”加速器。

随着束流达到如此之高的新的能量水平，由美国威斯康星大学的吴秀兰领导的一个小组在ALEPH实验中发现存在一些幅度明显高于其他事件的事件。这些事件就像是诱人的暗示，但也正是我们所期望的：如果希格斯玻色子就潜伏在质量为115 GeV的附近，那么它正好处在LEP能够看到的边缘。吴秀兰有一批以她的名字命名的重要成果，其中包括让她共同荣获欧洲物理学会奖的1979年帮助确立存在胶子的实验成果。她非常热心于探索希格斯子，绝不会粗心放过这种机会。

通常情况下，粒子探测器给出的几个暗示性事件不足以引起太多的兴奋，即使它们看起来就像你和你的同事们苦苦追寻多年的圣杯。粒子物理学讲究统计：对于你在探测器上能看到的几乎所有东西，都可以有不止一种方法来做到这一点。实验的精髓就在于将你预想的事件产生率与你可能会得到新粒子的事件发生率进行比较。因此，如果有些事件引起你注意，你能做的只是收集更多的数据。信号既可能变得更强，也可能消失。

65

问题是，如果实验室要关闭你的加速器，你就无法采集到更多的数据。吴秀兰和其他物理学家请求当时的CERN总干事意大利物理学家卢西亚诺·马亚尼延长LEP的运行，以便收集更多的数据。每个人都对潜在的发现的意义洞若观火，如果实验室在发现希格斯子之前关闭机器，无疑将留下巨大的遗憾。第一次看到基本粒子的机会并不多，尤其是这种粒子还是我们对物理学理解的核心。正如物理学家帕特里克·亚诺特当时所表达的：“我们正在编写人类的历史。”他们也知道他们处在竞争中：位于芝加哥郊外的费米实验室的粒子加速器Tevatron也正在寻找希格斯玻色子，而且很可能在LHC达到目标能量前在115 GeV处找到它。粒子物理学依赖于国际合作，但竞争之火在每个科学家的内心燃烧。

马亚尼完全知道当前的局面，他选择了妥协：LEP仍然会被关闭，但可以延长一个月，机器运行到2000年10月底。搜寻希格斯子的科学家们抱怨归抱怨，着手采集更多的与产生希格斯子的事件相匹配的数据才是正事儿。他们发现了少量这些数据，但这些数据分散在LEP上运行的4个不同的实验里，不只是在吴秀兰的小组工作的ALEPH探测器上才有。但他们也收集了更多的“本底”事件，即那些看上去完全不像希格斯子的事件。

LEP的运行终于走到了尽头，表观希格斯子事件的总的统计学意义实际上是下降的——信号被淹没在本底噪声中。LEP可以继续运行，但是这将意味着LHC的建造严重滞后，这不仅增加了成本，而且意味着更大的机器的最终运行将需要更多的时间。尽管做最后一搏前景诱人，但LEP确实到了退休的时刻，必须让位于参与角逐的其他加速器。

66

斯坦福直线加速器中心、布鲁克海文国家实验室和费米实验室

虽然欧洲核子研究中心已成功融合了许多欧洲国家（最近已包括世界更多国家）的努力，来打造一个领先的物理实验室，但其他

装置对推进我们对粒子和力的理解的重大进展也有很大贡献。尤其是美国的3个实验室——加州斯坦福大学的斯坦福直线加速器中心（SLAC）、位于长岛的布鲁克海文国家实验室和位于芝加哥郊外的费米实验室——对建立标准模型起着重要作用。

SLAC原本为“斯坦福直线加速器中心”的首字母缩写，但在2008年，美国能源部正式把它改名为“SLAC直线加速器中心”，原因大概是处在权力位置上的某人喜欢在用词上无限递归。（更合理的解释是，斯坦福大学不想让能源部将“斯坦福”这个名字也包含在缩写词中。）SLAC成立于1962年，它的高能直线（而不是环形）加速器在粒子物理学中占有独特的地位。加速器的建筑用地长达两英里（约3.2千米），是美国最长的、也是世界上第三长的建筑设施（前两名分别是中国的长城和巴基斯坦的建于17世纪的军事要塞拉尼科特堡）。最初，这台加速器加速的是电子，即用加速后的电子去打固定的靶。20世纪80年代，它被升级为正负电子对撞机，并最终增设了一个环形轨道，而直线加速器只用作对撞机的第一阶段。

SLAC在发现某些粒子——包括粲夸克和τ子——方面发挥了关键作用，但其最重要的贡献无疑是证明了“夸克”概念的正确。1990年度的诺贝尔物理学奖被授予麻省理工学院的杰罗姆·弗里德曼、亨利·肯德尔和斯坦福直线加速器中心的理查德·泰勒，他们在20世纪70年代用斯坦福直线加速器的电子束仔细研究了质子的内部结构。SLAC-MIT研究小组发现，低能电子直接穿过质子而没有大的偏转，而高能电子（你可能会以为通过得更容易）则以奇特的角度偏转。在粒子物理学中，高能量对应于短距离，因此物理学家们所看到的是位于质子内部的非常小的粒子——也就是我们现在所知道的夸克。

成立于1947年的布鲁克海文国家实验室已先后荣获7项诺贝尔奖：5项物理学奖和2项化学奖。莱德曼、施瓦茨和斯坦伯格因发现μ子中微子而共同荣获诺贝尔奖，他们的这一工作就是在布鲁克海文国家实验室做出的。目前，这个实验室用于粒子物理学研究的主要装置是相对论重离子对撞机（RHIC）。它有2.4英里长（约3.9千米），可以让重原子核发生对心碰撞，产生一种类似于宇宙大爆炸后短时间内存在的所谓夸克-胶子等离子体。吉尼斯世界大全的官员已确认，RHIC人为产生出有史以来的最高温度：超过700万华氏度，是太阳中心温度的25万倍。RHIC在物理学上的目标不完全是寻找新粒子，也包括观察在这些极端条件下夸克和胶子的行为。

另一个主要的高能物理研究机构是费米国家加速器实验室，简称费米实验室。它有一个巨大的环形加速器，用于将质子和反质子加速到高能态。费米实验室一直是欧洲核子研究中心的直接竞争对手。它是在罗伯特·威尔逊的领导下于1967年创立的。威尔逊是一位博学的科学家和富有创新精神的管理者，在物理学家中，他以创造力和成就看似不可能完成的任务而著称。他不仅在预算之内提前完成了新实验室的建设，而且亲自设计了实验室主楼和许多极富个性的雕塑作品，使实验室环境变得富有生气。威尔逊曾在罗马美术学院研究过雕塑，因此在建设实验室时提议竖立一座高32英尺（约9.8米）的金属方尖碑。有人告诉他，按工会条律的要求，所有的焊接必须由工会成员来完成。他的反应很自然——亲自加入焊工工会，给费米实验室机加工车间的焊接大师詹姆斯·福斯特当学徒，并忠实地按照焊接操作指令来进行。1978年，由威尔逊利用午餐时间和周末空闲时间建造的方尖碑被安放在主楼大厅外的大水池旁。

费米实验室引以为豪的是它的粒子加速器Tevatron。这是一台使质子和反质子在2000 GeV能量下进行对撞的巨大机器。(请记住，“TeV”表示“百万兆电子伏”，即1000 GeV。) 1983年，Tevatron是当时世界上能量最高的加速器，直到2009年，这顶桂冠才被LHC夺去。它的最大成就是在1995年发现了质量非常大的顶夸克。华盛顿大学的戈登·瓦特当时是费米实验室的研究生，至今还记得证明新粒子存在的实验信号突破重要的“3σ”阈值的那一刻：

> 我们正出席一个讨论所有分析结果的高级别会议，这些结果将要提交大会发表。每一项分析看起来都有那么一点超过阈值的迹象，但这种迹象实在太小，没有什么真正的意义。事实上，相当长的时间里分析人员都是这样做的，我们也都习惯了——所以我们基本上忽略掉这些结果。眼看这场惯常的马拉松会议行将结束，房间里挤满了人，实际上我是坐在后面的地板上。天气很热，室内空气……嗯……沉闷（说得好听点儿）。我想我们都等着听结束语了，正在这时，到得很早坐在前排的一个人举起了手……“呃……请等一会儿……如果我在这个地方做最简单的处理，就是加上所有的本底，那么我得到的信号便超过了3σ。”房间里一片寂静，大家忙不迭地将情绪拉回来想搞清楚结果是否果真正确。不论是发言者还是会议主持者都明白接下来要谈的……就是一个4个字母的单词——夸

克。我想每个人都感到脊背上凉飕飕的。

苦苦寻找的希格斯子一直没能出现在Tevatron上。虽然能量和亮度均较LHC要低，但美国的机器始终是人们关注赢得这场竞赛的焦点。在LEP停止运行而LHC尚未面世的局面下，费米实验室成为有可能捕捉到这种神秘粒子的第一个确凿证据的窗口。最后，Tevatron的物理学家能够做到的只是划定希格斯子不可能出现的质量范围，但对它的存在与否不能给出任何坚实的证据。

面对明显沉重的预算压力和新运行的LHC的高得多的能量，2011年9月30日，Tevatron永远地关闭了，结束了美国本土上最后一台大型高能粒子对撞机的生涯。（布鲁克海文国家实验室的相对论重离子对撞机在核物理研究中起着重要作用，但在寻找新粒子方面不具有竞争性，它所达到的能量小于10 GeV每核子。）是否还会有继任者目前还不得而知。

超级对撞机

如果说Tevatron有继任者，这个后来者当然非超导超级对撞机（SSC）莫属。1987年，当时的美国总统罗纳德·里根批准了建造SSC的计划，这台机器原定于1996年开始运行。SSC是一项雄心勃勃的计划，它有一个全新的周长54英里（约87千米）的环形管道，能够实现质子间以总能量40 TeV（是Tevatron的20倍）的碰撞。现在回想起来，这项计划的目标可能过于高远了。在设立该项目的初期，各方对项目的支持热情非常高，这从当时的实验室选址的竞争中可见一斑：几乎每个州的国会代表团都想象着能够将这个项目设在本州，50个州里有43个州对这场竞争给予了足够的重视，为此进行了地质和财政上的调查。最终的获胜地点是得克萨斯州一个名叫沃克西哈奇的小镇附近，在达拉斯以南约30千米。 70

随着SSC的建址落定，50个州里有49个州的国会议员对该项目的积极性一落千丈。当时面临的一个很大压力是如何控制由此带来的联邦赤字。SSC的建设成本从一开始就很高，现在几乎是原方案的3倍，达到120亿美元。另一个因素是来自国际空间站的竞争——当然这是政府官员的头脑中盘算的事情，而不是科学家的头脑中盘算的事情。美国航空航天局提出的国际空间站计划的预算超过500亿美元，如果将航天飞机的飞行列入成本，就还要再追加100多亿美元。明眼人心里都清楚，随着约翰逊航天中心作为任务控制的地位的确立，得克萨斯州的这个巨大项目所需的那么多的钱黄了。

我问乔安妮·休伊特是如何拿到她目前的这个职位的，她现在是SLAC的理论物理学家。她可以准确地告诉我这一天：1993年10月21日。这一天国会投票彻底否决了SSC计划。当时，休伊特在接到SLAC的职位的同时也接到了SSC实验室的邀请，并且她渴望成为热火朝天的新机器建设中的一员。在那个秋日的早晨，她一直在看C-SPAN[1] 上国会的辩论，眼巴巴地看着国会决出了错误的投票结果。整个下午她都沉浸在悲痛中，然后给SLAC主任去了个接受他们的职

1. C-SPAN是美国的一家非营利性有线电视台，1979年由美国有线电视界联合创立。其基本任务是向观众提供美国参众两院以及其他公共决策机关的工作过程。C-SPAN在这些地方架起一到两台摄像机，将公共决策的全程录制下来，然后在自己的有线频道上不加任何编辑、说明地全程播出。详见http://baike.baidu.com/view/1406898.htm。——译注

位的电话。她的职业生涯可以说非常成功——建立了新的粒子物理模型，发明了从数据对比中检测希格斯子的巧妙方法，但一想到现有的、早先的和更高能量碰撞下的数据的前景，就不免黯然神伤。

当时我自己还只是麻省理工学院粒子理论组的一个新来的博士后。我记得在一次气氛沉闷的会议上，我们邀请了整个波士顿地区的物理学界同行聚在一起，讨论下一步我们该做什么。有些问题属于科学方面的：是否还有其他途径能够用来解决SSC要解决的问题？有些问题则较实际：我们是该支持美国在大型强子对撞机建设上严重投入不足的做法，还是继续为这场已经输掉的战争战斗？有些问题甚至更实际：是否有什么办法能够为那些因SSC实验室建设下马而失去工作的科学家提供就业机会或临时职位？

在SSC下马之际，实际上已经有20亿美元投入到挖掘隧道和建立必要的基础设施上。对于国会决定取消该项目的正当性，我们很难用一个理由来说明。但常见的抱怨是SSC的管理不愿意走适当的行政管理程序。1994年，国会工作委员会出了一份题为《失控：超导超级对撞机的教训》的项目取消后报告。报告详细列举了许多管理不善的地方，其中包括成本的低估，未能进行强制性内部审查，与国会沟通的困难，以及能源部本身的问题等。有时批评界都感到傻眼，譬如有新闻爆料说，实验室在种草种树上就已经花了20000美元（后来证明这还包括绿化）。与此同时，物理学家们则对他们看到的各方面要求认为是不必要的繁文缛节。SSC实验室主任罗伊·施维特向记者抱怨说：“我们的时间和精力都耗在了官僚和政客的扯皮上。SSC成为C-SPAN学生复仇的受害者。”现在回想起来，这项决策可能不是政治上最得当的决策。

与此同时，物理学家们之间也火药味甚浓。虽然粒子物理学在研究经费和公众关注方面得到了结结实实的收获，但从更大范围内的物理学领域看来，这明显只是少数人追求的目标。粒子和场这一物理学分支在美国物理学会全部会员中的比例只有7%，其他的分支还有凝聚态和材料、原子分子物理学、光学、天体物理、等离子体物理、流体力学、生物物理学和其他专业领域。在20世纪80年代末和90年代初，这些分支中有许多在抓住公众注意力方面苦恼甚大，资金都流向了粒子物理学。在他们看来，SSC就是投入优先次序出现严重偏差的最明显的表现。 72

1987年，美国物理学会公共事务办公室执行董事鲍勃·帕克就说过，SSC“也许是有史以来物理学界分歧最严重的项目”。普林斯顿大学的菲利普·安德森——一位受人尊敬的凝聚态物理学家，1977年度诺贝尔物理学奖获得者——强调指出，“粒子物理学的研究结果可以说不仅与现实生活完全不相干，也与其他科学分支不相干”，并且认为，虽然SSC在科学上有意义，但这笔钱用在别处或许更好。康奈尔大学的材料科学家，后来成为美国物理学会主席的詹姆斯·克罗姆汉瑟认为，这个项目把那些更具投资效益的研究领域的资金吸掉了，即便要发展一种新型粒子加速器，也要等到超导材料和强磁场技术有了发展后才值得去做。而粒子物理学家在与同行闲聊中也常常伤害到自己，譬如他们声称其他领域的进步，如磁共振成像技术，只是加速器发展的副产品。正像另一位诺贝尔物理学奖得主、美国物理学会主席尼古拉·布隆伯根在1991年作证时指出的，“作为磁共振领域的先驱者之一，我可以向你保证，这些都是小规模科学的衍生品。”

相比于基础研究的意义和做出发现的重要性等方面，在行政支持、预算问题和学科优先等方面角逐中失去竞争优势是更大的问题。1993年，美国选出了新总统和许多新的国会议员，这些新上台者承诺要使政府开支处于可控状态。接下来是柏林墙的倒塌和苏联的瓦解，冷战和因之而起的技术优势竞赛结束了。在第二次世界大战期间的“曼哈顿计划”实施远程打击成功之后，半个世纪来高能物理学家对国家政策的影响一直在逐渐下降。大多数有头脑的人都同意，更好地了解宇宙是个重要问题，使一个国家的公民得到充分的医疗保障和收入保障也是很重要的问题。如何在最适时的条件下照顾好彼此的优先级是困难的。[73]

在SSC项目被永久取消后，该项目所征的土地和设施被移交给得克萨斯州，州政府花了很长时间来设法将它们出售给私人老板。2006年，他们终于获得了成功：阿肯色州的一位名叫约翰尼·布莱恩·亨特的百万富翁以650万美元的价格购得了这块土地。亨特的想法是将SSC的设施改造成前所未有的、安全的数据存储设备。他为实验室配备了电力和电信系统，数据站点的位置经过精心挑选以避开地震和洪水。但在那年的年终前，79岁的亨特不幸在冰面上滑倒，严重损伤到颅骨，去世了。数据中心的计划被废弃，SSC的场地再次静静地躺在那儿。截至2012年，SSC装置被一位化学品制造商买下，他希望在此建立一座新的工厂，虽然邻居们都极力反对。不论SSC实验室的最终命运如何，沃克西哈奇都不可能再在寻找希格斯玻色子的舞台上扮演重要角色。

正如许多人预料的那样，SSC的取消并没有导致其他学科领域经费的增加。国会预算削减部门对削减其他学科的研究经费同样下手狠辣。然而，这场不幸中有一个公认的赢家：LHC。尽管旗舰机器的梦想破灭了，但美国物理学家成功地游说要在LHC上发挥更大的作用。来自美国的钱帮助LHC的建设顺利前行，希格斯子不再难以捉摸的美好憧憬依然鲜活。

74

75

第 5 章 史上最大的机器

本章中我们参观大型强子对撞机，它是寻找希格斯玻色子的科学技术的重大胜利。

2008年9月10日，大型强子对撞机（LHC）来到人间。在世界各地数以千计的物理学家们的欢呼声中，机器成功实现了质子沿环形轨道的周期运动。香槟打开了，致辞，人类发现的一个新时代终于到来。

9天之后，爆炸就出现了。

爆炸的当然不是整个加速器。大型强子对撞机建在日内瓦附近横跨瑞士和法国边境的地下330英尺（约100米）、周长约17英里（约27千米）的环形隧道内。如果整个装置发生爆炸，那将是一种难以想象的大灾难。但是零星的破损是可以忍受的。

大型强子对撞机的工作条件要求其内部必须保持非常冷。机器里的质子在两个不同的束流管道里循环：一束沿顺时针方向运行，另一束沿逆时针方向运行，从而使得粒子束可以在实验设定的某些位置上发生碰撞。两套束流管道外包裹着超强磁体，其作用是让质子精确地按预定的路径行走。

产生磁场很容易，只要让电流通过一个线圈即可。但要得到强磁场，我们就需要大的电流。而大多数材料，即便是高品质导线，也会因存在电阻而对电流的流动造成一定的阻力。于是问题变成如何防止导线因升温而融化。为了解决这一问题，导线被冷却到令人难以置信的低温，使它变成超导体。超导体没有电阻，因此流过电流时不会发热。大型强子对撞机本质上就是一台世界上最大的冰箱，它用液氦来实现冷却，使系统保持在零下456华氏度（仅比绝对零度高3.4度）的低温环境下。这是可能达到的最低冷却温度。 76

这里要担心的是：如果液氦的温度上升一点，磁体中的导线就可能不再是超导体。当这种情况发生时，流过导线的大量电流遇到阻力，造成导线发热。这些热反过来加热液氦，使得载流导体的性质进一步偏离超导特性。很快，这种正反馈过程加剧恶化导致失控，液氦沸腾变成气体，容器内压力陡增引起爆炸。在运行模式下，大型强子对撞机的磁体的工作条件距灾难可谓毫发之间。

这种失控事件在业内被称作“失超”。2008年9月19日，某个磁体上一个看似微小的电气问题就引起过这种失超，并且麻烦迅速波及附近的其他磁体。当时的LHC主管林恩·埃文斯还记得，那天他正坐在人事部门的办公室讨论一些琐碎的事情，手机响了，他接到一个电话，对方要他马上过来——问题看来很严重。“当我赶到那里后才看到，事故的严重性甚至在电脑上都从来没有见过，到处亮起红色警告信号。”

事故原因最后追踪到超导接头处的一处连接缺陷。它引起的电弧烧穿了液氦容器。这一事故最终导致环绕LHC的全部1232饼超导线圈中有50多饼被更换。欧洲核子中心（CERN）的初步报告在描述这一事故时称其为（液氦）“泄漏”，但实际上用“爆炸”来形容更准确。[77]在短短的几分钟内，超过6吨的液氦漏进隧道，液氦膨胀造成的压力撕开了用螺栓固定在地板上的磁体。安全操作规程规定，在质子循环期间，任何人不得待在大型强子对撞机的隧道内。幸好事故发生时束流实际上是关闭的，受影响的区域空无一人，因此没有人受伤。

加倍努力

尽管没有人身体受伤，但精神上的伤害是严重的。当时的欧洲核子研究中心总干事、法国物理学家罗伯特·埃马尔在提交的一份新闻稿中指出：“在9月10日LHC成功运行后即出现这等事故，无疑在心理上是一个打击。”经过多年的努力，缺陷离LHC的正常运行还是这么近，这种挫败感让人不免心生唏嘘。

但是故事的结局还是圆满的。尽管9月19日的爆炸令人失望，但它似乎激发了CERN全体员工誓将LHC起死回生的斗志。工程师和物理学家们全力投入，对机器的每一个部件进行仔细检查和改进，确保机器在未来能够经受得起空前能量的冲击考验。这次检修不只是拧紧几个螺丝的问题，实验人员不仅对损坏了的设备进行维修，而且对机器的每一个部件提出了更高的质量标准。尽管任务艰巨进展缓慢，但一年之后，加速器为再次实验做好了充分准备。

迈克·拉蒙特的正式头衔是“LHC总调度”，但《星际迷航》的粉丝们诙谐地称他为“LHC老总斯科特”。他在CERN的任职超过23年，克服面临的看似难以逾越的障碍以确保质子稳定运行是他的责任。当然，闪失随时可能发生，但随着LHC再次启动的日子一天天临近，前进道路上的每一个颠簸似乎都有可能被放大成前所未有的灾难。在2009年11月3日的测试过程中，某一段设备由于表面存在电气瑕疵，磁体的温度开始上升。拉蒙特对好奇的记者解释说，经过追踪，问题出在母线上落了一些面包屑。这显然是飞经此地的鸟儿留下的。拉蒙特和其他工程师赶紧对故障进行了处理，正常运行得到恢复。但记者的慧眼却从这里看到了新闻。《每日电讯报》刊登了这样一幅照片：CMS探测器[1]旁边落了一只鸽子。配发文章的标题为“大型强子对撞机（左）和它的头号克星（右）”。

2009年11月20日，LHC进行了事故修复以来的第一次质子回转。3天后，两路质子束被引到一起产生了第一次碰撞。仅仅过了7天之后，束能量被增加到LHC有史以来的最高能量。

按照正常的运行时间表，LHC将在深冬季节关闭以节省经费，因为日内瓦在这几个月里电费最昂贵。但2009~2010年度的这段时期，每个人都等不及了，实验组倍加努力，加速器开足马力。2010年初开始采第一轮物理数据（而不是用于测试机器的“试运行”数据）。

---

1. CMS是英文“Compact Muon Solenoid（紧凑型 μ 子螺线管探测器）”的首字母缩写。CMS探测器是一个长21米、直径15米的巨型螺线管探测器，是LHC实验中用到的两个大型探测器之一（另一个为ATLAS探测器——A Toroidal LHC ApparatuS，环形LHC装置）。CMS螺线管线圈由超导材料电缆构成，可以产生4特斯拉的强磁场，用于分析质子碰撞产生出的各种粒子。这两个探测器结构不同，但都用于检测希格斯子、额外维和可能存在的其他新粒子，因此可以形成交叉互验。——译注

2010年3月，LHC实现其阶段性能量目标（最终目标能量的一半），过程中的高能粒子碰撞创下了历史纪录。香槟再次打开。

现在回想起来，发生在2008年9月的事故帮助物理学家和技术人员对LHC的性能有了更透彻的了解，因此2010年开始的物理运行基本上处于不断进步的状态。假如实验运行不是从那年及早开始，就不会有几乎每个人都收集到并分析足够多的实验数据的可能，也就不会有2012年7月发现希格斯子所带来的惊喜。这就好比你买了辆昂贵的汽车，几乎还没来得及上路就出事了，你不得不破费去解决讨厌的维修问题。但一旦你整好了上了路，踩下油门，那感觉要多美有多美。

79

大型强子对撞机是大科学工程的佼佼者。活动部件（不光是机器部件，也包括人）的数量多得吓人，有时甚至让人没脾气。用诺贝尔奖得主杰克·斯坦伯格的话说：“LHC是当代科学要取得进展将面临多么困难的一个样板。与我65年前做博士论文的年代相比，最大的区别就在于当年我可以单枪匹马地干，可以在半年里做一个实验，并取得一些标志性进展。”大型强子对撞机是人类有史以来规模最大、复杂程度最高的机器，有时它又顺当得令人称奇。

但它好使——非常好使。在写这本书时，我交谈过的物理学家们不仅不止一遍地谈到这台机器的庞大，而且也谈到CERN为什么能够成为大型国际合作的典范。CMS联合实验组的主管、加州大学圣巴巴拉分校的物理学家乔·印坎德拉这么说道：“让我惊奇的是，我们有来自世界各地70个国家的人在一起工作——巴勒斯坦人和以色列人肩并肩地工作，伊朗的和伊拉克的科学家密切合作——在进行大科学研究中这种合作不应被忽视。”来自费米国家实验室的美国理论物理学家乔·莱肯若有所思地说道：“如果联合国能像欧洲核子研究中心这样工作，这个世界会变得更好。”

如果你认为探索像希格斯玻色子这样的需要利用大量的能量来产生的粒子是一项有价值的任务，那么大科学就是这种探索的唯一途径。人类有很多不仅非常有意思而且仅需通过成本低廉的桌面实验就可以进行的科学工作有待展开，但发现新的大质量粒子不在其中。目前，大型强子对撞机是我们这个地球村里唯一需要全村人共同参与的游戏，它的表现是人类的智慧和毅力的见证。

多年的规划

80

大型强子对撞机是规划和设计上的一个奇迹。欧洲核子研究中心的物理学家设想建一台大型质子对撞机已有年头了。但第一次“正式”讨论LHC的建设则是在1984年3月在瑞士洛桑举行的一次研讨会上。规划者知道，美国同行正在考虑建设超导超级对撞机，他们需要决定一个欧洲的竞争对手是否是一种可利用的稀缺资源。（当然，他们不知道SSC最终会被取消。）与SSC的建设是从无到有地建设一个全新的装置不同，LHC将建设方案限定在充分利用现有的LEP隧道的范围内。因此其目标能量是14 TeV，只有SSC的目标能量40 TeV的1/3强，但是LHC在每秒钟内可以产生更多次数的碰撞，从而运行成本更低廉——也许所有好的物理都可以在14 TeV下取得，这样能量较高的SSC就变得不必要了。

对LHC的建设起到重要推动作用的是意大利物理学家卡罗·鲁比亚。鲁比亚是一位立场鲜明、有影响力的实验物理学家，因发现W和Z玻色子而荣获1984年度诺贝尔物理学奖。他行事夸张，个性和他作为科学家所取得的（卓越）成就一样突出。正是他在1981年说服CERN建立起第一个质子–反质子对撞机，这种想法后来也为费米实验室的Tevatron所采纳。（我们之所以又回到LHC的质子–质子碰撞上来，是因为要得到足够数量的反质子来产生搜寻粒子所需的碰撞太困难了。）

作为CERN长期规划部的第一任主席以及后来的LHC实验室总干事（1989~1993），鲁比亚早在LEP尚未完成而美国人正考虑发展SSC的时候便积极推动建设LHC。当时欧洲正面临自身的预算困境，尤其是德国，两德统一的财政需求高涨。但鲁比亚一个个地做工作，81 逐渐说服欧洲各国政府，最终为CERN谋得了下一步建设强子对撞机所需的资金，而不论其他国家可能会怎么做。1991年，CERN理事会正式通过了采纳大型强子对撞机研究建议的决议，但直到1994年12月（此时SSC计划已被取消），这一项目才最终获得批准。威尔士物理学家林恩·埃文斯被任命为LHC主任，将概念变成现实的艰巨任务真正开始了。

建筑师

项目迁延了这么多年，涉及这么多的人和国家，涉及的子项目又是如此众多，如果将这么多工作的成果归功于某一个人而低估了其他人的作用，那将是不公平的。然而如果要举出一个人来评价他对LHC

建设的贡献，那这个人非林恩·埃文斯莫属。

埃文斯是一个谦逊的人，头发花白，目光深邃但却平易近人。他出生在威尔士的一个矿工家庭，小时候最喜欢的是化学，对制造爆炸物尤其感兴趣，也许一个人要想日后在高能粒子碰撞领域成为一名对人类有突出贡献的工程师，这些经历和兴趣是一种合适的开端。在大学里，埃文斯选择了物理学，因为“物理更有趣，也更容易”。当大型强子对撞机项目被批准时，CERN需要找一位既有足够丰富的项目管理经验，又年轻和精力充沛足以坚持到项目完成的人。于是埃文斯被挑选出来，去承担这样一项能够在适当的机器大小、有限的预算和实验科学史上面临一系列独特的技术挑战的基础上，去实现最大可能的物理学研究目标的艰巨任务。也只有埃文斯知道如何将LHC原初的规划调整为一项财政上可行的具体实施方案。

随着项目的工程进度不断推进，未曾预料的困难层出不穷。虽然大型强子对撞机有LEP留下的现成隧道，但还需开挖新的坑道，以容纳用于检测碰撞结果的4个大型实验。CMS实验坐落在远离CERN实验室的环的远端，位于法国边境小镇塞希。当工人们开始为新的实验挖凿一个洞时，他们有了一个意想不到的发现——4世纪的罗马别墅遗址。现今流行于英国、法国和意大利收藏界的珠宝首饰和硬币在现场都有发现。这一发现令考古学家着迷，但对于物理学家来说，项目建设受到了明显延迟，废墟的考察和清理使得装置建设停工达6个月。 82

突如其来的事情远没有结束。CMS深井的位置紧挨着一条地下河。

流水虽不足以干扰实验本身，但它给挖掘过程带来了困难。施工队想出了一个非常具有物理内涵的解决方案。他们在地下铺设了一根管道，注入液氮，将水冻成冰，从而给挖掘机提供了坚实的作业面。“这点子太绝了”，埃文斯看了后评价道。

埃文斯和献身于LHC建设的其他许多物理学家及CERN工作人员坚忍不拔。除了技术问题外，态度多变的政府也不断威胁要削减对CERN的拨款。粒子物理学要做点事情，还需要在外交和政治上变得像在物理和技术上一样的深谙此道才能游刃有余。1997年，美国同意为此项目出资2亿美元，项目建设取得了重大进步。CERN的所有正式“会员国”都是欧洲国家：奥地利、比利时、保加利亚、捷克共和国、丹麦、芬兰、法国、德国、希腊、匈牙利、意大利、荷兰、挪威、波兰、葡萄牙、斯洛伐克共和国、西班牙、瑞典、瑞士和英国。美国（以及印度、日本、俄罗斯和土耳其）属于“观察员”国家，被允许参加物理运行和列席CERN理事会的会议，但不能正式参与制定政策。其他许多国家则通过签约方式允许它们的科学家参加CERN的工作。美国显然是最重要的合作伙伴，对确保LHC的成功起着重要作用，而且其承诺也早于日本和俄罗斯。在LHC上工作的美国物理学家很快就超出1000人。

埃文斯性格自然随和，较之督促属下保持不断进步，他更愿意亲自动手处理问题。随着大型强子对撞机的建设按计划稳步前行，各种不起眼的成本超支也在逐渐积累。事情发展到2001年，加速器的建设已超支预算20%。面对埃文斯的判断，CERN总干事卢西亚诺·马亚尼在一次公开的CERN理事会会议上反映了超支情况，直接要求各会员国付清这些额外的费用。

他们并不快乐。2004年，罗伯特·埃马尔接任CERN总干事一职后，CERN理事会指示他对这个项目的管理进行仔细的核查。有人质疑埃文斯是否是完成这一任务的合适人选，是否需要找一个严厉的人来接手。但埃马尔知道，埃文斯对LHC的独到理解的价值要远远高于他宽松的行事风格，他仍是项目主管的不二人选。埃文斯后来将这段时间描述为他在LHC工作的事业低点。“我真的感觉到像被架在火上烤，”他说，“这是最糟糕的一年。”

对于机器开始运行后不久的9月19日事故，埃文斯说道：“这是最后阶段的最后一个回合，所以很让人难堪。幸运的是，我已经有了处理困难局面的经验。”

加速粒子

在一种绳球游戏中，绳的一端吊着一个小球，另一端系在木杆上。两个击球员分别站在杆的两侧，轮流击打小球看谁能使小球带动绳子缠绕到杆上。现在想象一下，如果只有一名击球员，绳子可以自由盘旋到杆上而不是摆动得越来越扭曲，而且击球员每次都只沿一个方向击球，那么小球绕杆的转动速度就会越来越快。 84

本质上说，像大型强子对撞机这样的粒子加速器所采用的基本原理就是这样一种概念。质子束中的质子相当于小球，而带动小球绕杆盘旋的绳子所起的作用则由强磁场来承担，磁场使质子沿环做曲线运动。击球员的作用由电场承担，它不断地沿同一方向给质子加速使之盘绕速度越来越快。

按日常标准看，质子是非常小的，其直径大约只有10万亿分之一英寸（1英寸 = 2.54厘米）。你不可能随便挑一个质子然后用手来给它力使之加速。在LHC里，质子的加速是通过电压发生器产生的迅变电场来进行的，迅变电场的方向切换速度大约是4亿次每秒，而且切换时间非常精确，每当质子经过电场空腔，电场总是切换到同一方向，从而使质子总是受到相同方向的力的加速作用，速度变得越来越快（这就是为什么电场力比万有引力更灵活的原因。引力只起吸引作用，而电场力可推可拉，具体指向取决于电场方向）。电场的这种作用只是发生在环的某个位置上，主要用途是使质子在27千米长的环形轨道始终保持在适当的方向上，而不是使它们跑得更快。

当LHC开足马力时，可驱动总计达600万亿个质子，使之分两束分别沿顺时针和逆时针两个相反方向做循环运动。质子的数量看起来很大，但与我们日常物体所包含的质子数比起来仍是个小量。LHC里的所有质子由看似灭火器形状的氢气罐注入。一个氢分子含两个氢原子，每个氢原子只含一个质子和一个电子。从氢气罐中取出少量氢分子，然后电离掉电子，剩下的质子被送入轨道。林恩·埃文斯学的是聚变科学而不是粒子物理学，他在CERN的启动工作就是这样一个过程。氢气罐存储有大约10^{27}个氢原子，足以让LHC运行长达10亿年。质子不是一种稀缺资源。

85

质子不是连续注入LHC，而是以“喷气”的形式一次性全部充入并维持约10小时，以抵御由于各种原因造成的束流强度下降。在进入主环之前，质子必须经过一系列精确设定的预加速。这里容不得一丝大意。两个循环道的质子束不是均匀地分布在轨道上，而是被分成数以千计的“分束”，每个分束约含1000亿个质子。分束被聚焦成很细的针状，其长度约1英寸（约2.54厘米），束宽约1/25英寸（约1毫米）（铅笔芯粗细），分束之间先后相距约23英尺（约7.0米）。在进入探测器进行碰撞时，分束还必须进一步聚焦到千分之一英寸（约25微米）粗细。质子带同号电荷，因此具有相互排斥的自然倾向，故对束宽保持控制是一个重大难题。

除了碰撞粒子的能量，加速器的另一个重要指标是“光度”，这是一个量度粒子束亮度的物理量。你可能会认为我们可以数数有多少个粒子被聚焦，但真正重要的有多少个粒子参与碰撞。只有当束被聚焦得非常紧密时，才能造成大量粒子之间有足够多次碰撞。2010年，LHC的首要任务是聚焦束流并检核一切都处于工作状态，而不是非常高的亮度。到了2011年，这些问题都得到圆满解决，粒子间的碰撞次数比上年提高了约100倍。2012年，指标还在提高，上半年的碰撞次数就比2011年全年的还要多。数据的喷涌使得发现希格斯子的希望好于预期。

速度和能量

86

LHC质子具有很高的能量，因为它们跑得非常快——非常接近光速。根据爱因斯坦的公式$E = mc^2$，每个有质量的物体，无论是一个人或是一辆车或是一个质子，在它静止不动时仍具有一定的能量，运动时能量更大。日常物体因运动带来的能量（动能）远远小于物体的静能量，这是因为日常物体的速度远小于光速。世界上最快的飞机是美国宇航局的称为X-43的实验飞行器，其速度可达每小时7000英里（约11263千米）。但即使按这个速度，这架飞机的动能也只有其静能的1亿分之一。

LHC里的质子的运动速度要远远快于X-43。在2009～2011年的第一轮实验期间，质子的速度已达到光速的99.999996%，即670616603英里每小时（约1079252806千米每小时）。在这样的速度下，粒子的动能实际上远远大于其静能量。质子的静能量接近1 GeV，而LHC第一轮实验中每个质子的能量达3500 GeV（或写成3.5 TeV），所以，当两个质子相撞时，将有7 TeV的能量参与反应。2012年质子的碰撞能量达到8 TeV，而最终的目标能量是要达到14 TeV。相比之下，费米实验室的Tevatron能够达到的最大总能量仅约为2 TeV。

在速度接近光速的情形下，相对论效应变得非常重要。相对论告诉我们，在高速情形下，时间和空间是变化的：时间变慢，长度会沿运动方向收缩。因此，对于高能质子来说，17英里（约27千米）的环形路程会变得很短。在4 TeV的能量下，质子感知到的环形轨道周长只有21英尺（约6.4米）；而一旦质子的能量提高到7 TeV，则它感知到的距离只有12英尺（约3.7米）。

87

1 TeV是多少能量呢？其实并不多——约等于飞行中蚊子的动能。如果它撞上你，你甚至都不会注意到。令人惊讶的不是4 TeV的能量有多大，而是所有这些能量都被打包到一个质子上。我们知道，LHC

上有600万亿个质子。如果我们把一束质子看成一个整体，那么我们讨论的能量就大得引人注目了——它大约相当于牵引一列火车的火车头的动能。你别想挡道。

你想试试吗？在LHC的质子被打成包时，它们没准直成很细的一束。也许大多数质子会直接穿过你的身体？

既是也不是。从来没有人拿自己的身体部位挡在LHC的质子束前，也没有可能这么做。因为质子束被紧紧地密封在真空管道内，不会和人有任何接触。但在1978年，一位名叫阿纳托利·布戈尔斯基的苏联科学家不幸让高能粒子束照在了脸上。（位于俄罗斯普罗特维诺的U-70同步加速器采用的是较CERN宽松的安全标准。）布戈尔斯基受到的是76 GeV的质子的照射，这个能量虽远低于LHC，但仍然相当大。他并没有被立即杀死——实际上他至今仍还活着。布戈尔斯基后来作证说，他看到一个闪光，“亮度比一千个太阳还亮”。但据报道，当时他并没有感到疼痛。他的脸上留下了明显的辐射瘢痕，左耳失去了听力，左侧面部瘫痪，偶尔会遭受抽搐发作的痛苦，但没有明显的心理障碍。他活了下来，继续完成他的博士学位，并在此后几年里继续在加速器上工作。不过，专家还是建议应避免受到高能质子束的照射。

布戈尔斯基的脑袋没被炸成碎片的原因在于很多质子确实只是穿过他的头部。但在LHC，往往有必要将能量“遗弃”在某个地方，这意味着此时束的全部能量集中排放到某处。（如果你能使质子慢下来，让它们无害地消散开去，这样最好，但这并不实际。）你可以将这个总能量想象成某处增加了约175磅（约79.4千克）的TNT。它们必须集中排放到一个地方，而且排放一次需要10小时左右。

实验表明，LHC质子束能量足以融化1吨铜。你当然不希望这些能量胡乱地倾泻到微调好的实验仪器上。实际上，我们是采用特殊的磁体来将这些废弃的质子束偏转弥散掉，让它偏离正常束流方向，行走约半英里（约0.805千米）后停留在一个特殊的石墨“废物存储器”内。石墨材料在承受热能冲击方面具有优越的特性，不会在高温（1400华氏度）下熔化。LHC用了共约10吨的石墨，它们被封装在1000吨的钢筋混凝土内构成屏蔽层。一次热沉积后需要有几个小时的时间来进行降温，然后再准备经受下一次质子束的热冲击。

强磁体

我们认为LHC是一个周长17英里（约27千米）左右的巨大的环形管道，但实际上它更像是一个弯曲的八边形。整个环被分成8段圆弧，每段1.5英里（约2.414千米）长，两段圆弧之间由长度约1/3英里（约0.536千米）的直管段连接。如果你在LHC隧道内沿着圆弧管道行走，你会看到一段段向两个方向伸展的大的蓝色管段——“偶极磁体”，它们的作用是引导质子通过束流管道。每个弧段上有154个这种蓝管段，每段长50英尺（约15米），质量超过30吨。每个管段内部主要由超低温的超导磁体构成，在其正中心是两条让质子通过的狭窄束流管，一条使粒子沿顺时针方向运动，另一条沿逆时针方向运动。

如果像质子这样的带电粒子静止地待在磁场里，它是感觉不到任何力的，它可以快乐地一直这么待下去。但是，当运动的带电粒子穿过磁场时，它就会被偏转。（中性粒子会径直通过，不会受到磁场的影响。）我们知道，LHC的质子束具有能带动一列火车那么大的能量，[89] 因此我们需要非常非常强的磁场，否则质子束很难被偏转。

LHC的磁场非常之强，可以将最高能量的质子约束在固定大小的隧道内。地球有磁场，它通过指南针帮助我们区别南北，而LHC内的偶极磁场的一极的场强就要比地磁场强上10万倍。实际上，任何普通材料都无法产生这么强的磁场，只有超导体才能胜任。LHC的磁体由差不多5000英里（约8050千米）长的电缆绕成的线圈组成，电缆材料采用的是铌钛合金超导体，整个磁体线圈由120吨液氦冷却到超低温。LHC内部实际上要比外太空更冷，磁体温度比宇宙大爆炸遗留下来的宇宙背景辐射温度还要低。

温度不是LHC比外太空有利的唯一判据，束管（质子实际经过的地方）内部必须保持尽可能低的真空。如果管内充满空气，质子就会不断地与空气中的分子相撞，束流便难以维持。因此，束管必须保持非常严格的真空状态，管内气体压强与月球上气压相差无几。

在机器第一次启动前，LHC运行组曾担心束管是否达到了所需的真空要求。1983年，费米实验室的Tevatron启动后，首次质子循环尝试失败，最后发现罪魁祸首是一小片碎屑堵塞了管道。但对于长达17英里（约27千米）的LHC如何进行方便的检查？束管本身的直径只有1英寸（约2.54厘米）多点儿，但这难不倒技术人员，他们想出了一个巧妙的办法：用耐冲击的聚碳酸酯材料做一个小“乒乓球”，内置无线电发射器，然后让它在束管内滚动。如果小球在某个地方被卡住，技术人员就可以通过跟踪小球发出的信号及时发现被卡的位置。90 这是个不错的主意，但有人可能会感到失望，因为小球毫无阻碍地滚过了整个管道，这表明束管非常清洁。

LHC的磁体是整个机器中体积最大的部件，是技术创新和国际合作非凡胜利的标志。这种精度水平可谓来之不易。它很难用LHC的具体成本来衡量，因为很多费用花在了实验室的一般性维护上，但90亿美元的总预算感觉差不到哪里去。用物理学家吉安·朱迪切的话来说：“如果按欧元每千克计价，LHC的偶极磁体——整个加速器最昂贵的部分——差不多与瑞士巧克力一样贵。就是说，LHC相当于是用巧克力建造的。”

巧克力听起来可能不算贵，毕竟我们都吃过。但要用巧克力搭成17英里（约27千米）长的庞然大物，那代价就大了。

薪火相传

2010年，在机器成功启动和运行后，林恩·埃文斯从CERN正式退休了。他第一次参加该实验室工作是在1969年，他有40年的丰富经验，干过10种不同的总干事。早在1981年，当升级后的超级质子同步加速器于凌晨4:15首次开启时，林恩·埃文斯、卡罗·鲁比亚和意大利物理学家塞尔吉奥·奇托林（喜欢用达·芬奇风格的速写来装饰实验室的笔记本电脑）是控制室里仅有的3个人。他们亲眼目睹了粒子加速器内质子-反质子的第一次碰撞。

而2008年9月10日的LHC启动典礼就完全不同了，这是一个由数百人亲临现场见证、世界各地数千人通过互联网观看的国际性大事件。这一天，埃文斯担任庆典的主管，LHC控制室里挤满了新闻媒体、著名的科学家和来访的政要。为了把悬念留到最后，他们并没有简单地一下子就把质子推入环形管道，而是 8 个弧段一个接一个地打开。当前7个弧段成功开启后，埃文斯开始为质子沿整个环形轨道运动进行倒计时。在约定的时刻，灰色电脑屏幕上的两个点碰撞出闪光，表明质子束成功离开并又回到同一地点。房间里爆发出热烈的掌声，粒子物理学的一个新的时代已经来临。

91

物理学家很少享有传统意义上的“退休”。对于埃文斯来说，他的生命的新阶段就是加入LHC的CMS实验，并帮助规划下一代加速器。在宣布发现希格斯子的研讨会后，他一度陷入了沉思，眼下的成功意味着什么呢？“一天，我去参加CMS夏日聚会，那里有差不多500人。当我看到这些年轻人时，我突然意识到为什么我的肩头一直沉甸甸的，我知道，多少人正指望这台机器生活下去呢。”

现在，机器正隆隆地运行着，CERN希望它能够这么持续运行几十年。LHC花了一年多的时间才从2008年9月的挫折中恢复过来，但修复之后机器表现十分出色。从2010年到2011年，总能量是7 TeV，2012年上升到8 TeV，结果导致了希格斯玻色子或非常类似希格斯子的东西的发现。不过，机器的最终目标是要达到14 TeV，而为了达到这一目标机器需要关闭两年，以便进行设备测试和改进。原计划关闭将从2012年年底开始，但发现希格斯子之后，CERN理事会决定让它在8 TeV下再运行几个月。这是很自然的反应，当你得到一件新玩具时，你总要多玩会儿。

92

第6章
智破粒子

在本章里，我们学习如何通过与其他高速运动的粒子相碰撞来发现新粒子，看看会发生什么。

还是孩子的时候，我就对各种科学着迷，但只有两门学科真正引起了我的注意：理论物理和恐龙（当时我只有12岁，还不知道有“古生物学”这个词）。对于其他学科我抱着一种好玩的态度，从来没想深入进去。我初中时对化学很感兴趣，主要是因为我可以让东西燃烧起来，但我从来没有陶醉于精心控制的条件下创造新的化合物所带来的快感。

但恐龙让我欲罢不能！那是真正的浪漫。我祖父曾带我哥和我去参观位于特伦顿的新泽西州立博物馆，在那里我们走马观花地浏览了枯燥的历史文物和那些呆呆地立在那里看着就不祥的若隐若现的骨架展览。我从来没有认真考虑过要将古生物学作为自己的职业，但我所知道的每一位科学家内心里都同意恐龙是一个酷酷的缩影。

那为什么我会对恐龙有兴趣呢？说来话长，我在芝加哥大学任教时，作为成年教员曾有机会进行过恐龙探险。大多数古生物学野外考察没有物理学家跟着做得很好，但这次考古是由一个所谓“项目勘探”的非营利组织发起的，目的是要将科学知识传授给儿童和那些被边缘化了的少数族裔。对组织这次活动的朋友来说，这是一项特殊使命，我被邀请来提供不同类型的科普知识。没有人在乎我——他们甚至可以说我跟着来就是个洗碗的，但我感兴趣的是我将要挖掘恐龙骨骼。

94

我们在怀俄明州谢尔市（人口约50万）附近的莫里森地质构造地区进行挖掘。莫里森地区充满了侏罗纪的化石，我们一边愉快地打发着白天的酷热，一边挖着圆顶龙、三角龙和剑龙的标本。“挖”可能使人对我们这样的主要业余考古所取得的成就有一种夸张的感觉，大部分时间里我们在现场取得的一点点进展最终都将被掩埋，并留待其他人来完成。

这种经历让我学到了很多东西，主要是，比起古生物学，理论物理学的工作要轻松多了。然而，它也回答了一个困扰我多年的问题：你怎么来辨别一块骨骼化石与其周围岩石基质的区别？经过数百万年的沉积，原始的骨架吸收了周围岩石的矿物质，直到最后它变得更像是岩石而非骨头。你如何将两者区分开来？

答案是：要非常仔细。一位专家级古生物学家的职业生涯中充满了各种技巧的磨练。细微的颜色和纹理的层次，很容易逃过门外汉的注意。将一群业余爱好者带到恐龙化石遗址发掘现场，你听到的远不是像“这是一块骨头吗？”这样的最常见的问题，但正确答案只有一个，专家（几乎）总是可以给出。

虽然发掘恐龙化石的经历远离理论物理学家的日常生活，但它与实验粒子物理学的相似之处是显而易见的。我们平常说在大型强子对撞机加速器（LHC）上“看到了希格斯玻色子”，但实际情形并非如此简单。我们从来没见过希格斯玻色子，我们也不指望这种可能，就好比我们不指望看到恐龙走在大街上一样。希格斯子的寿命非常短——可能只有10亿分之一的10亿分之一秒，短到根本无法直接捕获，即使是用LHC这样的实验技术奇迹也做不到。（底夸克的寿命是万亿分之一秒，处于刚能被测知的边缘，而希格斯子的寿命只有底夸克寿命的百万分之一。）

我们希望发现的是希格斯玻色子的证据，就是它衰变后所产生的其他粒子的形式。化石，如果你愿意这么称呼的话。

在第5章里我们谈了LHC本身，它使数以万亿计的质子在日内瓦郊外的地下隧道内的环形轨道上得到加速。在这一章里，我们来谈谈实验——安装在环形轨道特定位置的大型探测器，在这些位置上，质子之间发生连续快速碰撞。从某些个别事件的数据中，我们有可能找到两个强相互作用粒子的喷注，以及高能量μ子/反μ子对的喷注。所有这些东西是希格斯粒子衰变的结果，还是别的东西衰变来的？正确地确定这些化石性质的任务需要通过将科学、技术和位于寻找希格斯子核心位置的魔法结合起来共同来完成。

识别粒子

粒子物理学就像一篇侦探故事。大部分侦探到达犯罪现场后并不都能幸运地看到清晰的、行为人实施犯罪行为的录像带片段，或拿到无可指责的目击者证词，或是签署了的口供。更可能的是发现一些偶然线索——这里有部分指纹，那里有些微DNA样本。这项工作最讲究的是如何将这些线索拼凑成一个独特的犯罪情节。

同样，在实验粒子物理学家们分析对撞机的实验结果时，他们也不指望能看到像贴着“我就是希格斯玻色子”标签的粒子信号。希格斯子会快速衰变成其他粒子，所以我们必须对它衰变能产生哪些粒子有清楚的认识——这是理论家要做的工作。然后我们让质子发生碰撞并观察会有什么产生。粒子探测器的大部分体积内填充的都是能留下粒子径迹的材料，在粒子物理学里，这些径迹就像犯罪嫌疑人在犯罪现场留下的泥泞的脚印。当然，并不是所有的脚印都像泥泞的脚印那般清晰，像中微子——它既不参与电磁作用也不参与强相互作用——这样的粒子不会留下太多的痕迹，对此我们需要有更聪明的办法。

96

可悲的是，我们看到的径迹也不是那种带有“我是μ子，我在以0.958倍光速运动”这样标签的信号。我们必须推断出碰撞会出现什么样的粒子，它对使得它发生的过程意味着什么。我们需要知道这个μ子到底是希格斯子衰变产生的，还是Z玻色子衰变或是其他各种可疑分子衰变产生的。粒子本身是不会承认的。

但事情总有好的一面。在标准模型里，粒子的总数是相对可控的，因此我们不会有太多的嫌疑分子需要考虑。我们更像是纽约曼哈顿的警长梅伯里。我们有6种夸克、6种轻子和少数玻色子：光子、胶子、W子、Z子和希格斯子本身。（引力子基本上从没有产生过，因为引力是如此之弱。）如果我们能够确定碰撞产物的质量、电荷以及它们是否受到强相互作用，我们就能基本上断定其特性。所以实验者的任务就是：尽可能精确地跟踪碰撞中出现的粒子，并确定它们的质量、电荷和相互作用类型。由此我们便能够复制出导致所有激发状态的基本过程。

判断一个粒子是否受到强相互作用很容易，理由很简单，这些相互作用非常强。夸克和胶子在探测器上留下的是完全不同于轻子和光子的信号。它们迅速形成不同种类的强子——或者是三夸克组合，即所谓"重子"，或者是一个夸克和一个反夸克构成的夸克对，即所谓"介子"。这些强子很容易碰撞形成原子核，使它们很容易被挑出来。事实上，如果你产生的是单个的高能夸克或胶子，强相互作用通常会使它碎裂为一个强子喷注，俗称"喷注"。因此我们很容易看出有了一个夸克和胶子，但要精确测得其特性还得使上点儿小技巧。

97

同样，要搞清粒子的电荷也很容易，这要感谢神奇的磁场。正像LHC的隧道里铺满了强大的磁铁用以推动着质子沿环形束流管道行走一样，LHC的探测器也布满了使不同粒子偏向不同方向的磁场，这个磁场能帮助我们确定这些粒子是什么。如果一个运动粒子被偏转到某个方向上，它具有正电荷，那么如果另一个粒子被偏转到相反方向，那么它一定带有负电荷；而如果它沿直线运动，那么它一定是中性的。

围绕环形轨道的实验装置

早在20世纪30年代卡尔·安德森发现正电子时，他所用的云室大约有5英尺（约1.5米）大小，2吨重。在LHC上的实验探测器就更大了。两个最大的实验探测器——用来寻找希格斯子的通用型庞然大物——分别称为ATLAS（环形LHC装置）和CMS（紧凑型μ子螺线管）[1]。它们分别位于环的两端：ATLAS位于欧洲核子研究中心主实验基地附近，CMS则坐落在法国边境附近。当然，这里“紧凑型”是相对的，CMS有近70英尺（约21.3米）长，重约13800吨。ATLAS虽规模更大，但重量较轻，它有140英尺（约42.7米）长和7700吨重。我们就需要这么大的设备才有希望深入到希格斯子藏身的地方。

LHC还设有另外5个实验装置：两个中型的（ALICE和LHCb）和3个小型的（TOTEM，LHCf，MoEDAL）。LHCb（“b”指“bottom，底”。——译注）专用于研究底夸克衰变，它在精密测量方面非常有用。ALICE（A Large Ion Collider Experiment，大型离子对撞机实验装置）用于研究重原子核而非质子的碰撞，这种碰撞会重新产生夸克-胶子等离子体，这种等离子体曾充满大爆炸后不久的宇宙空间。这就是为什么LHC取名为大型“强子”对撞机而不叫大型“质子”对撞机的原因。每年有一个月，LHC用于加速和碰撞铅离子而不是质子。TOTEM（TOTal Elastic and diffractive cross-section Measurement，总弹性散射和衍射截面测量装置）的位置靠近CMS，用于研究质子的内部结构，并能对它们进行互相作用的概率进行精确测量。LHCf（“f”

98

1. 两个名称的全称见第5章（第82页）的脚注。——译注意为“向前”)对碰撞产生的前向散射成分进行测量，用于研究宇宙射线通过大气时的传播条件。它位于ATLAS的附近，其装置体积远小于其他实验装置：两个探测器，每个的宽度均小于3英尺(约0.91米)。MoEDAL(Monopole and Exotics Detector At the LHC，单极子和奇异粒子探测器)专用于搜索极不寻常的粒子。

领引搜寻希格斯玻色子的是两个大装置——ATLAS和CMS。与规模较小的、设计用来进行专项研究的实验装置不同，这两个探测器是专门用来观测质子碰撞粉碎的，是确定碰撞产物的最佳手段。它们的设计思路有所不同，但两者的探测性能具有可比性。不用说，有两个实验装置要比仅有一台那是好得太多了——如果只是在一台探测器上发现了某种戏剧性的和令人惊讶的现象，结果有可能不被重视，但如果同时在另一台装置上得到了验证，那意义就非常重大了。

如果不是亲身探访过这些机器，你很难对它们的庞大有感觉。我是在这些装置还处于建设期间到访的。一个人站在CMS和ATLAS面前显得如此之小，以至于你在照片中通常不会注意到他，除非有人指着他告诉你。站在这两台探测器旁，你不仅惊叹于它们的大小，还会被其复杂性所震撼。每个部件都很重要——如果考虑到国际合作的性质，很可能两个相邻的部件分属于地球两端的两个实验室。

虽然CMS从“规模大小”的意义上说可能并不“紧凑”，但从上述分属不同国家的设备紧紧挨在一起这个意义上说则是相当紧凑的。CMS的位置不是太理想，离欧洲核子研究中心总部有很远的车程距离，因为地质分析表明，较近的位置只能安置一台装置，于是这个位置就让位给了ATLAS这个更大的家伙。CMS是一个密集铺设着金属、晶体和导线的集合体。用来形成有史以来最强磁场螺线管的主磁体被限制为不得超过23英尺（约7米）宽，原因很简单：再大就无法装上能够通过法国小镇塞希（Cessy）的街道的卡车上了。（塞希是实验基地。在CMS的物理学家撰写的维基百科“Cessy”的页面上，清楚地写着建议在某家比萨店吃午餐，但警告说，“服务可能很悠闲，所以如果你赶时间就别光顾了。”）财务上以及后勤方面的制约也在CMS的设计和建设中起着至关重要的作用。探测器两端巨大的圆柱形端盖所用的黄铜就来自俄罗斯拆卸下来的废旧炮弹壳。探测器的一个重要部件是一组由78000块钨酸铅晶体构成的组件，这些晶体分别在俄罗斯和中国生长了10年，人工生长一块晶体平均要两天左右。

然而，要说LHC的科普照片里较容易描绘的当属ATLAS。原因很简单：它看起来就像是外星人的宇宙飞船。这个探测器的显著特点是8根巨大的环形磁体，该装置便由此得名。你可能看不懂为什么说ATLAS的磁体是个“环”，即有炸面圈的形状，这些磁体明明看着是有圆角的矩形管道状的嘛。但物理学家从拓扑学家（那些只关心几何体的一般特征不问其具体形状的数学家）那里知道，所谓“环”就是柱体两端相连构成的东西。ATLAS的环形磁芯产生一个巨大的强磁场区域，用于跟踪探测器内部产生的高能μ子。当磁体线圈接通电流后，存储在其中的总能量将超过10亿焦耳——相当于约500磅（约226.8千克）TNT。幸运的是，这个能量没法以爆炸的方式释放（能量本身是没有危险的，除非有一种方法来释放它。一个苹果里存储的能量相当于百万吨TNT，但一点危险也没有，除非你将它与一个反物质苹果相接触）。

100

ATLAS和CMS巨大的物理尺寸与建立并运行它们的国际合作团队的规模是匹配的。这两个团队的人数大致相当：每个团队都有超过3000名科学家，代表着来自38个不同国家的170多个机构。全组人员永远不可能同时在一地工作，但川流不息的电子邮件和视频会议会使不同的小组之间保持密切接触。

如果有两个大的合作团队从事类似的实验来寻找本质上相同的现象，这是否意味着他们是在彼此竞争呢？这还需要问吗？在做出新的发现的竞赛过程中，两个实验之间的竞争有着非常高的风险和严酷性——虽然很令人尊敬。团队那么大，每项实验中都充满了激烈竞争，不同的物理学家都想占据有利位置，讨论分析数据的不同的方法时都想强调于己有利的相对优势。

但是，整个系统的工作还是富有成效的。这可能会导致一些科学家们神经紧绷，睡眠不足，但实验组之间以及各自内部的友好竞争则将研究引向更高层次的科学。每个人都想成为第一，但没有人愿意是错的，如果你稍有疏忽，别人会迅速指出。CMS和ATLAS团队的良好协调能力是我们不得不相信他们都认定的结果——特别是，包括发现希格斯玻色子——的最强原因之一。

碰撞质子

这些庞大的实验装置的任务是要弄清楚当两个质子以巨大能量相互对撞时发生了什么。质子不是无限小的粒子，也不是不可再分的质子泡。它是由多种强相互作用成分组成的。我们常说“质子由3个夸克组成”，这没错但有点草率。构成质子的两个上夸克和一个下夸克被称为“价夸克”。除了那些价夸克，量子力学预言还存在大量的时隐时现的“虚粒子”：胶子和夸克/反夸克对。正是这些虚拟粒子所含的能量解释了为什么质子要比构成它们的价夸克重得多。对于到底有多少虚粒子很难给出一个精确的计数，其数量取决于我们观察的时候凑得有多近。但价夸克的数量是恒定的。无论何时，如果你使质子内部的上夸克总数增加，那么同时反上夸克的数量就会正好增加两个；同样，下夸克的数量始终比反下夸克的数量多一个。

质子基本上可看成是一袋夸克、反夸克和胶子的集合体，它们以接近光速的速度在LHC的束流管道里运动。理查德·费曼将所有这些成分粒子称为“部分子”。根据相对论，接近光速运动的物体会有沿其运动方向的收缩。因此，在探测器内相互撞击的两个质子就像薄饼状的部分子集团，彼此迎面飞来。当一个质子与另一个质子发生相互作用时，实际上是一个质子内部的部分子与另一个质子内部的部分子相互作用。因此，我们很难确切知道碰撞到底涉及多少能量，因为我们不知道有哪些部分子参与了相互作用。

LHC内部的实验条件可谓非常紧凑。每个质子束约有3000个分束，沿一个方向的某个分束在探测器内与另一方向上的分束发生大约20万次每秒的碰撞。每个分束携带有约1000亿个质子，因此能够发生相互作用的粒子数可谓巨多。不过，尽管分束非常细（分束进一步聚焦到了直径约千分之一英寸，约25.4微米），但与质子的大小相比仍是巨大的，因此分束体积内的大部分空间是空的。每次两个分束相遇，在数十亿个质子之间发生相互作用的只有几十个。

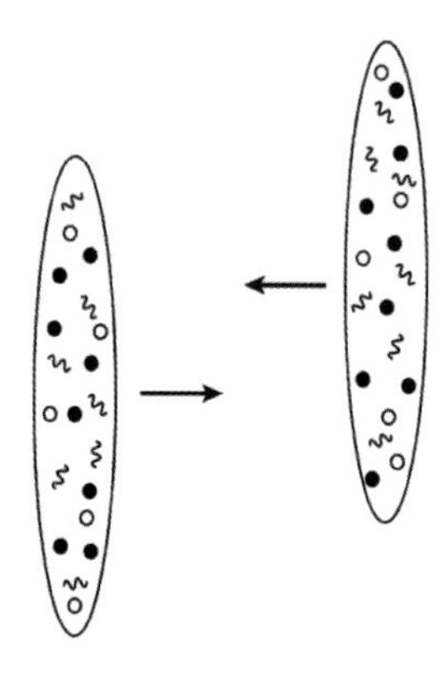

LHC实验装置中两个彼此接近的质子的示意图。质子通常是球形的，由于以接近光速的速度运动，所以看上去呈（由于相对论效应）扁圆饼状。质子内部的是部分子，包括夸克（黑圆点）、反夸克（白圆点）和胶子（蠕虫状）。每个质子内夸克要比反夸克多3个，多出来的这3个就是“价夸克”，而其他所有的部分子则为虚粒子

几十个相互作用已经不少了。两个质子的一次碰撞通常释放出一团溅射粒子，一个单次事件可产生多达100个强子。因此，我们面临的是“堆积”的危险——探测器内同时发生的许多事件使得我们很难区分具体每个事件发生在什么地方。这是CMS和ATLAS不得不受限于目前的技术和计算能力的多种原因之一。碰撞发生的次数多是好的，因为这意味着有更多的数据可供采集，但碰撞次数太多则意味着你可能根本搞不清实际发生了什么事情。

腔室中的粒子

103

粒子探测器的建造有一个逻辑，那就是由粒子本身决定。碰撞能产生出什么？我们知道并喜欢的只有各种标准模型给出的粒子：6种夸克、6种轻子以及各种传递力的玻色子。因此，我们所能做的就是

考虑这些可能性，并探询我们如何能最好地检测到并正确地识别它们。让我们看看如下内容。

夸克。我们可以把所有的夸克合在一起考虑，因为我们从没见过孤立的夸克，它们都囚禁在强子内。但是你可以在碰撞中产生一个夸克/反夸克对，两个粒子沿相反方向快速运动。这种情况下会发生这样的事情：夸克周围的强作用力越来越大，喷射出的一团强子合并成原始粒子。在你的探测器上这个过程即显示为前面提到的“喷注”。因此我们的工作就是检测产生的强子，这是一个相对容易的任务，但要重建单个喷注，这可就有点难了。难就难在不知道产生的是什么样的夸克，虽然我们可以运用一些技巧。例如，底夸克在衰变前有足够长的时间走过一小段距离，因此衰变产物粒子会偏离主碰撞区域一段距离，我们可以用这点偏离距离来识别是否存在底夸克，尽管我们无法直接看到它。

胶子。虽然胶子是玻色子而不是费米子，但它们仍参与强相互作用，因此它们会以类似于强子喷注的方式显现在你的探测器上。区别在于胶子可以单个地产生——例如夸克可以吐出一个胶子——而新产生的夸克总是与反夸克成对出现。所以如果你看到的是三喷注事件，就意味着你得到了一个夸克/反夸克对和胶子。吴秀兰及其合作团队最先提出胶子是真实的存在的结论依据的正是这一事实。

W玻色子、Z玻色子、τ轻子、希格斯玻色子。所有这些完全不同的粒子被归为一组原因很简单：它们非常重，因此寿命非常短，会迅速衰变成其他粒子。其衰变速度是如此之快，以至于你在探测器上永远无法直接看到它们，你只有通过观察其衰变产物来推断它们的存在。这其中，τ轻子的寿命最长，在良好的情况下，它们可以持续足够长的时间以被确定。

电子和光子。这是最容易被探测到并得到精确测量的粒子。它们不会像夸克和胶子那样碎裂成凌乱的喷注，但它们很容易与材料中的带电粒子相互作用，产生容易识别的电流。它们两者之间也很容易直接得到区分，因为电子（以及正电子——电子的反粒子）带电，因此会被磁场偏转，而光子是电中性的，走的是直线。

中微子和引力子。这是些既不受强相互作用也不受电磁作用的粒子。因此，我们没有切实可行的办法用探测器来捕捉它们，它们可以悄无声息地逃遁。引力子只能由引力相互作用产生，它非常之弱，对撞机里基本上不产生引力子，因此我们不必在意它们。（在某些奇异理论中，引力在高能条件下会变得很强，引力子也会产生，这时物理学家一定要考虑这种可能性。）而中微子是由弱相互作用产生的，因此它们随时会产生。幸运的是，它们是唯一的能够生产但无法检测到的标准模型粒子。因此，我们有一个简单判断法则：凡没有检测到的东西必定是中微子。

105

当两个质子碰撞时，它们均沿着束管运动，因此在垂直于束流方向的总动量为零。（粒子的动量是对它沿某个方向运动的强度的量度。如果有几个粒子，我们可以将这些单个的动量叠加起来。如果粒子沿相反方向运动，那么它们的合动量可以为零。）动量是守恒的，因此碰撞后体系的合动量仍应为零。据此，我们可以测出探测到的粒子的实际动量，如果结果不为零，那么我们便知道在互补的方向上一定存在中微子。这种方法称为“缺失横向动量”法或简称为“缺失能量”法。我们可能不知道有多少中微子带走了丢失的动量，但往往可以从产生的其他粒子来推知（譬如产生μ子的弱相互作用也产生μ子中微子等）。

μ子。最后剩下μ子，这是个从LHC实验的角度看最有趣的粒子。像电子一样，它们会留下容易检测的带电粒子运动轨迹——磁场内的一段曲线。但它们的质量是电子的200倍，这意味着它们会衰变成较轻的粒子，但它们的寿命仍是相当长的，与更重的τ轻子不同，μ子的寿命一般会长到足以接近探测器的极限分辨时间。它们能做到这一点，是因为μ子往往能轻易地穿越材料而不被抓获。这是它们比电子重得多因而不与物质发生强烈的相互作用所带来的好处。μ子穿越实验装置的所有探测层就像吉普车开过一片麦田，在其身后留下一道容易识别的迹线。

看待μ子的另一种方法是将它看成超级X射线的行为，能穿透普通的东西。路易斯·阿尔瓦雷斯（Luis Alvarez[1]）在几十年前就对这一

1. 路易斯·阿尔瓦雷斯（Luis Alvarez，1911~1988），美国物理学家，求学时曾师从A.H.康普顿研究宇宙线，发现了宇宙线的东西效应（由于地磁场的存在，使得从西方向来的宇宙线到达地球上同一观测点所需的能量较从东方向来的宇宙线的能量低的效应，也称为宇宙线的“东西不对称效应”）。分别于1932年、1934年和1936年获芝加哥大学理学学士、理学硕士和哲学博士学位。后进入加州大学伯克利分校辐射实验室工作。第二次世界大战期间（1941~1945），先是在麻省理工学院辐射实验室做短期学术访问期间从事雷达研究，对3项成果做出了重要贡献：一是微波早期预警系统，二是雷达瞄准投弹系统，三是盲降系统；1943年开始参与“曼哈顿计划”，后（1944~1945）到洛斯阿拉莫斯工作，提出了聚爆型原子弹的起爆技术。战后（1945~1947）领导建设了第一台质子直线加速器Bevatron，改进了泡室探测器技术，使液氢泡室的尺寸增大到原初的近百倍（几十英寸），并发明了半自动径迹检测仪和计算机辨识分析系统，从而在Bevatron上发现了大量的强子共振态。1968年因此荣获诺贝尔物理学奖。他的发明还包括彩色电视系统和锥形X射线检测法。——译注

属性善加利用，在Bevatron上发现了所有的强子共振态，从而获得了诺贝尔物理学奖。阿尔瓦雷斯的灵感来自埃及的金字塔，尤其是法老胡夫（希腊语称“Cheops，基奥普斯”）和他儿子哈夫拉（“Chephren，谢夫雷”）的那两座坐落在开罗郊外相互比邻的吉萨大金字塔。胡夫的称为“大金字塔”，它最初的规模还要稍稍大一点，只是随着岁月流逝风沙侵蚀，其规模如今看来要比哈夫拉的金字塔小一些。胡夫金字塔内部有3个室，哈夫拉的金字塔似乎因墓室位于地面以下而保存完好。这种差异多年来一直困扰着考古学家，许多人还著书认为哈夫拉金字塔可能还有未被发现的墓室。

阿尔瓦雷斯是位特别喜欢解难题的杰出物理学家，对此他有了这样一个想法：利用来自天空宇宙线的μ子一瞥哈夫拉金字塔的内部结构。实验可能略显粗糙，但能够区分坚硬的岩石和空的腔室。阿尔瓦雷斯率领的由埃及和美国物理学家组成的团队在金字塔较低位置的一个单室内安装了μ子探测器，以计数来自不同方向的μ子数。当时是在1967年，在他们计划获取数据的前一天，阿拉伯国家与以色列之间爆发了战争，该项目不得不推迟进行，但最终总算得到启动和运行。他们发现：什么也没有测到。金字塔的所有方向似乎都具有相同的良好的屏蔽μ子的能力，这与他们希望的某些方向上由于开有腔室的缘故应有较多的μ子通过的预期形成鲜明对照。为什么儿子的金字塔明显不如父亲的复杂，这仍然是一个谜。

107
探测器的内部结构

ATLAS和CMS实验装置坐落的位置很有讲究，为的是使它们能够观察到尽可能多的粒子碰撞信息。两个探测器都具有多层结构，其内部的4种不同的仪器分工非常具体：一个*内置探测器*，其外围是一个*电磁量热计*，量热计外面包裹着的是*强子量热计*，最外面的是*μ子探测器*。碰撞产生的粒子将从碰撞点向外发射，穿过不同的层，直到它们最终被捕获或逃逸到外部世界。

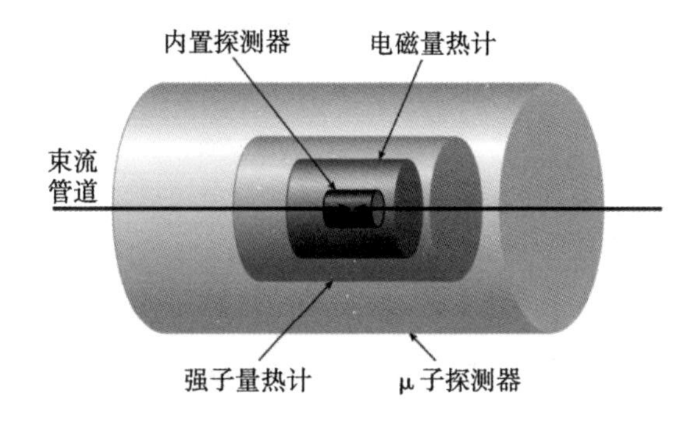

如ATLAS和CMS这样的通用型粒子探测装置的示意图。中心区域装有内置探测器，用于测量带电粒子的径迹；其外围是电磁量热计，用于捕获光子和电子；再往外是强子量热计，用于捕获强子；最外面是μ子探测器，用于跟踪μ子

处在最内层的内置探测器的任务是"跟踪"，提供有关从碰撞点发射出的带电粒子的轨迹的精确信息。这不是一件容易的事，仪器的108每平方厘米上要受到每秒数以百万计的粒子轰击。你放在那儿的任何东西都得能够做到在承受这种前所未闻的辐射剂量的照射的同时还能正常工作。事实上，CMS最早的设计图纸上这块放置探测器的地方是空着的，因为物理学家不认为他们能够建造一种可以承受这种高热的精密仪器。幸运的是，他们听说军方已经解决了如何使电子读出仪

器在这种恶劣环境下有效工作的问题，从而受到鼓励继续不断地尝试并最终取得成功——他们终于搞清楚了如何“强化”那些原初并非针对这种条件所设计的精密的商用电子产品。

内置探测器是一个复杂的多组件设备，它在两个实验装置中的功能稍有不同。例如，ATLAS的内置探测器由3种不同的仪器——一个超精细分辨率的像素探测器、一个由硅条构成的半导体跟踪器和一个由安装在细管内的镀金钨丝构成的被称为“救命稻草”的跃迁辐射跟踪器——组成。内置探测器的任务是尽可能精确地记录新出现粒子的径迹，以便物理学家重构其产生时的相互作用空间位置点。

内置探测器的外层分别是电子量热计和强子量热计。“量热计”是对“测量能量的装置”的称呼，就像“卡路里”是用来称呼量化我们所吃食物中的能量的专有名词一样。电磁量热计能够通过外来的电子和光子与量热计本身的原子核和电子之间的相互作用来捕捉这些粒子。强相互作用粒子通常直接穿过电磁量热器，只能被强子量热计捕捉到。强子量热计由多层致密金属构成。入射的强子与这些金属发生相互作用，产生的能量沉积由闪烁探测器测量。测量粒子能量的关键是确定它们是什么粒子，通常是要确定衰变产生这些粒子的原粒子的质量。

实验装置的最外一层是μ子探测器。μ子有足够大的动量穿越量热计，但可以在量热计外的巨型磁室中得到精确测量。这很重要，因为μ子不由强相互作用产生（因为它们是轻子，不是夸克），也很少参与电磁相互作用（因为它们太重，不像电子那样很容易作用）。因此，

109

μ子通常只受弱作用或某种全新的相互作用支配。这两种作用都很有意思，μ子在搜索希格斯子的过程中将发挥重要作用。

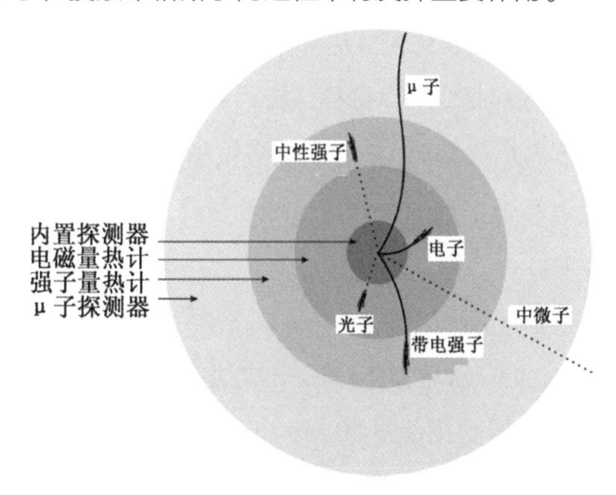

显示不同粒子行为的实验的截面示意图。像光子和中性强子这样的中性粒子在内置探测器上是不可见的，只有带电粒子能够留下弯曲的径迹。光子和电子由电磁量热计捕获，强子则由强子量热计捕获，μ子则由最外层的μ子探测器检测。中微子完全逃出探测器。在CMS实验装置中，μ子曲线的方向在外检测器中是相反的

110　我们现在明白为什么ATLAS和CMS装置的设计是这个样子了。内置探测器提供所有带电粒子离开碰撞位置后的轨迹的精确信息。电磁量热计捕获电子和光子并测量它们的能量，强子量热计则用于检测强相互作用粒子。μ子不被量热计捕获，但可用μ子探测器来仔细研究。在已知的粒子中，只有中微子能够毫无觉察地逃逸，我们可以通过观察动量损失来推知它们是否存在。所有这一切，我们都可以通过精巧的方案设计从LHC的质子碰撞中得到所有的信息。

信息过载

在LHC上，质子束发生碰撞的频度是每秒20万次。束的每次交叉都会产生几十次碰撞，所以每秒钟有大约10亿次碰撞。每一次碰撞是像在探测器内燃放烟花，产生出众多粒子，有时多达100个以上。而且装置内经过精确校准的仪器对这些粒子产生的每一点信息都要精确地收集起来。

这是一个很大的信息量。LHC一次碰撞事件产生约1兆字节（MB）的数据。（原始数据超过20 MB，但先进的压缩技术可将其压缩到接近1 MB。）它相当于一本大书的文本字符容量，或相当于航天飞机操作系统中随机存储器（RAM）的总容量。目前高级点儿的家用电脑的硬盘驱动器可以存储1 TB（100万兆字节）的数据，这已经是巨大的量了——要知道美国国会图书馆的所有书籍的文本字符总量也只有约20 TB。用这些普通的硬盘驱动器你可以存储100万个LHC事件，这听起来不错，但你要记得，每秒钟可是有1亿个事件！所以，每秒钟你得准备1000个硬盘。可行性根本没有，就算CERN花得起这笔钱，你也没那么多笔记本电脑来装。

除了LHC之外，世界上最大的单一数据库当属位于德国的世界气候数据中心。它有大约6 PB（6000 TB）的气候数据。如果我们记录下LHC产生的所有数据，那么几秒钟之后数据库就爆满了。欢迎来到大数据世界。

111

显然，LHC的数据存储（以及传输和分析）是一个重大挑战。这个挑战需要通过众多不同技术的组合来解决。但最重要也是最基本的是：首先是不记录数据。值得强调的是：LHC所收集的绝大多数数据被立即扔掉。我们没有别的选择，没有可行的方法来记录所有的一切。

你可能会认为一个更具成本效益的策略是干脆不产生这么多的数据。例如降低机器的亮度。但那样的话粒子物理学就不能正常工作了——每一次碰撞都是很重要的，即使我们不将数据记录到磁盘。这是因为量子力学——负责解释产生这些粒子的相互作用——只能预言某种结果的概率。当两个质子碰撞在一起时，我们无法选择会有什么东西出来，我们只能接受大自然所给予我们的。大部分时间里，大自然提供的都是些没用的东西，至少在我们已经明白的意义上是如此。要得到些许有趣的事件，我们不得不产生大量的平凡事件，并迅速从中挑选出有趣的东西。

这自然就提出了一个不同的问题：如何判断一个事件是否“有趣”？而且这种判断还要非常快才行，这样我们才能够决定这一次事件的数据是否值得保留。这种工作由触发器来完成，它是LHC实验最关键的方面之一。

触发器本身是硬件和软件的结合。第一级触发器将装置所有仪器的输出信号接到电子缓冲器上，并进行超快速扫描（大约1微秒）以观察是否有任何潜在有趣的东西发生。在10亿个事件中大约能跳出1万例事件值得继续甄别。第二级触发器是一款复杂的软件，用于更精确地刻画事件（就像急诊医生先进行初步的快速诊断，然后归位进行更细致的检测），以便于你认真对待那些实际记录以备以后分析的事件。最终我们在每秒产生的10亿个事件里只保留几百例事件——它们是最有趣的。

正如你可能已经猜到的那样，在决定哪些事件值得保留，哪些得扔掉的问题上，各种顽固思想和精神上的意见分歧都产生影响。人们很自然地担心一些真正的瑰宝被当做垃圾数据扔掉了，所以在CMS和ATLAS上工作的物理学家们都在不断努力改进他们的触发器，以满足日益提高的实验知识和理论家的新想法的需要。

数据共享

即使经过触发器的甄别，我们仍有每秒上百例事件要处理。每个事件约需1MB的数据来刻画。现在我们就来对它们进行分析。这里的“我们”是指“工作在世界各地的各个机构里的成千上万的ATLAS和CMS实验组成员”（实际上并不包括我）。对于分析数据的物理学家来说，他们需要访问这些数据，这在信息传输上是一个挑战。有幸的是，这个问题在几年前就预见到了，物理学家和计算机科学家通过努力已经建立起一个全球LHC计算网格，它通过公共网络和私营光缆的结合连接到全球35个国家的计算中心。2003年，当超过1TB的信息在30分钟内从CERN跨越5000英里（约8050千米）传输到加州理工学院时，一项新的陆路传输速度纪录诞生了。这个速度相当于下载一部完整的故事片只需7秒钟。

这种疯狂的速度是必需的。2010年，LHC的4个主要实验探测器产生了超过13 PB的数据量。网格，正如人们亲切地称呼它那样，按一系列层级安排，将这些数据打包并传输到世界各地不同的计算机中[113]心。0级是CERN本身，11个一级网站在筛选和分类数据方面发挥着重要作用，140个二级网站从事具体的分析任务。这样，世界上每一个想分析LHC数据的物理学家就不必直接连到CERN，很好地避免了互联网运行故障的风险。

需要是发明之母。毫不奇怪，粒子物理学所面临的独特的数据挑战已经找到了独特的解决方案。这些解决方案之一就是万维网，它从多年前开始就已经改变了我们的生活。网络（Web）起源于1989年蒂姆·伯纳斯-李的建议。他当时在CERN工作，目前是万维网联盟的主任。伯纳斯-李当时认为，通过基于网络的超文本系统，使实验室的物理学家能够得到存储在分布式计算机上的不同种类的信息，将是非常有用的。WWW正是这种文件互联的系统，它处于我们称之为互联网的数据共享网络的顶层（对此我们对CERN的感谢简直无以言表）。正如我们目前所知道的那样，Web是粒子物理学的基础研究的副产品，但它的影响已深入我们生活的各个方面。

法比奥拉·詹诺蒂——目前主管ATLAS的意大利物理学家——告诉我说，LHC首次运行所带来的最令人惊喜的地方并不是她的实验装置的出色表现，虽然装置的表现令人印象深刻，而是从一开始就表现堪称完美的数据传输系统。但这并不是说一直以来数据传输就完全没有问题。2008年9月，在LHC的首次粒子循环之后不久，CMS的计算机系统遭到号称是“希腊安全团队”的黑客的入侵。他们这样做没造成实际损害，事实上，他们声称是在进行一项公共服务，他们用[114]希腊语打出一条警告更换了网页：“我们正在拉下你的裤子，因为我们不希望在恐慌到来之时看到你裸奔着寻找藏身之处。”秩序迅速得到恢复，干扰没有造成实验有任何延误——尽管它让整个CERN看到了网络安全的紧迫性。

随着LHC自身的哼唱，CMS和ATLAS正满负荷运行，数据在世界各地得到快速共享和分析，粒子物理学中的所有重要问题都处于有序的解决之中。新粒子已收入囊中，我们还在寻找更多的惊喜。

115

第 7 章
波动的粒子

本章中我们提出，宇宙中的一切都是由场构成的：起推拉作用的是力场，而粒子则是振荡着的物质场。

疯狂小丑，一个以风格奔放、造型奇丑为特色的嘻哈二人组，在2010年以一曲《奇迹》引起轰动。在其职业生涯的此刻，凶猛吉和毛二呆[1]（角色名，Violent J和Shaggy 2 Dope）对他们引起的争议已不陌生。他们素与说唱天王Eminem不和，他们探索过成为专业摔跤手但不成功，他们曾开过演唱会，但面对困惑的观众这才发现他们走错了路子。他们的歌曲讲述的都是关于恋尸狂和食人的恐怖故事，有时也说圣诞老人的没意思的事情。凶猛吉曾遭逮捕，原因是他在表演中用麦克风击打观众多达30次。

但《奇迹》的争论全然不同。两个小伙子不是要吓着谁，而是想与观众分享他们对我们周围世界的惊奇。它是这样的：

停下来看一看，一切令人震惊

1. 本名为约瑟夫·布鲁斯（Joseph Bruce）和约瑟夫·乌兹勒（Joseph Utsler），均来自底特律。—— 译注

水，火，空气和尘土
F***ing磁铁，
它们如何工作？

这一小段歌词在互联网上招来相当多的恶名，特别是那些喜欢动不动就拿科学说事儿的主儿，急急吼吼地指出，对磁铁如何工作我们实际上早有不错的解释。

对此我想挺一挺疯狂小丑二人组。是的，对于磁现象我们早已了解得相当透彻了，科学的调查通常增强了我们对自然现象的理解而不是从一切事物中抽取出魔法。然而，他们指出了一个重要的、被我们熟视无睹而忽视的事实——磁铁实际上确实很神奇。

磁铁的神奇不在于它能吸住金属——很多东西都能吸住其他东西，从壁虎到一片口香糖。磁铁的神奇在于当你把一块磁铁靠近金属时，你不让它们接触就能感觉到它对金属的吸引。磁铁不像胶带或胶水，必须接触才具有黏附性。磁铁是隔空就能将铁片拉过来。每当你想到这一点，是不是觉得很神奇？

物理学家将这种性质称为“超距作用”，它曾使世界上最伟大的思想家像凶猛吉和毛二呆一样的困惑。今天我们已不受此困扰，因为我们知道，磁铁与它所吸引的金属之间并不是真的“空无一物”，而是充满了*磁场*——看不见的力线从磁铁端伸出来一直延伸到被其吸引的物体。我们可以让磁铁靠近铁屑，这时铁屑就会排列成有规则的图案，铁屑的排列方向就是这些力线所指的方向。

117 重要的是，不论那里是否有东西，该处的磁场都存在。哪里有磁铁，哪里就有磁场，即使我们看不到它。离磁铁越近，磁场越强；越远则越弱。事实上，在空间的每一点上都有一个磁场值，无论该处附近是否有磁铁。这个磁场可能相当小——或者甚至恰好为零——但在每一点上我们都能给出“此处磁场值是多少？”这个问题一个确定的答案（这里说的磁场不是指每个磁铁单独的场值大小，而是将该处附近若干个磁铁的磁场叠加后在此处形成的总磁场的大小）。

我不知道疯狂小丑二人组想知道的是否是这些，但场的重要性远远超出磁铁的概念。世界其实是由各种场构成的。宇宙间的东西有时看起来像粒子，那是由于量子力学的特性使然，本质上它仍是各种场的表现。虚空空间并非像它看上去那般是空的。每一空间点上都存在场的某种富集，每个点取一个场值——或更准确地说，由于量子力学的不确定性，每个点取某个我们有可能观察到的分布的可能值。

当我们讨论粒子物理学时，我们通常不强调我们是在讨论“场物理”，但实际上讨论的就是“场物理”。本章的要点是重新修正我们的直觉图像，以便更好地理解量子场是如何构造我们目前所理解的实在的。

场本身不是由其他东西“构成的”——场是构成我们这个世界的东西，我们不知道是否还存在比场更低层次的实在。（也许弦理论能给出，但那还只是假设。）磁性由场传递，引力和核力也是如此。即使是我们平常所说的“物质”——如电子和质子这样的粒子——实际上也是某种振荡着的场。我们称为“希格斯玻色子”的粒子非常重要，但它也不过是某种场的表现，重要的是希格斯场，它是希格斯子的发源地，它在我们关于宇宙如何运行的理解方面发挥着核心作用。听起来惊人吧，但这就是事实。

在开始的几章里，我们简要介绍了标准模型下的各种粒子，并提到所有的粒子均是场的振荡的表现。在随后的几章里，我们描述了帮助我们探索亚原子世界的加速器和探测器，包括大型强子对撞机。在本章和下一章中，我们将掉回头来再仔细考察场的概念，看看粒子是如何从场里产生出来的，看看对称性如何产生力，以及希格斯场如何能够造成对称性破缺，形成我们所看到的各种粒子。有了这些准备，我们就能更好地了解实验者是如何寻找希格斯子的，以及发现了它对我们意味着什么。

118

引力场

现在我们认识到，场就在我们身边。但对于开始用“场论”来进行思考的科学家来说，准确把握这一概念还是需要花一定的功夫的。你可能会猜想，引力场的概念应该较磁场的概念明了，你是对的。但它并非完全显然。

关于引力的最有名的故事自然是关于艾萨克·牛顿和落到他头上的苹果以及他由此启发创立了他的万有引力理论的故事了。（这个故事之所以最为出名，是因为牛顿自己在他晚年不停地谈到它，以一种不必要的尝试为他少年天才的声誉添加一些额外的趣闻。）这段趣闻的最简单的版本是说，苹果帮助牛顿“发明”或者说“发现”了引力，虽然我们稍作思考便可知这完全是无稽之谈。其实在牛顿之前人们就知道有引力——不太可能没有人注意到苹果是往下掉，而不是往上飞。

牛顿的贡献是将苹果的下落和行星的运动之间联系起来。他没有发明引力，但他意识到，这一点具有*普适性*——那种保持行星绕太阳运行和月亮绕地球运行的引力也是使苹果落向地面的力。你可能不认为连这一点也能成为各种传说所依据的观点。毕竟，有东西使行星在星际空间中飞驶，也有东西使苹果落地，为什么这两样东西不该是同一种东西？

如果你就是这么想的，那只是因为你生活在后牛顿时代。在牛顿之前，我们不会责怪地球的引力把苹果拉了下来，我们只会责怪苹果本身。例如，亚里士多德就认为，不同种类的物质都有一种自然状态。重的物体的自然状态是躺在地面上。如果它不在地面上，它就想往下落到地面上。

这种物体下落是因为其自然倾向而非地球将它拉向地面的观念其实是相当直观的。我曾经担任过一部大制作的好莱坞电影的科学顾问，设计师认为描绘一场在一个像磁盘一样的扁平星球而不是球状星球上发生的惊心动魄的战斗，那场面一定很酷。很酷当然没问题，你不能说这不对。但是他们打算让剧情的高潮以坏人从这个星球的边缘掉下去来呈现，这就有点离谱了。究竟是什么东西……把他拉过去的呢？如果你认为掉下去是一种很自然的事情，而不是某个大质量的物体的引力拉动的结果，那么这自然就犯了一个错误。（但我们设法不在电影里保留这部分内容。)

牛顿认为，宇宙中的每一个物体都对宇宙中所有其他物体施加引力。较重的物体具有较大的引力，近的物体要比远的物体有较强的引力。这个概念与实验观测数据符合得非常好，它表明地球上发生的事情与天上发生的事情存在奇妙的统一性。

但是牛顿的引力理论让很多人感到难以理解。例如，你怎么知道月球受到地球所施加的引力作用呢？地球是那么辽阔，而我们习惯的所谓受力是当我们撞到某个东西时所受到的接触作用，而不是我们在宇宙其他地方受到什么作用。这就是所谓“超距作用”之谜。这一点让牛顿也让他的批评者困惑不解。然而在某些时候，一个理论在解释许多现象方面屡试不爽，而要问为什么，你只能耸耸肩，承认大自然就是这样运作的。今天我们面对量子力学理论时遇到的也正是这么一种情形：这个理论与观察数据符合得很好，但我们不认为我们已经完全理解了它。

直到18世纪末，法国物理学家皮埃尔-西蒙·拉普拉斯提出了场的概念后这种情形才有所改观。拉普拉斯认为，你不必将牛顿的引力看成是某种超距作用。他意识到，你可以想象在整个空间里充满着一种场，这种场后来被称为“引力势场”。引力势受到大质量物体的扭曲，就像房间里空气温度受到火炉的影响一样。这种扭曲在离得越近的地方越大，离得越远越小。引力之所以给人一种力的感觉，是因为物体受到场本身的推压：它们感受到一种沿着引力势场减小的方向的拖拽，就像不平坦的表面上放置的球开始滚向表面高度较低的地方一样。

从数学上看，拉普拉斯的理论与牛顿理论是相同的。但从概念上讲，前者更符合我们的直觉，即整个物理学，像政治一样，是关于局部的研究。这不是说地球要延伸到月亮才能吸引月亮，地球影响的是附近的引力势。并通过周围势场的改变进而影响远处的势场，这样一波一波地将影响延伸到月球（及其以外的区域）。引力不是一种可以跨越无限远距离的神秘效应，它产生自看不见的场的平稳变化，这种场弥漫在所有的空间区域。

电磁场

正是在电磁学而不是引力的研究上，场的概念才真正发挥出巨大的作用。自然界有电场，也有磁场，但物理学家总是用一个词“电磁学”来指称对这两者的研究。这意味着这两种场是单一的基础场的两种不同表现形式，尽管两者之间的联系并不总是那么明显。

121

磁性自古以来就为人所知。中国在两千年前的汉朝时期就已经发展出了磁性罗盘。电性可由两种方式来认识：一是你可能会受到鳗鱼的电击，二是用绸布摩擦琥珀时收集的静电。甚至有些现象也提示与电有关，本杰明·富兰克林就通过雷雨天放风筝证明了有可能用电来磁化指针[1]。

但这些想法并没有真正得到统一，直到1820年丹麦物理学家汉

1. 一般科学史文献中记载的是：富兰克林的风筝实验证明了天上的闪电与地上的静电（譬如莱顿瓶收集的电荷）是同一种电。作者关于风筝引流的闪电可使指针磁化的断言不知依据哪些文献，特此指出。——译注

斯 · 克里斯蒂安 · 奥斯特发表了关于电和磁的性质的演讲之后，这种局面才改观。奥斯特曾想到一个能够证明两者之间联系的聪明办法。他搭建了一个电路，将它放到小磁针附近通电，然后观察通电时磁针是否会偏离指向正北的方向。不幸的是，在实验的准备阶段出了点纰漏，使得奥斯特没能在演讲之前实际进行这项实验。于是他决定直接在观众面前做这个实验。他相信肯定存在这种效应……结果实验演示真的看到了磁针的偏转：他合上电源开关，电流流经导线，罗盘的磁针出现了微小但确实的颤动。根据奥斯特自己的解释，这个效应相当小，观众走的时候没留下太多的印象。但从那天起，电和磁一并成为电磁学的主题。

通过诸如迈克尔 · 法拉第和詹姆斯 · 克拉克 · 麦克斯韦等人的后续研究，一个复杂的电磁场理论被建立起来。这一理论一经确立，我们便可以回答有关这种场的动力学问题。例如，当你拿起电荷上下摇动时会发生什么？（对于引力我们也可以问同样的问题。但引力太弱了，以至于我们无法通过实验来回答这个问题。）

你摇动电荷时会自然地产生电磁场的涟漪。这些涟漪以波的形式向外传播，就像你向水面丢一块石头会产生水波一样。这些电磁波还有个好名字：光。当我们打开电灯开关，电流就会流过灯泡的灯丝并加热它。加热使灯丝里的原子及其电子发生扰动，而扰动又会激起电磁场波动，这种波动传递到我们的眼睛，就是我们感觉到的光。 122

光作为电磁场的波动得到确认是物理学统一性的又一伟大胜利。随后我们又进一步意识到，我们所说的可见光只是特定波长的辐射，这些波长的辐射可被人的眼睛感觉到。比可见光短的波长包括X射线和紫外线，而波长较长的电磁波则有红外光、微波和无线电波。1888年，当德国物理学家海因里希·赫兹首次能够生产和检测无线电波后，法拉第和麦克斯韦的工作得到了公认。

当你用遥控器切换电视频道时，这个过程看起来很像超距作用，但其实不是。当你按下遥控器的按钮时，遥控器内电路的电流开始来回流动，产生的电磁波行进到电视机后被一个类似的小器件接收。在现代世界，我们周围的电磁场做着大量的工作——照明、给手机和无线计算机发送信号、用微波加热食物等。这一切都有赖于运动电荷通过电磁场发送出的电磁波。顺便指出，所有这一切都是赫兹完全没有预料到的。当时有人问他，这种无线电波检测设备到底有什么用？他回答说："没什么用。"有人戳戳他暗示他提出些实际应用，他回答道："我真的猜不出有什么用。"当我们考虑基础研究的最终应用时，心里总会有某个目标。

123

引力波

在物理学家弄清楚电磁场和光之间的关系后，他们开始考虑引力是否也存在类似的现象。这似乎是个学术问题，因为你需要有个像行星或月球那么大的物体才能够建立起足够大的引力场用于测量。我们不可能拿起地球来回摇晃来产生引力波。但从宇宙的角度看，这并不是问题。我们的银河系里有的是双星系统——两颗恒星相互围绕着对方运行的系统，它们运行时必定会引起引力场的波动。那么这种波动是否会导致引力波沿各个方向的传播呢？

有趣的是，牛顿和拉普拉斯在描述引力时并没有预言它有任何形式的辐射。理论上讲，当一个行星或恒星移动时，其引力将瞬时改变整个宇宙的分布。这不是行波，而是一种无处不在的瞬时转变。

这只是让我们看到，牛顿引力似乎并不与19世纪发展出的物理学框架的变化相契合。电磁学，尤其是光速所发挥的核心作用，成为激发阿尔伯特·爱因斯坦和其他人在1905年发展出狭义相对论的基础。根据这一理论，没有任何东西跑得比光还快——即使是假设的引力场的变化。有些东西不得不放弃。经过10年的努力，爱因斯坦终于能够建立起一个完全取代牛顿万有引力理论的全新的引力理论，即广义相对论。

就像拉普拉斯版的牛顿引力理论，爱因斯坦的广义相对论用定义在空间每一点的场的概念来描述引力。但比起拉普拉斯的场，爱因斯坦的场是一个数学上更为复杂和恐怖的场，它不是用每一个空间点上有唯一值的引力势来描述，而是用爱因斯坦称之为“度规张量”的东西来描述，度规张量可以看做是每一个空间点上10个独立参数值的集合。数学上的这种复杂性使得广义相对论被认为是一种非常难以理解的理论。但是它的基本思想深刻而并不复杂：度规描述的是时空本身的曲率。根据爱因斯坦的这一理论，引力是空间弯曲和伸展的表现方式，是我们量度宇宙中距离和时间的方式。当我们说“某处的引力场为零”时，我们的意思是该处的时空是平坦的，并且我们在高中学到的欧几里得几何在此有效。

124

广义相对论的一个可人的结果是：引力场的波动像电磁学里情

形一样以光速传播。我们已经检测到这种场，虽然不是以直接的方式。1974年，拉塞尔·赫尔斯和约瑟夫·泰勒发现了一个由两颗沿密近双星轨道快速旋转的中子星构成的双星系统。广义相对论预言，这种系统将通过发射引力波而失去能量，这将导致轨道周期逐渐变短，两星愈来愈接近。赫尔斯和泰勒能够精确测量这种周期的变化，测量结果与爱因斯坦广义相对论的预言非常一致。1993年，他们因这一成果被授予诺贝尔物理学奖。

这是对引力波的一种间接测量，而不是直接在地球实验室观察引力波的效应。当然，我们还在努力。许多机构正在努力探测来自天体物理源引力波，一种典型的做法是观察相距几千米远的镜子对激光的反射。由于引力波会使时空伸展，因此反射镜之间的激光沿一个方向的传播距离要比沿相反方向的传播距离长。这种变化可以通过测量两个镜面之间激光波长的数目的微小变化来检测。美国的激光干涉引力波天文台（LIGO）就是这样一种由两个分离的检测装置构成的探测系统，一个检测装置设在华盛顿州，另一个设在路易斯安那州。与他们通力合作的还有欧洲的两个天文台：一个是位于意大利的Virgo天文台，另一个是位于德国的GEO 600[1]。这些实验室尚未探测到引力波，但科学家们非常乐观：探测设备的最新升级将帮助他们作出令人瞩目的发现。但不管他们是否检测到，何时检测到，有一点是可以肯定的：引力是通过动态振荡的场来传播的。

125

1. Virgo由意大利和法国合资建造，位于意大利比萨附近；GEO 600由德国和英国合资建造，位于德国汉诺威附近。—— 译注

场生粒子

光是一种电磁波的观点无疑是对牛顿的光学理论的一种反叛，后者坚持认为，光是由粒子（称为“corpuscles 微粒”）组成的。双方都有确凿的论据。一方面，光会在物体后投下一道清晰的阴影，就像你看到喷出的一团粒子，它不会拐到物体的身后，而我们关于水波和声波的经验会使我们相信光与水波不同；另一方面，光通过窄缝时可以形成干涉图案，如同波会绕过物体传播一样。电磁波理论似乎倾向于光的波动说。

从概念上说，场与粒子的性态相反。粒子都具有确定的空间位置，而场则存在于空间的每一个点。场由其幅度来定义，这个幅度是指每一空间点上的具体大小和方向。诞生于1900年并在20世纪占据物理学主导地位的量子力学最终使这两个概念得到了统一。其结论一言以概之：一切东西都是由场构成的，但当我们凑近看它们时，我们看到的是粒子。

试想你在漆黑的夜晚外出，看到一个朋友拿着蜡烛离你而去。随着他的距离越来越远，蜡烛的光亮也越来越暗，最后变得暗到你根本看不见它。但你可能会认为，这是由于我们的眼睛不完善所致。如果我们有理想的视觉，我们就会看到烛光虽然越来越暗，但永远不会完全消失。

其实这是不可能的。即使我们有完美的视觉，我们也只能看到烛光进一步变暗，但总会在某个时刻发生质变。此时烛光不是变得越

126 来越微弱，而是开始以固定的亮度一明一灭地闪烁。随着你的朋友越走越远，闪烁的周期会逐渐延长，最终蜡烛将几乎完全变暗，仅有非常稀少的低强度光在闪烁。这些闪烁的光可以说就是光的单个粒子——“光子”。物理学家戴维·多伊奇在他的《真实世界的脉络》[1]一书中讨论了这个思想实验。他指出，青蛙的视觉比人类的强，它看得到单个光子。

光子背后的思想可以追溯到20世纪初的马克斯·普朗克和阿尔伯特·爱因斯坦。普朗克认为，物体在受热时会发出辐射。光的波动理论预言，这种辐射中有很大一部分的波长很短，因此具有非常高的能量，这是我们实际观察中未观察到的。对此普朗克提出了一个极富远见以至于有些令人吃惊的观点：光是以离散的波包或者叫“量子”的形式辐射的，具有固定波长的光量子有固定的能量。因为你需要相当多的能量才能形成一个短波长的光量子，因此普朗克的这个概念有助于解释为什么短波长的辐射要比理论预言的少得多。

能量和波长之间的这种联系是量子力学和场论中的关键概念。波长只是波的两个连续波峰之间的距离。当波的波长较短时，波都皱在一起，这需要花费很大的能量才能做到，这也就是为什么我们会看到普朗克的光的波包在波长很短时（譬如处于紫外线或X射线波段）对应的都是高的能量，而长波长，譬如像无线电波，则意味着单个光量子具有非常低的能量。等到量子力学提出之后，这种关系甚至可以扩展到有质量的粒子上。大的质量意味着短的波长，这意味着一个粒子

1. 有中译本，梁焰等译，广西师范大学出版社，2002年，第一版。——译注

占据较少的空间。这就是为什么是电子而非质子或中子定义了原子的大小，因为电子是最轻的粒子，它们拥有最长的波长，因此占据了大部分空间。从某种意义上说，短波长意味着大质量甚至可以解释为什么LHC需要有那么大体积的原因。我们试图寻找的是很短距离上发生的事情，这意味着我们需要用很短的波长，而这又意味着我们需要高能粒子，而要产生高能粒子则意味着需要巨大的加速器，以便让它们尽可能快地产生。

普朗克并没有实质性地从量子化能量飞跃到光的粒子性概念。他认为他的能量量子设想只是一种得到正确答案的技巧，而不是物理实在如何工作的一种基本机制。这一步是由爱因斯坦迈出的。爱因斯坦曾对所谓的“光电效应”感到困惑不解。当你将一束强光照射在金属上时，光会使电子从金属原子中脱出。你可能会认为，释放出的自由电子的数量将取决于光强，因为光束的光强越大，它所携带的能量就越多。但是这并不完全正确。当光的波长很长时，即使光源很亮，也打不出任何电子；而短波长的光则能够打出电子，即使光强相当弱。对此爱因斯坦意识到，如果我们将光看成是单个量子的运动（不只是在它被热体发射时呈量子化）而不是平滑的波动，那么我们就可以解释光电效应。“高光强长波长”意味着发射出一大串光量子，但每个光量子的能量太小不足以扰动任何电子；“低光强但短波长”则指仅发射几个量子，但每个光量子都有足够大的能量来打出电子。

无论是普朗克还是爱因斯坦，都没用过“光子”这个词。这个词是吉尔伯特·刘易斯于1920年提出的，并由亚瑟·康普顿进行了推广。也正是康普顿通过证明光量子具有动量和能量，最终使人们相信光是以粒子的形式存在的。

爱因斯坦关于光电效应的论文工作使他最终获得了诺贝尔物理学奖。这篇论文发表于1905年。在同一期杂志里爱因斯坦还发表了另一篇文章——那是他关于狭义相对论的论文。人们是这样评论爱因斯坦在1905年所发表的论文的：你发表了一篇有助于奠定量子力学基础的开创性论文，它为你后来赢得了诺贝尔物理学奖，但这篇论文只能算你在这期杂志上发表的第二等重要的论文。

128

量子影响

量子力学是在20世纪的头几十年里悄悄地盘踞于物理学家的大脑的。从普朗克和爱因斯坦发端，人们开始试图理解光子和原子的行为，而当他们这样做的时候，他们实际上已经完全颠覆了可靠的牛顿世界观。物理学里发生过多次革命。但有两次革命的意义要远远高于其他：一次是17世纪里牛顿集大成创立了“经典”力学，另一次则是一批杰出的科学家齐心合力用量子力学取代了牛顿的经典理论。

量子世界与经典世界之间的主要区别在于“确实存在”的东西与我们实际能够观察到的东西之间的关系。当然，任何真实世界的测量都要受到测量设备的精度的制约，但在经典力学中，我们至少可以想象，如果测量进行得越仔细，那么测量结果就越接近实在的本来面目。但量子力学甚至从原理上就否定了这种可能性。在量子世界中，我们能看到的只是真实存在的一小部分。

这里我们可以用一个笨拙的比喻来说明这一点。想象一下你有个很上镜的朋友，但你注意到她在照片上所呈现的样子有点不寻常——她总是精确地以侧面照示人：不是左侧就是右侧，但从来没有出现过正面照或背面照。当你从侧面看她，然后进行拍摄时，照片总是正确地显示那一侧。但当你从正面直接看她并拍照时，有一半时间拍的是她的左侧，另一半时间拍的是右侧。（这里的比喻"拍摄照片"等同于"做一次量子观察"。）你可以从一个角度拍照，然后飞快地转过90度再拍照——但你只能拍到她的侧面。这就是量子力学的本质——我们的朋友确实能够以任何方向示人，但是当我们拍摄照片时，我们看到的只能是两个可能的角度中的一个。这是对量子力学中电子的"自旋"的一个很好的比喻：无论我们以什么为轴进行测量，我们只能精确地测得顺时针旋转或逆时针旋转。

129

这个原理同样也适用于其他的可观察量。考虑一个粒子的位置。在经典力学中，有所谓"粒子的位置"的概念，我们可以测量这个物理量。但在量子力学中没有这样的概念，有的是粒子的所谓"波函数"，它是一组数字，反映的是我们从某个特定位置能够观察到粒子的概率。这里不存在诸如"粒子实际处于什么地方"这样的概念——但当我们看它时，我们总能看到它在某个特定位置上。

当量子力学被应用到场的概念上时，我们便得到了"量子场论"，它是我们在最基本层面上对实在做现代解释的基础。根据量子场论，当我们观察一个场足够细致时，我们便看到它分解成单个粒子——虽然这个场本身是真实的。（实际上，场有一个波函数用以描述这个粒子在空间每个点上取某个特定值的概率。）设想一台电视机或电脑显示器，从远处看它显示的是一幅流畅的画面，但从近处看，我们发现它显示的画面实际上是一个微小像素的集合。在一台量子电视机上，显示的是真正流畅的画面，但是当我们走近仔细看它时，我们能看到的只是它的像素。

量子场论可以解释虚粒子——包括质子内的部分子——的现象。这种部分子对于在LHC碰撞时所发生的事情非常关键。正如我们从来不可能在某个特定位置上盯住单个粒子一样，我们也从来不可能观察到处于特定分布下的场。如果我们以足够近的距离来观察场，我们看到的只是粒子在真空的出没，到底是出现还是消失要根据局域条件。虚粒子是量子测量中固有的不确定性的直接后果。

现在，一代代的物理系学生都面临着这样一个冠冕堂皇的问题："物质到底是由粒子还是由波构成的？"他们所受到的多年的教育往往没有很好地给出过这个问题的答案。这里我给出一个明确的回答，那就是：物质真的是由波（量子场）构成的，但是当我们足够细致地看它时，我们看到的是粒子。如果我们的眼睛能有青蛙那么敏锐，我们就会更明确地理解这一点。

场生物质

因此说，光是一种波，是一组在弥漫于空间的电磁场中传播的涟漪。当我们用量子力学的观点来看待这个问题时，我们便得到了量子场论。它认为，当我们足够细致地观察电磁场时，我们看到的是单个光子。这个逻辑对引力同样有效——引力可由引力场来描述，空间中存在着以光速传播的引力波，如果我们以足够细致的方式来观察这种波，我们看到的是一团称为“引力子”的无质量粒子的集合。引力太弱了，以至于我们无法想象如何来检测单个引力子，但量子力学的基本真理仍坚持认为它们必定存在。同样，强核力也是由场携带的，我们在足够近的距离上观察这个场所看到的粒子称为“胶子”。弱核力则是由W玻色子和Z玻色子所携带的场。

一切都很好，一旦我们明白了各种力均产生自空间延展的场，而量子力学又使得场看起来像粒子，我们便可以很好地掌握自然界的力是如何起作用的了。但是这些力又是如何作用于物质的呢？将引力或电磁力看成是从某个场产生出来的是一回事，而将原子本身看成是与场伴生的东西则是完全不同的另一回事。如果说有什么东西是真正的粒子而不是场，那么这个东西只能是微小的、绕原子核做轨道运动的电子了，对吧？

131

不完全对。就像传递力的粒子一样，物质粒子也源自量子力学法则对充满空间的场的应用。正如前述，传递力的粒子是玻色子，而物质粒子是费米子。它们对应于不同类型的场，但都是场这一点是相同的。

玻色子可以彼此堆积在一块儿，而费米子则需要占用空间。让我们从这些粒子振荡着的场的观点来考虑这个问题。两者之间的区别可以归结为一种简单的区分：玻色子场可以取任何值，而费米子场的每个可能的振动频率只能取“开”或“关”，而且取定后永远不变。当玻色子场，如电磁场，有一个非常大的值时，它对应于大量的粒子；

当它取一个小但非零的值时，它代表少量粒子。这些可能性对于费米子场是不成立的。对于费米子场，要么某处有粒子（处于某个特定的态），要么该处没粒子。费米子场的这个重要特征被称为泡利不相容原理：没有两个费米子粒子能够处于相同的态。为了定义粒子的“态”，我们必须知道它在哪里，它有多大能量，以及其他一些物理量，比如它的自旋是什么。泡利不相容原理基本上是说，你不能让两个相同的费米子在同一地点做完全相同的事情。

传递振荡

物质粒子在费米子场中的振荡具有离散性的概念有助于解释真实世界里一些可能令人困惑的特征，譬如粒子是怎么产生和湮灭的。回顾量子力学早年的初创时期，人们曾为如何理解放射性现象而争论不休。他们能够看出光子是如何从其他粒子中产生的，因为这些粒子都是电磁场的振荡。但对于放射性过程，譬如中子的衰变，怎么看呢？在原子核的内部，中子虽与几个质子好哥们似的挤作一团，但可以永远存在下去。然而当中子被分离开来之后，它会在几分钟内就经放出一个电子和一个反中微子而衰变为一个质子。现在的问题是，这个电子和反中微子是哪儿来的呢？人们猜测，它们实际上一直被藏在中子里面，但这种解释似乎并不完全正确。

132

1934年，恩里科·费米给出了一个漂亮的答案。这个答案也是量子场论第一次真正应用到费米子上——自从这些粒子被首次命名为费米子以来，这是唯一恰当的应用。费米建议，你可以将这4种粒子的每一种看成是不同量子场的振荡，每一种场对其他场的影响微乎其微，就像在一个房间里弹钢琴会引起隔壁另一个房间里的钢琴的弦发出轻轻的共鸣声一样。这不是说新粒子能够奇迹般地无中生有，而是说中子场的振荡能够逐渐转移到质子、电子和反中微子的场上。由于这属于量子力学过程，因此我们无法实际体验到这种逐渐的转移。我们观察中子，看到的要么是一个中子，要么是它的衰变，其衰变的概率可以由数学计算给出。

量子场论也有助于理解一个粒子如何能够甚至不经直接的相互作用而转换成另一个粒子。一个典型的例子，也是对我们不久之后的讨论非常重要的例子是一个希格斯玻色子衰变成两个光子。这听起来很奇怪，因为我们知道光子不直接耦合到希格斯子。光子耦合到带电粒子，希格斯子耦合到大质量粒子——希格斯子是不带电的，而光子则没有质量。

奥秘就在于虚粒子，其实它更应被看成是虚拟场。希格斯玻色子出现时，相当于希格斯场的振荡波。这种振荡可以引起与希格斯子耦合的各种有质量粒子的振荡。但这些振荡也许未必能提高到以新粒子面貌出现的水平，而是引发了另一种场（譬如在此情形下是电磁场）的振荡。这就是为什么希格斯子能够变成光子的原因：首先，它变成虚的带电的有质量粒子，而后者又迅速转换成光子。这就好像你有两台钢琴，平时它们完全彼此不共鸣，但如果房间里有了第三台乐器，[133] 譬如一把小提琴，而这把小提琴的音域又足够宽，那么它就有可能与两台钢琴产生共鸣。

守恒定律

由于所有粒子均产生自场，因此即使是物质粒子也能够产生和消失。但这种产生或消失不是完全混乱无章的。譬如中子衰变前后它的电荷数就应一致。在衰变前，其电荷数为零，因为中子不带电荷。因此衰变后产物的电荷数也应为零。既然质子带正电荷，那么电子就一定带与之精确平衡的负电荷，因为反中微子不带任何电荷。衰变前的夸克数似乎也应与衰变后的夸克数相等，因为一个中子产生一个质子。最后，如果我们引入一种计数方法将反物质轻子记为“轻子数为-1的轻子”（同样，反夸克可以看成是-1夸克，如此等等），那么衰变前后的轻子数应严格相等。因为中子有3个夸克和零轻子，故它的衰变产物加起来也是3个夸克（质子）和零轻子（电子的轻子数为1，反中微子的轻子数为-1）。这就是为什么我们知道中子衰变时放出的是一个反中微子而不是一个中微子的理由。

这些法则称为守恒律——支配粒子间相互作用哪些是被允许的牢不可破的法则。除了著名的能量守恒定律，我们还有电荷守恒律、夸克数守恒律和轻子数守恒律。有些守恒律要比另一些守恒律更不可侵犯，物理学家就怀疑夸克数和轻子数的守恒有时就会改变（非常罕见，或在极端条件下），但大多数人相信能量守恒和电荷数守恒是绝对不变的。

记住这些法则，我们便能够理解哪些粒子会衰变，哪些寿命长久。经验法则告诉我们，重粒子倾向于衰变成较轻的粒子，只要这种衰变不违反任何守恒律。电荷是守恒的，电子又是最轻的带电粒子，因此电子是完全稳定的。夸克数是守恒的，而质子则是最轻的非零夸克数粒子，因此质子也是稳定的（据我们目前所知）。中子是不稳定的，但它们可以与质子一起形成稳定的原子核。

希格斯玻色子，作为一种非常重、电荷数为零、夸克数和轻子数皆为零的粒子，必定衰变得非常快，快到我们永远不可能在粒子探测器里直接观察到它。这也是它为什么那么难以寻找，为什么我们明显的成功会让人喜不自禁的原因之一。

135

第 8 章
穿越破镜

在本章里，我们考察希格斯玻色子以及产生它的场，看看它是如何造成对称性破缺并给出普适性的。

在加州理工学院的一间空会议室里，我坐在桌子一边，当地电视台的记者哈尔·艾斯纳坐在我对面。在我们之间有一大碗爆米花。艾斯纳抓起一颗爆米花，在我眼前摇晃着要求我——带着乞求的口吻，真的——用它来解释一下希格斯玻色子。“如果不存在希格斯玻色子，这爆米花还会爆炸吗？会爆炸，不是吗？”

这天是2008年9月10日，大型强子对撞机（LHC）首次实现质子循环的当日。对于上一代的加速器，装置的启动不事张扬，密切关注它的只是一小群有兴趣的物理学家，世界上其他人等均对此不甚在意。但LHC是个例外，全世界人民的注意力都集中在了首次环绕17英里（约27千米）轨道奔走的少数质子身上。

为此，记者们来到加州理工学院和其他城市的多所高校，打算报道这一令人兴奋的事件。这是日内瓦时间的清晨，但加州要晚9个小时，所以对我们来说，这一天还是前一天的晚上。每个人都盯着电脑显示器，虽然欧洲核子中心（CERN）的服务器很快就因互联网的接入而不堪重负。主办者为大家订了比萨饼，这好歹让聚集的科学家们感到舒适些。

136

当地的媒体还在不停地问：最出彩的是什么？我们知道这很重要，但为什么这么重要？真有这么重要吗？寻找希格斯玻色子总是最先能提供的答案之一。哦，那希格斯子为什么这么重要呢？这与质量有关，而且涉及对称性破缺。让我们直接切入要点：爆米花会爆炸吗？

正确答案是："是的，如果希格斯玻色子（或者更准确地说，是希格斯场，玻色子只是在其中传播的波）突然消失，普通物质就将不再抱团了，像爆米花这类物质的内核这样的东西就将立即爆炸。"不过这种解释有可能误导以为希格斯子的作用像是使原子结合在一起的某种力。希格斯子是弥漫于空间的场，它给粒子（如电子）赋予质量，使它们能够形成结合成分子的原子。如果没有希格斯子，就不会有原子，宇宙就只是一堆杂乱的呼啸而过的粒子。

要想用日常生活语言来诠释现代物理学的概念总会有问题。你既想用完全正确的语言来表述事情（这是当然的），又想让听众留下正确的印象，可这两者并不是一回事——说得正确可没人能听懂这没任何用，而且还有副作用：人家甚至可能认为你的解释从根本上就不对。

幸运的是，要真正明白将要发生的事情并不那么难。希格斯场就像空气，或是海里的鱼和水的关系：我们通常不会注意到它，但它总在我们身边，没有它，生命就不可能存在。这是真正的“就在我们身边”。与自然界的所有其他的场不同，希格斯场即使是在虚空空间里也是非零的。当我们在世界上闯荡时，我们是真正嵌入背景希格斯场中。正是这种场对组成我们身体的各种粒子的影响才使得这些粒子各具特点。

137

希格斯玻色子不是任何已知粒子。当费米实验室的粒子加速器Tevatron在1995年发现顶夸克时，这一发现堪称人类的努力和智慧的了不起的胜利。但那时我们已经熟悉夸克，并没有真的希望发现一些完全令人惊讶的东西。希格斯子的重要意义要远远超过这些发现。我们还没有发现过具有这样性质的任何其他粒子。它的场充满空间，使对称性破缺，并赋予标准模型里其他粒子以质量和特性。如果顶夸克和底夸克都不存在，我们的生活会基本保持不变。但如果希格斯玻色子不存在，那么宇宙将是一幅完全不同的景象。

一个应予颁奖的比喻

在1993年，LHC还只是个纸上谈兵的想法，远远谈不上变为现实。当时，欧洲核子研究中心的一群物理学家向英国科学大臣威廉·沃尔德格雷夫建议了这个大项目。沃尔德格雷夫对这个建议很感兴趣，但他对这个项目的中心卖点——希格斯玻色子的概念——吃不太透。“他根本不明白项目建议书里说的都是什么。”伦敦大学学院的物理学家戴维·米勒当时这样说道。

但沃尔德格雷夫没有简单地放弃，他要求科学家们向他提供关于希格斯玻色子作用的简单易懂的解释，整个解释不要超过一页纸。谁能给出最佳解释，他奖赏他一瓶陈年香槟。米勒和他的同事们炮制了一个引人入胜的比喻，得到了科学大臣的首肯。5个人得到了一瓶香槟，英国自然支持LHC。

下面是米勒的比喻的一个更新版本。试想安吉丽娜·朱莉和我走过一个空房间。（出于明显是政治上的考虑，原来的解释里用的是玛格丽特·撒切尔夫人而不是电影明星。但这里重要的是我们考虑一个名人。）就这个思想实验的目的而言，我们不妨假设我们正常走路的步速是一样的。在这种情况下，我们将在相同的时间里穿过房间。这里有一种对称性：是安吉丽娜还是我走过房间并不重要，重要的是所用的时间是相等的。 138

现在想象一下，房间里正有一个聚会，充满了狂欢的人们。这时我要穿过房间也许就要比穿过空房间慢：我得短暂停留，调整路径以便穿过所有参加派对的人，但在大多数情况下，我的通过不会被人注意到。但当安吉丽娜走过这个房间时情况就完全不同了。随着她的穿行，各种各样的人都想让她停一下以便索要签名或拍照，或只是闲聊。这相当于说她的“质量”更大：她要想穿过房间就要比我付出更多的努力。（我不是说安吉丽娜·朱莉很胖，只是个比喻。）于是我们平常习惯的那种对称性就被房间里其他人的存在打破了。

物理学家也许会说，安吉丽娜·朱莉与聚会中客人之间要比我有“更强烈的相互作用”。相互作用的强度反映了她有更大的名气，没有人想拦住我索要签名，但一位著名女演员就会经历与背景人群的频繁互动。

现在用一个上夸克代替我，用一个顶夸克代替安吉丽娜，用希格斯场代替社交聚会的客人。如果没有充满空间的希格斯场，那么一个上夸克和一个顶夸克之间就存在一种完美的对称关系，它们以同样的方式行事，就像安吉丽娜和我以同样的速度步行穿过一个空房间。但顶夸克与希格斯子之间的相互作用要比上夸克与希格斯子之间的相互作用强烈得多，因此如果“存在”希格斯场，那么顶夸克将获得较大的质量，它运动时就需要付出更大的力气，就像安吉丽娜要想穿过聚会的人群需要比我付出更大的努力一样。

和任何比喻一样，这个比喻并不完美。正如参加聚会的人群，希格斯场充满空间，影响到任何穿过它移动的东西。但与人群不一样，或与我们所熟悉的任何其他东西不一样的是，我不能测量我相对于这个背景场的速度，不论我怎么运动，它看起来都完全一样。在存在希格斯场的空间里运动的粒子需要付出更大的努力，但一旦它开始运动，它便一直保持这种运动状态，就像伽利略、牛顿和爱因斯坦所期望的那样。希格斯场不会拖拽着你减小你的速度，因为它不具有速度。这一点在日常生活中确实没有可类比的东西，但这个世界似乎就是这么运作的。

139

在爱因斯坦和相对论出现之前，很多物理学家认为电磁波是所谓“以太”媒质的振荡。他们甚至试图通过测量地球相对于以太运动所带来的光速变化来检测这种以太物质：如果光的传播方向与以太相对于地球的运动方向在同一方向上，那么光速应快些；反之，光速应慢些。但是，他们没有发现光速有任何变化。正是天才的爱因斯坦意识到，以太概念不是必需的，光速在真空中是绝对不变的。你不需要以太场来支持电磁场，电磁场本身就是一种存在。

人们很容易认为，希格斯场类似于以太——一种波行其间的看不见的场，只不过现在传播的是希格斯玻色子的波而不是电磁辐射波。这是完全不准确的，尽管希格斯场充满空间，希格斯玻色子也确实在振荡，但大多数这种振荡遭到抵制。以太观念的要点在于，你在它中间运动得有多快非常重要——它定义了虚空空间的静止状态。而希格斯场则不然，它不造成任何区别。相对论仍然有效。

推离零点

在第7章中我们了解到，宇宙是由场构成的。但这些场大多处于关闭状态——在虚空空间下置零。粒子是场的小幅振荡，当场偏离其自然值时便产生出一小束能量。而希格斯场则是不同，它即使是在虚空空间下也不为零。场在各处均取一定的值，希格斯玻色子就是在这个值附近振荡，而不是在零值附近振荡。是什么使得希格斯子如此特别呢？

140

这一切都与能量有关。把一个球放在山顶上。物理学家称其具有“势能”——它不做功，只是平静地坐在那里，但它有释放能量的潜力，如果我们让它滚下山的话。当这种情况发生时，它通过提高速度逐渐将势能转化为动能。但它也会碰到其他石头，感觉到空气阻力，并在运动时发出噪声，所有这些都会一路上消耗能量，于是到达山脚下时其原始能量被转化为声能和热能释放掉了，球最终停了下来。

场也类似。如果我们将场从其偏爱的静止状态激发起来，我们便给了它势能。场就开始振荡，并通过将能量转移到其他的场而消耗掉势能，最终平静下来。希格斯场的特殊之处在于其静态能量不为零——它的最低能量态是具有246 GeV的场。这个值是我们从实验上确定的，因为它决定了W玻色子和Z玻色子在耦合到其他粒子时所需的能量。

数字246 GeV不是希格斯玻色子的质量（希格斯子的质量约为125 GeV，在LHC诞生之前我们并不知道这个值），它是虚空空间的场值。粒子物理学家喜欢用GeV为单位来度量一切，这可能会造成混乱。希格斯玻色子的质量告诉我们，我们需要用多大的力才能使它运动起来，这一点与使其他有质量物体运动所需的条件是类似的。换一种方式说，如果要让它以独立粒子的形式呈现，我们需要给场的振荡输入多少能量。场值则是完全不同的东西，它刻画的是场处于完全静止状态时在做什么。

为了搞清楚为什么希格斯场的场值是246 GeV而不是接近于零，我们不妨想象一下悬挂在天花板上的钟摆。这时钟摆的行为就像一个普通的场，其能量最低状态为钟摆垂直向下静止于弧形的底部。我们 141 可以通过把它从那个位置推开来给它能量，如果推开后我们放手，它就会开始来回摆动，最后会因为空气阻力和摩擦而失去能量静止下来。

接下来我们想象一个倒放的钟摆，其转轴安装在地板上而不是

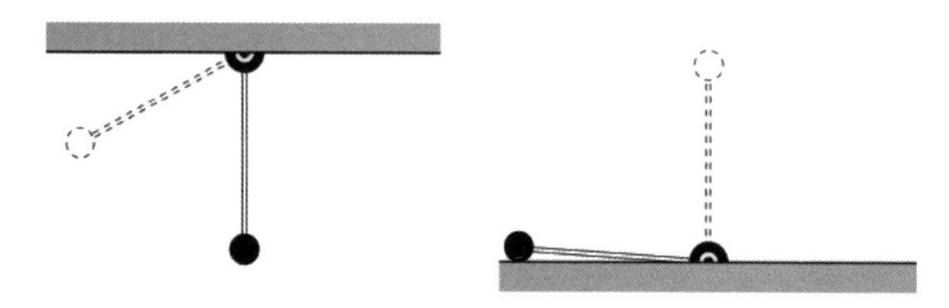

普通的场就像是悬挂在天花板上的钟摆。它垂直向下静止时具有最少的能量。我们可以把它拉起来，但这需要能量。希格斯场则像一个倒置的钟摆，躺在地板上而不是悬挂在天花板上。现在要让它直立起来就需要能量。最低能量状态则是摆向左或摆向右躺在地板上

在天花板上。摆的运动机制基本相同，但现在它的行为完全不同。倒置摆在处于垂直位置时具有能量，而在此之前，它处于能量最低状态。不过现在这个最低能态实际上有两种可能：一是躺在地板的左侧，一是躺在右侧。但不管是哪侧，摆都躺在地板上，指着左或右。

希格斯场就类似于这种倒置的摆。它要处于能量为零的状态实际上要耗费能量。它的最低能态是场在每一处取固定的值，就像钟摆的摆锤位于转轴的左侧或右侧的一段距离上。这就是为什么虚空空间内充满了希格斯场，其他粒子可以在该场中运动并获得质量的原因：这是最低能量配置。场值相当于摆偏离垂直位置的位移，普通的场想要在零值，而希格斯场则希望偏离零值，就像倒摆不是躺在左侧就是倒向右侧。

142

当然，我们可能会惊奇为什么这个隐喻的希格斯摆要倒置着而不是正悬着。答案是：没有人真正知道。学术界对此有一些猜测，这些猜测大都依赖于超越标准模型的物理方法，但在我们目前的知识水平

上，它就是一个关于宇宙的残酷事实。希格斯场在虚空空间取非零值并没有什么不对，它既可以这么取值也可以不这么取值，但事实证明，它确实是这么取值的。这是件好事，因为否则的话这个世界就太无聊了（而且不仅是对粒子物理学家如此）。

给粒子以质量

希格斯场充满虚空空间这并不重要——事实上，我们甚至不会注意到这一点——前提是它不与其他粒子相互作用。而这种互动的最明显的结果就是使标准模型下的基本粒子有了“质量”。但是，这个“赋予质量”的概念十分微妙，值得我们花时间好好思考一下。关于其工作原理的更详细信息，请参阅附录1。

首先，我们应当说清楚什么是一个物体的“质量”。也许考虑这个问题最好的方式是“当你推动一个物体时你受到的阻力有多大？”这是用另一种方式来表达“你需要有多大的能量来使一个物体以一定的速度运动？”我们知道，一辆汽车的质量要比一辆自行车大得多，这是因为推动一辆汽车比推动一辆自行车需要做更大的功。另一种定义是“一个物体处于静止时的能量大小”。这项工作可追溯到爱因斯坦的$E = mc^2$。我们通常认为这个公式告诉我们，一个具有一定质量的物体具有多少能量。等价的，我们可以认为它给出了一个静止物体的质量定义。

143

重要的是要强调指出，质量与引力没有直接关系。我们往往会联想到两者，这是因为测量物体质量的最简单的方法就是用天平称量它的重量，而我们都知道物体受到的引力会使物体给天平一个压力。如果是在引力可忽略的太空空间，物体也就变得没有重量了，但它们仍然有质量。发射质量巨大的火箭飞船要比投射一颗小鹅卵石困难得多，而要推动月球或行星那就更加困难。引力很特别，它影响到所有能量形式，甚至是没有质量的东西，由无质量的光子构成的光肯定受到引力作用，这已由宇宙中星系和暗物质的引力透镜现象得到了生动证明。如果你浏览一下附录2的粒子动物园，你会看到有些粒子有质量，有些则没有。其中携带力的玻色子、胶子、引力子和光子的质量均为零，但W玻色子和Z玻色子以及希格斯子本身有质量。我们看到，在费米子家族中，中微子质量被列为“小”，而夸克和带电轻子则有具体的质量。

这种混乱的情况最终都是由于希格斯场的影响。规则很简单：如果你不直接与希格斯场相互作用，你有零质量；如果你直接与希格斯场相互作用，则你有非零质量，你的质量大小直接与你和希格斯场的相互作用强度成正比。像电子和上夸克、下夸克这样的粒子与希格斯玻色子相互作用的强度相对较弱，所以它们的质量较小，而τ轻子和顶夸克、底夸克与希格斯玻色子相互作用的强度很强，因此它们的质量较大。（中微子是一个特例，它们只有微小的质量，但我们对这些质量来自何处仍然没有完全理解，大多数情况下，我们在本书中会忽略它们，坚持我们可以理解的标准模型部分。）

如果希格斯场与其他场一样，静止时在虚空空间的场值为零，那么它与其他粒子之间的相互作用强度只要简单测量一下希格斯玻色子与其他粒子相互作用的概率就可确定。大多数情形下，希格斯子与电子可以和平共处，而希格斯子与顶夸克的散射则非常强烈。（我走在街上可以在陌生人之间穿行而不被中断。但安吉丽娜·朱莉则每迈一步都将受到滋扰。）但因为希格斯场的期望值不为零，故其他粒子都乐于与其不断地相互作用——正是这种持续不断的、不可避免地与背景的相互作用使得粒子获得了质量。当粒子与希格斯子发生强烈的相互作用时，就好像粒子载着一大群希格斯子到处飘流，为其质量作贡献。

粒子的质量公式很简单：它等于虚空空间里希格斯场的值乘以粒子与希格斯子相互作用所具有的特定强度。为什么有些粒子，如顶夸克，与希格斯子的相互作用很强，而另一些粒子，如电子，与希格斯子的相互作用强度会相对较弱？如何解释这些具体值？没人知道。现在这些都是悬而未决的问题。在目前的水平上，我们把这些耦合强度看成是自然常数，这样我们只需进行测量。我们希望通过研究希格斯子本身能得到一些线索，这也是为什么LHC非常重要的一个原因。

无希格斯子的世界

尽管如此，但像物理学家有时做的那样简单地说“希格斯子负责质量”还是容易造成误导。请记住，我们不能直接看到夸克，它们和胶子是禁闭在如质子和中子这样的强子内部的。一个质子或中子的质量要远远大于单个夸克的质量，并有着充分的理由。强子的质量主要来自于使夸克结合在一起的虚粒子的能量。如果没有希格斯子，夸克仍然会结合在一起形成强子，强子的质量几乎不变。这意味着（譬如一张桌子或一个人的）大部分质量并非完全来自希格斯玻色子。普通

145 物体的大部分质量来自于其质子和中子，而后者则来自强相互作用，

而非希格斯场。

这不是说希格斯子无关乎日常物理。想象一下我们把手放到一个管控所有物理定律的神秘的控制面板上，慢慢转动标有“希格斯”的表盘，这样便能够将虚空空间的希格斯场的场值从246 GeV减少到任何一个较小的数值。（注：不存在这样的神密面板。）随着我们周围背景希格斯场的场值的减小，夸克、带电轻子、W玻色子和Z玻色子的质量也跟着减小。夸克、W玻色子和Z玻色子的质量的变化只会引起质子和中子属性的微小变化，不会立即造成整个世界的重大改变。μ子和τ子的质量变化也与日常生活基本不相关。但电子质量的任何变化将带来巨大的影响。

在通常的原子卡通图像里，电子围绕原子核做轨道运动就像行星围绕太阳或月亮围绕地球的轨道运行一样。但现在这种情形下，这一物理图像不好使了，我们需要认真考虑量子力学。不同于行星围绕太阳旋转的情形，典型的电子不是在一些随机的距离上做轨道运动，实际上它总想尽量接近原子核（如果它能偏离自身轨道，它乐于通过放出一个光子而失去能量，从而离原子核更近点）。它能离原子核有多近取决于它的质量。重粒子能挤压到较小的空间区域，而较轻的粒子总是有较大的活动区域。换言之，原子的大小就取决于一个自然界的常数——电子质量。如果电子的质量减小，原子的体积就会变得很大。

这样问题就大了。如果我们使原子变大，这可不是普通物体的大小跟着扩大就完了的事儿。让普通物质结合在一起的是化学——它负责解释原子如何以各种有趣的组合方式黏在一起。原子之所以能黏在一起是因为它们共用电子，至少在正常情况下是如此。现在如果原子有不同的尺寸，那么这些情况就将彻底改变。因此，哪怕电子的质量只是改变一点点，我们也许仍有像“分子”和“化学”这样的东西，但是我们所知道的有关现实世界的具体法则将会出现重大变化。像水（H_2O）和甲烷（CH_4）这样的简单分子变化基本不大，但像DNA或蛋白质或活细胞这样的复杂大分子就麻烦大了，大到根本就无法修复。总之一句话：电子的质量哪怕改变一点点，所有的生命将即刻结束。

如果电子质量改变很多，那么结果将相应地更加富于戏剧性。随着希格斯场越来越接近零，电子会变得越来越轻，而原子会相应地变得越来越大。最终它们都将达到宏观尺度，天体般大小。一旦每个原子大到如同太阳系，或银河系，那么再讨论“分子”就没有意义了。宇宙只是一个超大原子的集合体。它们在宇宙中彼此碰撞。如果电子的质量一路下降到零，那么就连原子也不会存在——电子能够黏在核上，如果事发突然，哈尔·艾斯纳的问题就能得到回答——爆米花的核就会爆炸。

还有一些更微妙的事情。设想一下3个带电轻子：电子、μ子和τ子。这些粒子之间的唯一区别是它们的质量，如果没有希格斯子，那么它们的质量均为零，3种粒子就变得全同了。（专业点说：强相互作用也可以给出场的预期值，模仿希格斯子的影响，但其影响水平要低得多，在目前的讨论中我们忽略了这些效应。）对电荷为+2/3的3个夸克（上夸克、粲夸克和顶夸克）和电荷为-1/3的3个夸克（下夸克、奇异夸克和底夸克），情形也同样如此。如果不是因为存在希格斯背景场，每组粒子都将是全同的。这一点也许是希格斯场的最基础的作用：它采取一种对称的情形并打破它。

定义对称性

当我们想到“对称”这个词时，浮现在我们脑子里的是一种令人愉快的规则性。有研究表明，对称的面孔，即那种看上去左边和右边相同的面容，通常会让人感到更具吸引力。但物理学家（和研究这类性质的数学家）喜欢深入下去，研究是什么东西造成了最一般的意义上的“对称”，以及这些对称性在自然界是如何出现的。

简单的“左右两侧相称”的概念反映了更广泛的理念：当我们说一个对象具有某种对称性时，是指我们可以对这个对象实施一些行为，其结果是得到与我们开始前一样的状态。对于一张对称的脸，我们可以想象，如果将其一半按中间一条线进行对称反射操作，那么我们依然能获得同样的脸。但是简单的几何对象可以有比这更丰富的对称性。

圆形、正方形和任意闭曲线。圆有很多对称性，包括绕任意轴的任意角度的旋转和反射。正方形的对称性要少些，只有90度旋转对称、绕垂直轴或水平轴的反射对称及其组合。任意闭曲线没有任何对称性

考虑一个如正方形的简单几何图形。我们可以取它的镜像，即在过正方形的中心作一条平行于一边的竖直线，这条线两侧的正方形

部分均可以看成是对竖线另一侧形状的镜像反射的结果——这就是一种对称性。过正方形中心作一条平行于上下边的水平线，我们同样可以得到类似的结果，这表示正方形在水平轴上也存在一种对称性。（对于人脸就不存在这种对称性，如果上下颠倒着看，即使再漂亮的人看起来也异样。）对于正方形，我们还可以取对角线作为对称轴——但它不是任意轴。我们还可以让正方形绕其中心顺时针旋转90度或其任意倍数。

圆，像正方形一样，看上去非常对称，实际上它要比正方形具有更高的对称性。圆不仅具有绕过圆心的任意轴旋转对称性，而且还具有绕任意轴转过任意角度的对称性，即不论转过多少角度，所得到的结果都与转动前段状态完全一样。因此我们说圆比正方形有更多的自由度。相反，一个随手画出的闭曲线则不具有任何对称性。对它的任何方式的改变都会偏离它原先的样子。

换句话说，对称性是“物体具有的我们能够以某种方式对其操作而不改变其状态的一种性质”。如果我们将一个正方形转过90度，或让它对过中心的轴进行反射，它的形状都与操作前相同。

从这个角度看，对称的观念似乎并不那么重要。我们是否对一个圆做了转动操作并不重要，谁在乎呢？我们之所以关心是因为足够高的对称性对所要发生的事情有非常强的约束。假如有人告诉你：“我在这张纸上画了一个图，它有这么高的对称性，你可以将纸转过任意角度，这图看起来都与转动前一样。”于是你立刻明白，这个图是个圆（或是一个点，点可以视为面积为零的圆）。这是唯一能够有这么高对称性的图形。同样，当用对称性来思考物理学问题时，我们经常可以想出一些办法怎样通过实验来理解基本对称性是否起作用。

物理学中的对称性的经典运用就是简单观察它在实验中起不起作用。如果实验结果反映出基本原理的基本特征，我们就会得到相同的结果。例如，有这样一个著名的实验，科学家（通常是年轻人，经常拍摄视频后放到You Tube[1] 网站上供消遣）将曼妥思糖果引入到健怡可乐的生产中。薄荷糖的多孔结构有助于催化苏打水释放二氧化碳，从而带来泡沫更强烈的喷涌。但这个实验如果用其他种类的糖果，或是其他种类的苏打水来做则不起效，而在洛杉矶，或布宜诺斯艾利斯，或中国香港来进行这个实验，则效果一样出色。由此可见，实验结果对更换不同种类的食物或饮料不具有自然的对称性，而实验对更换地点则具有对称性。物理学家将这种对称性称为“平移不变性”，因为他们不愿意失去为一种简单理念进行一种吓人的命名的机会。 149

当涉及粒子或场，对称性告诉我们，我们可以交换不同种类的粒子，或者说甚至是“通过转动变成对方”。（这里之所以用引号是因为我们实际上是在各种场之间互相变换，而不是在我们生活在其中的三维空间上旋转。）最明显的例子是通常称为红色、绿色和蓝色3种颜色的夸克之间的转换。哪个标签用于哪种夸克是完全不相干的——如果在你面前有3个夸克，那么哪一个叫“红夸克”，哪一个叫“蓝夸克”，哪一个叫“绿夸克”是无所谓的。你可以更改这些标签，而所有重要的物理性质仍将保持不变——这就是对称的力量。如果你有一

1. You Tube是一个视频分享网站，可供网友自由上传、观看和下载视频短片，由美籍华人陈士骏等人于2005年在美国加州圣布里诺注册成立。2006年被Google以16.5亿美元收购。——译注

个夸克和一个电子，你不会想要在它们之间交换标签。夸克与电子非常不同，它有不同的质量、不同的电荷，而且参与强相互作用。因此对称性在这里不起作用。

如果不是希格斯场给予基本粒子以不同的质量，那么电子、μ子和τ子之间就是完全对称的，因为这些粒子在其他各方面都是相同的，正如我和安吉丽娜以相同的步速通过空荡荡的房间。我们可以通过某种交换将μ子转换成电子，其他特性全相同。我们甚至可以（根据量子力学规则）用半个电子和半个μ子做成一个粒子，并且它也与电子或μ子相同。从这个意义上，我们也可以说这个新粒子是电子、μ子和τ子这3种粒子的任意组合——就像我们可以旋转一个圆到任意角度。类似的对称性也适用于描述上/粲/顶夸克，以及下/奇异/底夸克。这些对称性被称为“味”对称性，虽然希格斯子阻止它们在性质上变得完全一样。它们对于粒子物理学家分析不同的基本过程仍然是非常有帮助的。

150

但还存在另一种对称性，它比味的对称性更深刻也更微妙，开始时它似乎完全深藏不露，但后来发现它绝对是至关重要的，这就是弱相互作用背后的对称性。

连接和力

对称性真正重要的原因——为什么物理学家会反复谈论、思考这些性质的原因——是足够强大的对称性能产生自然界的各种力。这是20世纪物理学的一个最惊人的见解，但它不是那么容易掌握。

这是一个值得我们去了解对称性和力是如何联系在一起的兔子洞。

就像日常生活中存在着那种你会说“在哪里做实验无关紧要”的对称性一样，自然界还存在另外一种你会说“实验指向哪个方向无关紧要”的对称性。将曼妥思糖果放入健怡可乐并观察泡沫横溢，然后将整个操作台由南北向放置转向东西向放置，再次重复操作并进行观察，那么（在实验允许的误差范围内）你得到的应该是相同的结果。这种性质被称为“旋转不变性”。

事实上，对称性还远不止这些。比方说，我在办公室外的停车场做实验，而我的一个朋友则在几英尺（1英尺=0.3048米）远的地方做另一项和我完全无关的实验。我们可以都将观察仪器转到某个角度以期得到相同结果。但更有甚者，我可以转动我的仪器，而她则保持仪器原来状态，或者我们可以都转过任意角度，但得到的却是相同的结果。换句话说，对称性不只是这个世界在某一种旋转下的性质（“实验结果与实验是朝北还是朝向其他特定方向无关”），而且是在每一点上任意转动所具有的性质（“不论我们指向任何方向结果都不变”）。

151

对称性是一个巨大的集合。我们不可能使用太多的术语，在粒子物理学界，这种巨对称性被称为“规范不变性”。这个名称是由德国数学家赫尔曼·外尔给起的，他将如何在不同空间点进行长度测量的选择比作铁轨轨距（两根铁轨之间距离）的选择。它们也称为“局域”对称性，因为我们可以在每个位置上分别做对称变换。相反，所谓

“全局”对称性则是基于同时进行的空间处处均匀的变换。[1]

因为我们可以在每一个空间点的不同方向上放置测量仪器，因此如何选择对不同的空间点的实际设置进行比较就变得至关重要了。设想有这么一位计划建造新房子的风水师。他可以从某个方位开始设计，这个方位确定了房子的朝向。假定这所房子呈矩形，那么我们还需要确定另一个点才能确定房子的走向，你不可能任取4个角就来盖房子。在现实世界中，做到这一点通常不太难，我们只需要用墨斗或其他测量仪器在地面上简单画一些直线即可。

但是，试想我们用来盖房子的地基不是完全水平的。地面崎岖不平，而客户出于美观考虑，希望我们能够依地势建房而不是用推土机将地基推平整后再建。在这种情况下，问题就变得有点棘手了。我们需要考虑地面的高度变化，才能弄清楚房子的每个角落该如何走线。

这里微妙的是：将不同空间点的“相同方向”的概念联系起来需要有一个充满这些点所在空间的场——一个能真正告诉我们如何将各点联系起来的场，专业文献中称之为“连接”。在盖房子这个例子里，相关的场就是地面本身的高度。这是一个场——但不是那种振动就能产生粒子的基本场，而是地面上每一个位置点对应一个数，即所谓标量场（地形图就是“高度场”的图）。场的信息使我们能够将

152

---

1. 外尔的规范不变性思想最初是为统一引力（广义相对论）和电磁力（电磁学）而提出的。其较准确的表述是：空间各处的长度标准（scale，也称规范、标度）只能局域地定义，就是说，每个时空点都有各自独立的长度单位。所有这些标度的集合构成规范系统，从不同时空点来描述一个物理事件应满足他给出的规范不变性。因此它是描述物理事件的基础。但后来的研究发现，这种规范不变性在全局时空上并不满足，但在量子力学研究的局域时空上成立，并由此发展出成功描述电弱相互作用的量子规范场论。——译注

不同空间点的信息联系起来。

无论何时，只要我们有一种对称性（规范/局部对称性），我们就能够对不同的空间点做独立变换，它自动带来一种连接场，让我们能够对这些局域位置进行比较。有时候这种场完全是无足轻重的，甚至不被人注意到，像完全平坦的地面的高度场就是如此。但当连接场的各处的值不等，那么其结果就会有相当大的不同。

例如，当地面的高度从一处到另一处起伏不定时，你可以在上面滑雪。如果地面是平的，你可以坐在那里不动，如果地面是倾斜的，那么就会有一种力将你往山下拉。根据近代物理学原理，我们有一个放之四海而皆准的神奇公式——对称性导致连接场，连接场的凹凸不平和扭曲产生自然力。

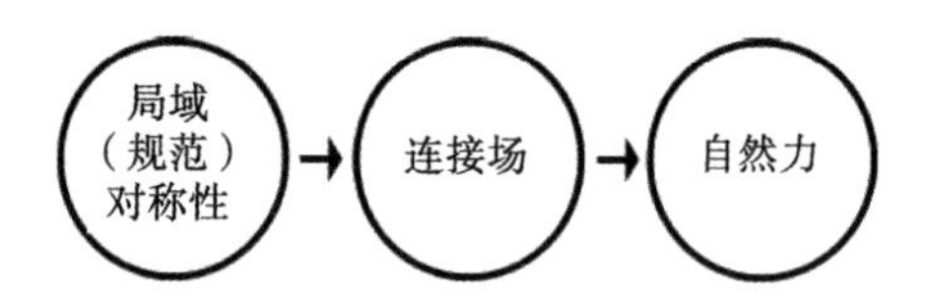

自然力来自何处：局域对称性意味着存在连接场，后者给出各种力

4种自然力——引力、电磁力、强作用核力和弱作用核力——都是基于对称性。（希格斯玻色子也带有一种力，但它不是那种给粒子质量的力，而是指背景希格斯场，它的存在不基于任何对称性。）[153] 携带这些力的玻色子场——引力子场、光子场、胶子场以及W玻色子场和Z玻色子场——都是与不同空间点的对称变换有关的连接场。它们通常被称为“规范玻色子”。

连接场定义了一个关于空间每一点的无形的斜率，引出沿不同方向推动粒子的力，具体取向取决于粒子间属于什么性质的相互作用。引力场的斜率对每个粒子都施以相同的影响，电磁场的斜率作用在正电荷粒子上的方向与作用在负电荷粒子的方向相反，强相互作用的斜率只对夸克和胶子起作用，弱相互作用的斜率则对标准模型下的所有费米子包括希格斯子本身都起作用。

对于引力，引起这种力的对称性我们已经讨论过——就是具有平移（位置变化）和转动（取向变化）不变性——但这是指在四维时空中，而不只是三维空间中。对于强相互作用，对称性与夸克不同颜色（红、绿、蓝）有关。对于具体某个夸克，我们是用红色、绿色还是蓝色，或它们的任意组合来描述无关紧要，所以强相互作用对夸克的色是对称的。

你可能已经注意到，带电荷的粒子总是配对出现：一个带正电荷，另一个一定带负电荷。这是因为要得到带电粒子，需要两个场按照电磁作用的规范对称性相互转动到对方。单个场本身不可能带电，因为没有对称性可作用。

最后来看看传递弱相互作用的W玻色子和Z玻色子。它们也是连接场，诞生于自然界某种特定的基本对称性。但这种对称性被希格斯场掩盖了，因此我们需要多费点笔墨来描述。

对称性带来的问题

154

与弱相互作用相关的对称性的发现过程颇为曲折。早在20世纪50年代夸克概念提出之前，物理学家们就已经注意到质子和中子在某些方面非常相似。考虑了各种因素后，中子只是质量比质子稍重一点点。当然，质子带电荷，中子不带，但电磁相互作用没有核力那么强，而就核力而言，两个粒子似乎没有什么区别。如果我们对强相互作用有兴趣，我们可以将中子和质子看成是统一的“核子”粒子的两个不同版本。这最多也只能算是一种近似对称性——电荷和质量确有不同，因此这种对称性是不完美的——但你仍然可以从中汲取很多有用的东西。

1954年，杨振宁和罗伯特·米尔斯提出这样一种概念：这种对称性应“提升”为局域对称性——即我们应允许中子和质子在空间中的每一点“转动”变为对方。他们知道这意味着什么：存在一种连接场，并存在相应的自然力。表面看来，这个想法似乎有点疯狂，你怎么才能让一种仅仅近似对称的东西变成一种局域对称性？但科学史上经常发生这样的事：疯狂的想法后来被公认为我们洞悉大自然如何工作的天才创见。

还有一个更大的问题。当时，基于局域对称性有两种成功的理论：引力理论和电磁学。你会发现引力和电磁力都是长程力，传递力的玻色子都具有零质量。这些事实可不是巧合。我们可以证明，局域对称性要求相关的玻色子是严格无质量的，当你有一种无质量的玻色子，那么它传递的力就可以延伸到很远的范围。一个大质量的玻色子

155

的力会由于产生这个有质量粒子所需的能量而很快衰减，但无质量玻色子的力则可以达到无限远。

对于无质量粒子的事情他们很容易处理。但如果我们谈论的是一个很容易与质子和中子相互作用的场，并试图了解原子核内部（这里的力显然是强相互作用力）所发生的事情时，情形就不同了。从1954年当时流行的观点来看，显而易见的似乎是还没有一种新的无质量粒子在原子核内发挥着重要的作用。但是杨振宁和米尔斯坚信他们的结果。

这很不容易。那年2月，杨振宁出席普林斯顿高等研究院就他的新的工作举行的研讨会。观众中坐着以刻薄闻名的物理学家沃尔夫冈·泡利。泡利心里非常清楚，杨–米尔斯理论意味着一种无质量玻色子，因为泡利自己就曾研究过一种非常类似的模型，但他从没有公布。其实他不是唯一的一个，其他物理学家，包括海森伯，在杨振宁和米尔斯明确提出他们的观点之前，都曾有过类似的设想。

作为科学研讨会的听众，你偶尔会不同意发言者的观点。通常的做法是问问题，也许是一段表明你的不同意见的陈述，然后发言者继续。但这不是泡利的风格。他一再打断杨的发言，要求知道“这些玻色子的质量是多大？”

杨振宁是一位1922年出生于中国，后来留学美国师从恩里科·费米的年轻人，1957年他与李政道一起因宇称（左/右对称性）破缺的工作而荣获诺贝尔物理学奖。但在几年前的这场研讨会上，他还比较年轻，尚未知名。面对泡利的诘难，杨振宁感到无所适从，最后他只好在研讨会上安静地坐下来。主持会议的罗伯特·奥本海默安慰并鼓励他继续演讲，泡利这才不作声。第二天，泡利给杨振宁留了张条子："我 [156] 很抱歉，研讨会后我几乎不可能和你交谈。祝好！真诚的，W. 泡利。"

泡利对预言存在一种看不见的无质量粒子的担心这一点并没有错，但杨振宁也没有错，尽管他的想法存在这种明显的缺陷。在他们的文章中，杨振宁和米尔斯承认存在这个问题，但他们含糊地表达了一种希望，虚粒子的量子力学效应有可能给这种玻色子带来质量。

他们基本上是正确的。今天我们知道，强作用和弱作用都是基于杨–米尔斯理论。两种力的表现非常不同，但都同样聪明地、令人称奇地隐藏了各自的无质量粒子。在强作用中，这种无质量玻色子是胶子，但它们囚禁于强子之内，所以我们根本看不到它们。在弱作用中，如果没有弥漫于空间的希格斯场的干扰，这种无质量粒子是W玻色子和Z玻色子。但希格斯子打破了它们所基于的对称性，而一旦对称性被破坏，就没有任何理由要求玻色子继续保持无质量。搞清楚这一切需要花上相当长的时间。

打破对称性

要了解对称性是如何"破缺"的，我们需要从抽象的层面回到日常生活中来。前面我们已经提到了几例我们身边的对称性的简单例子：你在哪里不重要，你指向什么方向也不重要。但物理定律还有另一些很难注意到的对称性：你以什么样的速度旅行不重要。这个概念最先是由伽利略提出的。

试想你乘坐在一列在田野上飞驰的火车上。这是一列超现代的火车，采用的是磁悬浮技术而不是老式的车轮。如果火车足够平静，没有任何颠簸之扰，那么如果你不看窗外你是没有办法判断火车现在是以什么样的速度在跑的。就我们现在的目的而言，你在火车车厢内做物理实验，那么火车运动的速度并不重要。火车是完全静止还是在以100英里（约160.9千米）的时速运动，这对实验结果（譬如你丢块薄荷糖在健怡可乐里产生的泡沫多少）都没有任何影响。

这个明显的事实之所以在我们的日常经验中不被注意到，是因为我们能够看看窗外，甚至只需将手伸出窗外感受一下风速即知现在的速度有多快，因为我们可以测量（或至少是估计）我们相对于地面或空气的速度。

这便是对称性破缺的一个例子。物理定律不关心你开得有多快，但地面和空气很在意。它们挑出一个最佳速度，即所谓"相对于地面静止的速度"作为衡量基准。这个游戏规则里有一种对称性，但我们的环境对它不是很尊重——将这种对称性破坏了。这也正是希格斯场参与弱相互作用所干的事情。基本的物理定律服从某种对称性，但希格斯场打破它。

到目前为止我们讨论的对称性破缺通常称为"自发的"对称性破缺。之所以这么说，是因为这里对称性是真实存在的，只不过隐藏在支配世界的基本方程的背后，而我们的环境的一些特征则能够挑选出最佳方向。你可以把手伸出车窗外来感知火车相对于空气的速度，但这不会改变这样一个事实：物理定律相对于不同速度是不变的。事实上，如果人们在谈到对称性时措辞准确点，就应当说对称性被“隐藏”了而不是“自发破缺”。关于自发性这个概念的更多讨论见第11章。

弱相互作用的对称性

158

事实证明，杨振宁和米尔斯关于质子和中子之间的对称性的想法基本上是正确的。当然，现在我们关于夸克的知识已经知道很多，因此可以提出关于上夸克和下夸克之间对称的类似想法（中子由两个下夸克和一个上夸克构成，而质子由两个上夸克和一个下夸克构成）。同样的问题在这里也存在：上、下夸克具有不同的质量和不同电荷。如果这些特性可以追溯到希格斯场的存在的话，那么我们就有事儿做了。事实上它们确实如此。

这里事情变得有点乱——因为有那么多的细节被放在附录1了。（事情原本就不简单，我们正在谈论的是导致荣获多个诺贝尔物理学奖的一系列发现。）显得杂乱的原因在于基本费米子有一种叫做“自旋”的属性。无质量粒子——始终以光速运动——可以按“左旋”或“右旋”两种旋转方式之一转动。你可以将它们想象成粒子按顺时针/逆时针旋转着向你飞来。弱相互作用的秘密是，存在一种与所有左旋粒子有关的对称性以及相关的力，但右旋粒子却没有与之匹配的对称性。弱相互作用“违反宇称”——它们区分左右。你可以将宇称想象成通过镜面反射来看世界的操作，在这种操作下，左右交换位置。大多数力（强力、引力和电磁力）的行为，无论你是直接观察还是通过镜子来观察，其结果都是相同的，但弱相互作用则区分左和右。

弱相互作用的对称性基本上以下述方式与左旋粒子对相联系：

上夸克↔下夸克

粲夸克↔奇异夸克

顶夸克↔底夸克

电子↔电子中微子

μ子↔μ子中微子

τ子↔τ子中微子

159

这里的粒子配对乍一看似乎与我们先前的粒子对的观念很不相同——它们有不同的质量和电荷。这是因为潜伏在后台的希格斯子打破了它们之间的对称性。如果不是希格斯子给它们带上了伪装，每对粒子之间是完全不可区分的，就像我们将红、绿、蓝3种夸克看成是同一种东西的不同版本。

希格斯子本身在弱作用的对称性下旋转，这就是为什么当它在虚空空间里得到一个非零值后它便确定了一个方向并打破了对称性，就像当我们坐火车旅行时空气选择了一个我们可以据以相对测量的速度。回到我们前面钟摆的例子，常规钟摆的最低能量状态是完全对称的，摆锤垂直向下。而倒摆，犹如希格斯场，通过倒向左或右打破了这种对称性。

如果你半夜里在森林迷了路，你看所有的方向似乎都一样。无论你转到哪个方向，情况都一样的可怕。但如果你有个指南针，你就会知道怎样是往北走。指南针的指向打破了这种方向上的对称性，现在有了一个正确的方向指引，其他方向都是错误方向。同样，如果没有希格斯场，电子和电子中微子（比方说）就将是相同的粒子。你可以让它们相互转化，但产生的组合仍然没有任何区别。希格斯子犹如能为你挑选方向的指南针，于是现在有了一种能够与希格斯子发生激烈相互作用的场的特殊组合，我们称之为“电子”，另一种不与希格斯子发生相互作用的场称为“电子中微子”。只有在充满空间的希格斯场的背景下这样的区分才有意义。

如果没有对称性破缺，那么实际存在的就将是4种希格斯玻色子而不是只有一种，两对粒子通过弱相互作用的对称性相互转化。但当希格斯场充满空间后，其中的3种粒子就被传递弱作用的3种规范玻色子“吃掉了”，通过这个过程，这3种无质量的规范玻色子便成了有质量的W玻色子和Z玻色子。是的，物理学家就是这么说的：弱作用玻色子通过吞噬额外的希格斯玻色子而获得质量。你就是被你自己吃掉的东西。 160

回到大爆炸

希格斯子与倒摆之间的类比实际上相当贴切。就像希格斯子一样，“物理基本法则”对倒摆而言是完全对称的，它们可不管倒摆是指向左还是右。但摆又只有两个稳定的配置：指向左或指向右。如果我们想让它处于平衡状态，即通过细心的调整让它直接指向正上方这样一种对称位形，那么任何细微的扰动都将使其倒向左或倒向右。

同样道理，希格斯场可以在虚空空间里被设定为零值，但这是一种不稳定的配置。对于倒摆，如果它平静地躺在左边或右边，那么要让它指向正上方，我们就必须给予一定的能量。希格斯场也是如此。要想将它从空间处处非零的状态回到零值状态，就需要给予超乎想象的能量——这个能量值大到远远超过今天观测到的宇宙总能量。

但宇宙曾经是一个非常非常致密的地方，比现在大得多的能量被包裹在一个比现今宇宙体积要小得多的体积之内。在137亿年前宇宙大爆炸的初创时期，物质和辐射被挤压在一个非常小的区域内，其温度比现在高得多。根据摆的比喻，我们设想一个放置在桌子上而不是用螺栓固定在地板上的倒摆。“高温”意味着大量粒子的随机运动。161按照比喻，这就像一个人举起桌子并开始不停地摇晃。如果这种晃动足够强烈，我们可以想象，桌上的倒摆就将像疯了似的左右振动。平均而言，它偏向左边的时间与偏向右边的时间应相同。换句话说，在高温下，倒摆变得对称。

同样的事情也会发生在希格斯场上。在宇宙极早期的情形下，温度高得令人难以置信，希格斯场被不断地推挤。其结果是，它在任何一个空间点上的值不断地在零值周围摆动，平均值为零。在早期宇宙中，*对称性得到恢复*。作为标准模型下的费米子，W玻色子和Z玻色子是无质量的。希格斯子从平均值为零到非零值的那一刻被称为“电弱相变”。这就像液态的水冻结成冰，但周围没有人注意到它发生。

我们这里谈论的是宇宙史上非常早的时期：大约是宇宙大爆炸后1万亿分之一秒的那一刻。如果你能在你的客厅里再现早期宇宙的存在条件，那么希格斯子就将瞬间从零值发展到其通常的非零值，这个过程快到你永远也不会注意到它曾为零。但是物理学家可以用方程来预言从初创的1万亿分之一秒以来所发生的一系列事情。目前我们在检验这些想法方面还没有任何直接的实验数据，但我们正在努力进行预言，总有一天我们会再观察到这些结果。

混乱但有效

这个故事听起来有点牵强，虚空空间中的非零场，大自然在左与右之间的区分，玻色子通过吞噬其他玻色子而获得质量，等等。这幅图像是在多年的研究中慢慢凑起来的，过程中怀疑的声浪不绝于耳，[162] 但是，它与实验数据符合得很好。

当这一弱相互作用理论终于在20世纪60年代后期由斯蒂芬·温伯格和阿布杜斯·萨拉姆各自独立地建立起来时，它受到相当彻底的忽略。太多的人为斧凿的痕迹，太多的场，带来太多离奇的事情。当时人们断定，为了携带弱力，必定存在类似W玻色子这样的东西。但是，温伯格和萨拉姆预言了一种新的粒子——中性的Z玻色子，而对于这种粒子当时没有任何证据。后来到了1972年，在CERN的名为加尔加梅勒（Gargamelle）装置的实验上发现了我们现在所称的Z粒子携带弱作用的证据。（Z粒子本身当时并没有被发现，它的发现要到10年后，也是在欧洲核子研究中心的装置上。）从那时起，各种实验数据纷至沓来，继续支持希格斯场打破弱相互作用对称性的基本图像。

截至2012年，我们似乎终于把注意力转到了希格斯粒子本身。但这并不是故事的结束，而仅仅是一个开始。有关希格斯子的理论毫无疑问与实验数据是符合的，但在许多方面它似乎有点做作。除了希格斯子，我们已经发现的每一种粒子不是费米子型的“物质粒子”便是由与某种对称性相联系的连接场产生的玻色子。而希格斯子似乎有点另类，是什么使得它如此特别？为什么那些对称性只能以这样的方式被打破？有没有可能存在一种更深层次的理论能够将工作做得更好？既然我们面对的是数据，而不仅仅是发明模型，因此我们有理由希望我们能得到启发，想出一种比单由苦思冥想而得到的更好的理论。

第 9 章
实验室沸腾了

本章里我们描述是如何找到希格斯玻色子的，以及我们怎么知道我们找到它了。

经过多年的等待，希格斯玻色子的发现来得要比任何人的预期快得多。

从某种意义上说，自从希格斯机制成为公认的弱相互作用模型以来，这种预期已经苦苦等待了40多年。但从2011年12月LHC运行开始，这种兴奋才真正地增强起来。

在那个月的早些时候，欧洲核子研究中心曾发布了一个不太引人注目的通告，告知将于12月13日召开题为“CERN关于ATLAS和CMS寻找希格斯玻色子实验的更新”的研讨会。更新时时都在发生，所以这个更新本身没有让人感到特别兴奋。但对于各自代表着超过3000名物理学家的两个实验组来说，这次研讨会可不同于以往，因此消息迅速扩散开来。早在12月1日，英国的《每日电讯报》的科学记者尼克·科林斯就发表了一篇特写，标题为“搜寻上帝粒子即将结束，CERN准备公布结果”。文章本身倒不像标题那样令人吃惊，但其影响是明显的。在物理学博客viXra的日志上，署名“亚历克斯”的评论者简洁地指出：“今天的传闻是：希格斯子能量在125 GeV为2~3σ”，导致其他评论者兴高采烈地开始猜测这一结果的理论意义。

164 当然，“亚历克斯”可以是任何人——从孟买街头喜欢作弄粒子物理学家的顽皮少年到彼得·希格斯本人。但多个博客和网上的文章似乎都指向同一方向：这不是过去意义上的更新，而是有关希格斯子的重要新闻……甚至可能是公布人们期待已久的发现。

CMS和ATLAS这两大LHC实验的合作团队，每一个都像一个由公民选举出代表他们的领袖的微型共和国。最顶层的办公室被简称为“发言人”。为了确保合作团队用一个统一的声音说话，新成果的准备和交流受到严格控制——不仅官方的出版物，甚至合作成员个人的谈话都必须经过仔细审核。像发布这么重要的消息通常由他们自己的代言人发布。在2011年12月，两位代言人均来自意大利：法比奥拉·詹诺蒂，欧洲核子研究中心的工作人员，ATLAS的领导者；而来自比萨大学的圭多·托内利则领导着CMS。

詹诺蒂是一位实验粒子物理学家，曾被《卫报》选为世界排名前100位女科学家之一。她进入这个领域相对较晚，上高中时整天埋头于拉丁文、希腊文、历史和哲学，在大学期间，又迷上了钢琴。使她燃起对物理学兴趣的是一位教授对光电效应的解释——爱因斯坦认为，光总是以离散的能量波包形式传播的。现在，她是史上最大的科学团队的领导，正面临着揭开自然之谜的重大发现。当被要求解释这项任务的重要性时，詹诺蒂毫不犹豫地用诗一般的语言说道：“基础知识是有点像艺术品，这件事情与我们的精神、灵魂、男性和女性的大脑有很大关系。”

两位发言人都有令人振奋的消息要报告，但都采用了尽可能的谨慎方式，给出的都是暗示。例如ATLAS的发言人说的是：在125 GeV能量附近看到了一些与存在希格斯子相容的证据。在粒子物理学里，经常喜欢用“证据”来表明不寻常事情的出现，但眼下这件事情不是任何旧有意义上的不寻常事情，而是由预期的希格斯玻色子衰变所发出的信号，对此我们已排除了几乎所有其他的可能性。当你丢了钥匙并搜寻了几乎所有可能的地方后，最后在某个角落里找到了它，你不会对它怎么会落在这儿感到惊讶。为了使证据变得更可靠，CMS宣布也在几乎相同的质量附近看到了一缕信号。同样，两个实验组都没有把话讲实，但即使是ATLAS所宣布的结果也足以使房间里出现骚动。 165

詹诺蒂尽力控制着自己的激动：“要判别这种出超是否是由于本底的涨落，或是由于某些更有趣的东西还为时过早。”后来，她引述了一句意大利成语“在抓到熊之前不卖皮子”，以更加口语化的方式表达了同样的情绪。

实际上，在这头熊被抓到之前很早，这张特殊的熊皮已经被售出，客厅为这张漂亮的新地毯预留了空间。据统计，12月的结果可能没什么值得大书特书的地方，但它们与物理学家希望看到的在125 GeV附近是否存在希格斯子的期盼吻合得实在是非常完美。用更多的LHC数据来确认这一结果似乎只是个时间问题。结束存疑所花费的时间要比我们预想的短得多。

如何理解

让我们退后一步，考虑如何才能发现希格斯玻色子，或者说如何获取其存在的诱人证据。为了使事情进一步简化，我们将这一过程分为3步：

1.制造希格斯玻色子；

2.检测它们衰变所生成的粒子；

3.确认这些粒子确实来自希格斯子而不是别的什么。

166

我们可以反复检查每个步骤。

我们知道，制造希格斯玻色子的基本思路是：在LHC上将质子加速到高能量，然后让它们在一个探测器里碰撞到一起，就有希望产生希格斯子。当然这其中还有更多的细节。当我们实现了非常高的能量后我们便希望产生希格斯子，因为$E = mc^2$告诉我们，我们有机会制造大质量粒子。但是，想到有机会与认识到如何把握机会是不同的事情。我们可以预期的产生希格斯子的精确过程是怎样的呢？

你首先想到的是，“嗯，质子撞碎在一起，希格斯子诞生。”但需要提醒你的是，质子是由夸克和胶子组成的，何况还有虚的反夸克，因此，这些粉碎所生成的夸克和胶子必须以某种组合才能形成希格斯子。你还记得我们在第 7 章中谈到的守恒定律吧——像电荷数、夸克数、轻子数这些量在已知的粒子相互作用过程前后保持不变。因此根本不会有（例如）两个上夸克一起形成希格斯子这样的事情出现。希格斯子的电荷为零，而每个上夸克的电荷为+2/3，因此不可能是两个上夸克相加，而且两个上夸克的总夸克数为2，而希格斯子的夸克数为零，所以两者也不会是相加的关系。如果是一个夸克和一个反夸克走到了一起，你这才会有机会。

胶子的情形又如何呢？简短的回答："是的，两个胶子结合可以产生希格斯子。"但还有更复杂的答案。请记住，希格斯场的全部要点（或者要点之一）是给其他粒子以质量。希格斯子与其他粒子相互作用越充分，产生的质量就越多。反过来也是对的：希格斯子与重粒子的相互作用非常容易，而与轻粒子的作用较勉强。它与无质量粒子，如光子和胶子，则无直接相互作用，但通过量子场论的神奇机制，它们之间可以间接互动。胶子不与希格斯子直接相互作用，但它们可以与夸克相互作用，而夸克与希格斯子有相互作用。因此，两个胶子之间碰撞可以通过夸克作为中间步骤来产生希格斯子。

167

粒子物理学家们对理解粒子之间如何相互作用已经发展出非常详细和严格的检验公式。诺贝尔物理学奖获得者、物理学家理查德·费曼发明了一种非常有用的方法来跟踪这些过程——费曼图。这些图就像是画着粒子相互作用以及随时间演化变成其他粒子的卡通画。在一张典型的费曼图上，传递力的玻色子画作波浪线，费米子以实线表示，希格斯子则用虚线表示。借助于一套固定的基本相互作用，并配以相应的费曼图，我们就可以计算出粒子能够生成或转换成其他粒子的各种不同途径。

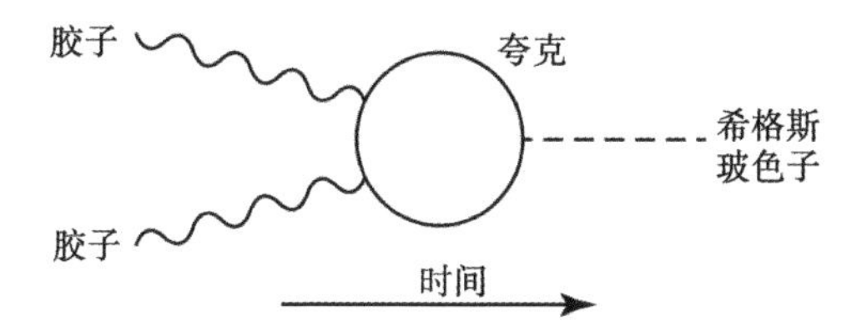

表示两个胶子融合通过虚夸克的中间步骤产生一个希格斯子的费曼图

例如，两个胶子可以并行，这由两条波浪线表示。胶子场的这些振荡在夸克场引起振荡，而后者可以看成是一个夸克/反夸克对。因为任何情形都可以看成是一个夸克和一个反夸克的组合，其总电荷数和总夸克数均为零，故适于描述初始胶子的情形。这些夸克是虚粒子，起着重要的媒介作用，但它们即使出现在粒子探测器里也是看不见的。一对匹配的夸克与反夸克相遇将相互湮灭，而其他夸克与反夸克相遇则产生希格斯玻色子。每一种夸克都对这一过程有贡献，而顶夸克的贡献最大，因为它们（作为最重的夸克味）与希格斯子的作用最强烈。所有这一切都可以用两条数学曲线来精确地描述。或者说，它可以用一张费曼图来表示。

费曼图提供了一种跟踪粒子相遇并发生相互作用后可能产生的结果的有趣的、令人回味的方法。物理学家则用它来对描述发生相互作用的量子概率进行计算。每个图对应一个数，这个数可按照一系列简单的规则计算出。这些规则乍一看可能会觉得很乱。例如，时间上倒退的粒子计作反粒子，反之亦然。当两个粒子相加产生第3个粒子（或一个粒子衰变成两个粒子）时，总能量和所有其他守恒量必须守恒。但虚粒子——那些只出现在图的中间步骤，在初始体系或最终产物中皆不存在的粒子——则不必具有真实粒子那样的相同质量。

168

正确理解上面的图的方法是：胶子场的两个振荡走到了一起，建立起一个夸克场的振荡，后者最终产生希格斯场的振荡。而我们所看到的是两个胶子结合产生出一个希格斯玻色子。

第一个认识到“胶子聚变”产生希格斯玻色子是一种很有前途的方法的人是弗兰克·维尔切克，一位最先帮助我们理解强相互作用的美国理论物理学家。1973年他还是研究生时提出了一种强相互作用机制[1]，最终他凭借这一工作与他人共同荣获2004年度诺贝尔物理学奖。1977年，他执教于普林斯顿大学，但抽时间在暑期访问了费米实验室。即使是世界上伟大的思想家也不得不面对日常生活的世俗挑战——在此期间，维尔切克必须花上很多时间来照顾妻子贝齐·迪瓦恩和他们刚出生的女儿艾米蒂，两人正与疾病作斗争。在她们睡下后，维尔切克围着费米实验室的场院散步，一边思考着物理问题。也就是在这个时候，他渐渐清晰地认识到，尽管标准模型的基本轮廓“几乎已成定局”，但希格斯玻色子的特性相对来说仍是一个未知数。他的博士论文工作使他对胶子及其相互作用情有独钟，因此他一边散步一边想着，胶子产生希格斯玻色子（以及希格斯子反过来衰变成胶子）很可能是一种重要方式。35年后的今天，我们知道这个过程是LHC产生希格斯子的最重要的一种方式。在散步中维尔切克还想到了“轴子”，一种假想的低质量的希格斯子的表亲，现在这种粒子已成为宇宙暗物质的一种有前途的候选设想。它印证了长时间平静地散步对于物理学的进展是多么重要。

---

1. 即强作用的渐近自由概念。支配强相互作用的色荷在距离越来越短时会变得越来越小，强作用力越来越弱，反之则越来越强。对于强作用的这一特性，维尔切克写过一本引人入胜的科普读物《存在之轻》（王文浩译，湖南科学技术出版社，2010年第一版），其中对物质起源、引力特性等均有非常贴切的论述。——译注

在附录3中，我们讨论了标准模型下粒子各种相互作用的方法以及对应于每种可能的费曼图。这些内容不仅足以使人获得物理学博士学位，而且我希望它足以给你一个总体思路。有一件事必须澄清：它显得有点乱。说“我们粉碎质子并等待希格斯子出现”很容易，但真正要做到这一点则是一项很繁重的工作，需要你坐下来仔细地计算。简短截说，在LHC上产生希格斯玻色子涉及很多不同的过程：有我们刚刚讨论的两个胶子的聚变，还有W^+与W^-之间，或两个Z玻色子之间，以及一个夸克和一个反夸克之间的类似聚变，还涉及W玻色子或Z玻色子在生成希格斯子之前的其他产物。具体细节取决于希格斯子的质量以及原初碰撞的能量。对相关过程的计算为理论物理学家提供了充分的就业机会。

170

产生出什么

你已经得到了希格斯玻色子？恭喜你！现在棘手的问题来了：你是怎么知道的呢？

重粒子通常会衰变，而希格斯子又确实非常重。希格斯子的寿命估计不到10^{-21}秒，这意味着它从产生后到衰变前能走过的距离不到10亿分之一英寸（1英寸 = 2.54厘米）。即使是采用了非常先进的探测器的ATLAS和CMS也没有办法看到这个过程。相反，我们看到的是希格斯子衰变的产物，我们看到的也可能是其他非希格斯子的粒子衰变后的产物，其中很多看起来就像希格斯子的衰变产物。这里的关键是要从大量的本底噪声中挑选出微弱的信号。

第一步是要精确计算出希格斯子会衰变成什么以及这种衰变的频繁程度。在一般情况下，希格斯子喜欢耦合到重粒子，因此我们预期它可能会经常衰变到顶夸克和底夸克、W玻色子和Z玻色子以及轻子，而不会衰变到较轻的譬如上夸克或下夸克或电子这样的粒子。这基本上是正确的，虽然也存在一些细微差别（如你知道的那样）。

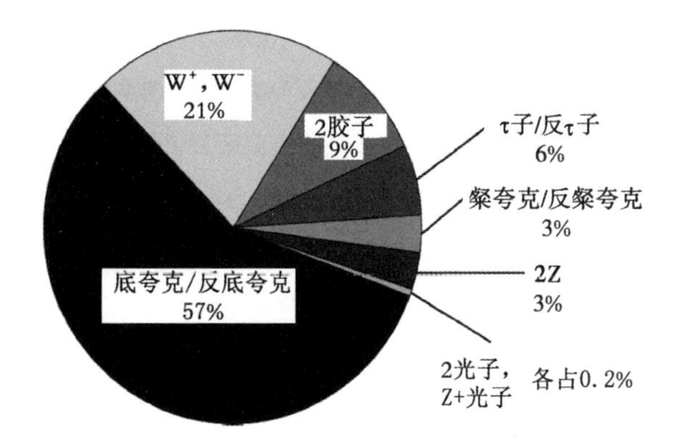

质量125 GeV的希格斯玻色子衰变到不同粒子的概率。由于四舍五入的原因，各项比例值相加不严格等于100%

有一点是显然的：希格斯子不可能衰变成比它更重的粒子。它可以暂时转换成较重的虚粒子，后者再迅速衰减掉。但如果虚粒子比原来的希格斯子要重的话，那么这样的过程是非常罕见的。如果希格斯子的质量是400 GeV，那么它可以容易地衰减为一个顶夸克和一个反顶夸克，后者的质量均为172 GeV。但对于像质量125 GeV这样更为实际的希格斯粒子，衰变到顶夸克是不可能的，而更可能衰变到底夸克。这便是为什么较重的希格斯子（高达600 GeV）其实更容易被发现的一个原因，尽管产生它需要更多的能量——因为重的粒子的衰减率要高得多。

上页图显示了质量为125 GeV的希格斯玻色子根据标准模型衰变到不同产物的比例。很大的可能是希格斯子衰减到一个底夸克和一个[171]反底夸克，但也存在其他一些重要的可能性。虽然由于希格斯子质量的原因使得它很难检测，但一旦我们做到了，就会带来大量有趣的有待研究的物理问题——我们可以分别测量每一种衰减模式，并将其结果与理论预言进行比较。任何偏差都将意味着一个超越标准模型的物理迹象，譬如存在额外的粒子或不寻常的相互作用。我们甚至已经看到这样的暗示：这种偏差可能是实际存在的。

但是我们还远没有做到这一点。回顾我们在第6章中关于粒子探测器的讨论。我们看到，不同层次的实验探测器阵列有助于我们确定不同的出射粒子：电子、光子、μ子和强子。我们再来看看这张饼图。在超过99%的时间里，希格斯子都是衰变到那些我们的探测器不能直接观察到的东西。不仅如此，由希格斯子衰变而来的这些东西再次衰变所产生的别的东西才是我们最终检测到的东西。这使得对希格斯[172]子的检测更加困难，也许更加有趣，到底是哪一种要取决于你的态度。

在大约70%的时间里，希格斯子衰变为夸克（底夸克/反底夸克或粲夸克/反粲夸克）或胶子。这些都是带色荷的粒子，它们本身都是不可见的粒子。当它们生成之后，强相互作用便结束了，产生的是夸克/反夸克/胶子云，这种云凝结成强子喷注。我们在量热计里检测到的只能是这些喷注。问题是——这是个非常大的问题——这些喷注是由各种过程产生的。在高能量下粉碎质子，你造成的就是一丛丛的喷注，而这些只是希格斯玻色子衰变结果的非常小的一部分。实验者必须尽最大努力将这种信号拟合成数据，但这不是探测希格斯子的最简单的方法。在LHC运行的第一个完整年度里，估计产生了超过10万个希格斯玻色子，但它们大多衰变成那种在强相互作用本底噪声下不知所踪的喷注。

如果希格斯子不是直接衰变成夸克和胶子，那么它通常会衰变为W玻色子、Z玻色子或τ子/反τ子对。所有这些成分都是有用的观察渠道，但具体产物则取决于衰变成这些粒子的母粒子的质量。如果产生的是τ子/反τ子对，它们一般还会继续衰变为一个带适当电荷的W玻色子和一个τ中微子，因此对它们的分析与对希格斯子直接衰变为W子的分析有几分相似。通常情况下，衰变的W子或Z子都会产生夸克，从而导致喷注，但这些喷注很难从上述本底中挑选出来。实验者不是不能够观察到强子的衰变，而是观察不到一个清爽干净的结果。

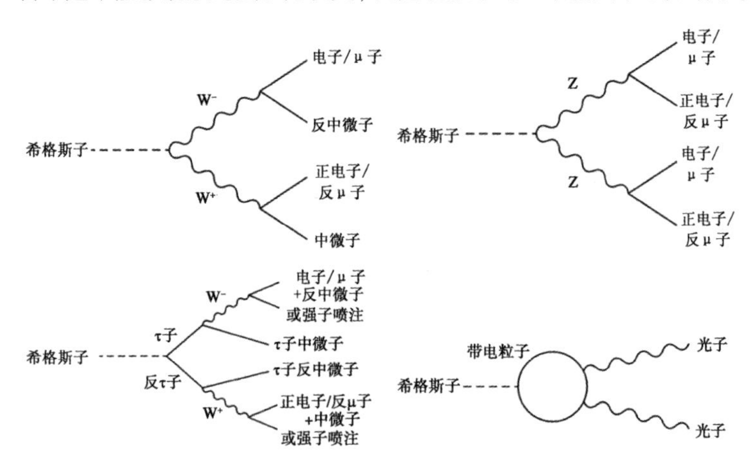

发现125 GeV希格斯玻色子的4种有前途的衰变模式。希格斯子可以衰变成（1）两个W玻色子，后者（时常）衰变为电子或μ子及其中微子；或者衰变成（2）两个Z玻色子，后者（时常）再衰变成电子或μ子及其反粒子；或者衰变成（3）一对τ子/反τ子，后者再衰变为中微子和其他费米子；或者衰变为（4）一些带电粒子，后者再衰变成两个光子。这些都是稀有过程，但在LHC实验中相对来说比较容易挑选出来。

然而，在某些时候，W玻色子和Z玻色子可以纯粹衰变为轻子。W子可以衰变成带电轻子（电子或μ子）及其相关的中微子，而Z子可以直接衰变成带电轻子及其反粒子。在没有强子喷注时，这些信号都比较干净，虽然很罕见。希格斯子衰变到两个带电轻子加两个中微子的概率约占1%，衰变到4个带电轻子的概率约占0.01%。当W子衰173变产生中微子时，丢失的能量使这些事件很难被捕捉到，但它们仍然是有用的。由Z子衰变到4个带电轻子的事件没有丢失能量扰乱之虞，所以它们绝对是金贵的机会，虽然这种事件非常罕见以至于难以检测到。

有时，借助于虚带电粒子的些许帮助，希格斯子可以衰变成两个光子。因为光子是无质量的，它们不直接与希格斯子耦合，但希格斯子可以先产生一个带电的有质量粒子，然后这个粒子可以衰变为一对光子。这种事件发生的概率只有约0.2%，但它却是我们能在125 GeV能量附近找到希格斯子的最清晰的信号。这个发生率恰好大到足以使174我们可以得到足够数量的事件，同时本底噪声足够小，使得我们可以看到高于本底噪声的希格斯子信号。我们目前收集到的希格斯子的证据主要就来自双光子事件。

对希格斯子衰变到不同分支道的这种旋风式访问只是对理论上经过艰苦努力所形成的我们目前对希格斯玻色子的特性的理解作一个浅显的概述。这方面的研究肇始约翰·埃利斯、玛丽·盖拉德和迪米特里·纳诺珀洛斯于1975年发表的经典论文，当时他们都在CERN工作。他们研究如何能产生希格斯玻色子，以及如何检测到它们。自那时以来，有大量的文章对这个问题进行了重新考虑，其中包括一本名叫《希格斯子搜寻指南》的书。这本书由约翰·古宁、霍华德·哈伯、戈登·凯恩和莎莉·道森合作编写，已成为一代粒子物理学家的必读书。

在早期，关于希格斯子我们有很多问题没搞清楚。它的质量始终是个完全随意的数，使得我们都窝在实验室里拼命想找到它。在埃利斯、盖拉德和纳诺珀洛斯的文章里，他们对10 GeV左右的质量给予了极大的关注，如果这是正确的，那么我们本该早就发现了希格斯子，但大自然非常不友好。他们只好在论文的结尾表示“道歉和提醒”：

> 我们对实验者因不知道希格斯玻色子的质量是多少……不能确定它会耦合到哪些其他粒子（除非它们可能都非常小）而深表歉意。由于这些原因，我们不希望鼓励对希格斯玻色子进行大规模的实验搜索，但我们确实觉得从事实验探索希格斯玻色子的人应该知道它可能会怎么出现。

幸运的是，大规模的实验搜索最终得到支持，虽然花了一些时间。而现在，他们得到了回报。

取得显著性

175

寻找希格斯玻色子经常被比作在干草堆里寻找一根针，或是在许多干草堆里寻找一根针。戴维·布里顿，一位曾帮助在英国推行实施LHC计算网格联网的格拉斯哥物理学家，有个更好的比喻：“这就像在干草堆里寻找一根干草。所不同的是，如果你在干草堆里找的是一根针，那么当找到它时你知道它是针，因为它和所有的干草都不同……而要在干草堆里寻找某一根干草，唯一的方法是将所有干草都过一遍眼，突然间，你会发现有一大堆干草具有特定的长度，而这正是我们要找的。”

这就是挑战：希格斯玻色子的任何衰变，甚至衰变产生的像双光子或4轻子这样的“好”粒子，也可能是（实际上，更多的就是）由其他与希格斯子毫无关系的过程产生的。你不只是在寻找一个特殊事件，你是在寻找一大群某种类型的事件。这就像你有一个干草堆，其中的干草尺寸长短皆不同，而你要找的是略有过剩的具有特定长短的干草。这不是近前逐一检查一根根干草的问题，你得采用统计方法。

为了搞清楚统计学是如何帮助我们解决问题的，让我们从一个简单的任务开始。你有一枚硬币，你可以翻转到它的正面或反面，你要弄清楚的是这枚硬币是否“均匀”——也就是说，它出现正面或反面的概率是否是50/50。这不是一个你掷两三次硬币就可以得出结论的判断——试验的次数过少，我们就得不到真正令人吃惊的结果。你抛掷硬币的次数越多，你对这枚硬币的均匀性的了解就越准确。

所以，你是从“零假设”开始。所谓“零假设”是这样一种奇特的假定：“你所期望的是不会有什么有趣的事情发生”。对于硬币，零假设是指每次抛掷出现正面/反面的概率是50/50。对于希格斯玻色子，零假设是指你的所有数据都是在不预设存在希格斯子的假设下产生的。然后我们问：实际数据是否与零假设的要求相一致——我们是否有一个合理的机会能得到硬币的均匀性结果，或得到没有希格斯子

176

潜伏在那里的结果。

试想一下，我们抛掷了100次硬币。（其实要得出精确结果，我们该抛掷的次数远远不止这些，但我们懒得这么做。）如果硬币是完全均匀的，我们希望获得的结果是50次正面50次背面，或接近这个比值的数据，例如我们得到的是52次正面和48次背面，这个结果不会令人感到惊讶。但如果我们得到的是93次正面，只有7次背面，那么这枚硬币的均匀性就非常可疑了。我们想要知道的是，我们该怎么做才能从定量上确知这个结果到底有多可疑。换句话说，我们需要知道，这个结果偏离我们预期的50/50有多远？

这个问题没有一成不变的答案。我们可以抛掷硬币上10亿次，每次都出现正面，原则上这种情形不是不可能的，只要我们真的足够幸运。从事科学就得这么看问题。我们并没有像在数学或逻辑学上那样“证明”这个结果，我们只是通过积累越来越多的证据来增添实验结果的可信度。一旦数据完全不同于我们在零假设下所期望的结果，我们便拒绝它，然后继续我们的生活，即使我们没有达到形而上的确定性。

因为我们所考虑的过程本质上是概率性的，而我们又只能观察到有限数量的事件，因此所得到的结果与理想状况有偏离就一点也不奇怪了。事实上，我们可以计算出这个偏差有多大，通常我们用希腊字母“西格玛（σ）”来表示这个偏差。这让我们可以方便地知道观察结果的偏差实际有多大——它要比σ大多少？如果所观察到的测量结果与理想的预言值之间的偏差是这种典型期望值的不确定性的2倍，那么我们就说我们得到的是“2个σ的结果”。

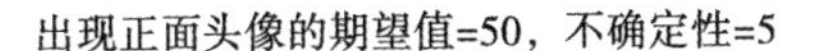

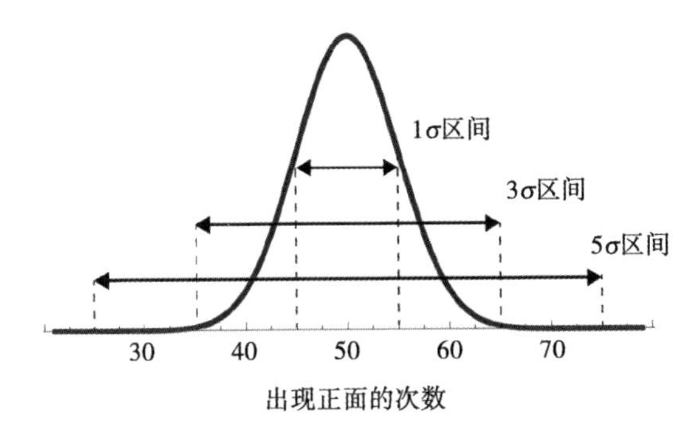

抛掷100次硬币的置信区间，它的期望值为50，西格玛（σ）的不确定性 = 5。
1个σ的区间为45到55，3个σ的区间为35到65，5个σ的区间为25到75

177

当我们进行测量时，结果的可变性通常取钟形曲线的形式，如上图所示。这里我们画出了得到不同结果（在这个例子中，就是我们抛100次硬币会出现正面头像的次数）的可能性曲线。曲线峰值对应于最可能的取值，在本例中是50，但围绕该值有一个自然展宽。这个展宽，即钟形曲线的宽度，就是期望值的不确定性，或等价地称为标准差σ的取值[1]。对于抛掷100次硬币，σ = 5，因此我们说：“我们期望得到正面的机会有50次，不确定性为正负5次。”

引用西格玛（σ）来表示不确定性之所以方便，是因为它将有

1. 这句话不够严谨，钟形曲线的宽度一般取标准差σ的倍数（实际上下文中作者也正是这么用的）而不是σ本身的大小。对于掷硬币的例子和粒子物理学里的粒子衰变测量，σ的值是由统计均值（即钟形曲线的峰值）确定的一个定数（$\sigma = \sqrt{\bar{N}(1-p)}$，这里 $\bar{N}$ 是均值，p 是事件发生一次的等可能性。对于掷硬币，$p = 1/2$；对于掷骰子，$p = 1/6$。掷100次硬币，$\bar{N} = 50$，所以下文有σ=5）。顺便指出，钟形曲线在各点的高度即测量取该点值的可能性（概率）。由图可见，事件发生在3σ位置上的概率非常低，计算表明约为0.27%；而发生在5σ位置上的事件的概率就更低了，不到10^{-7}，即最多1000万次里有1次。—— 译注

待取得的实际结果转化为概率（尽管这个概率公式显得很繁琐，但通常你只需看一眼即可）。如果抛硬币的次数是100次，得到正面的次数为45至55次，我们说你的这个结果在“一个σ范围内”。这178恰好是68%的概率。换句话说，发生超过一个σ的偏差的概率约为32%——这个机会并不小，所以说一个σ的偏差不值得大惊小怪。你不会因为抛掷100次硬币，有55次正面朝上、45次反面朝上就判断这枚硬币不均匀。

σ越大，相当于结果的不确定性越大（在零假设下）。如果抛100次硬币你有60次正面朝上，这相当于有2个σ的偏差，这种事发生的可能性约为5%。这个可能性看似不大，但并非完全不可能。这时虽然还不足以拒绝零假设，但已足以提出某种质疑。如果正面朝上的次数达到65次，即偏差达到3个σ，这种情形发生的概率在0.3%左右。这是非常罕见的，现在我们就有正当理由认为这枚硬币有问题。如果我们抛掷100次有75次正面朝上，这是一个5σ的结果，发生的概率不到百万分之一。对此我们有确切的把握得出结论认为，这不是统计误差所致，原假设不成立，这枚硬币肯定是不均匀的。

信号与本底

粒子物理学，由于建立在量子力学的基础上，因此其结果很像抛硬币：我们能做到的就是预言其发生的概率。在LHC上，我们将质子粉碎成一团并预言各种不同的相互作用所发生的概率。具体到搜寻希格斯子这一特定情形，我们考虑的是不同的“反应道”，其中每道的具体情形由探测器捕获的粒子确定：有双光子道、2轻子道、4轻子道、

1喷注加2轻子道，等等。在每一种情形下，我们将出射粒子的总能量加起来，量子场论（加上实际测量的帮助）使我们能够预言在每一种能量下我们期望看到的有多少个事件，通常这些事件构成一条平滑的曲线。

这便是零假设——在没有任何希格斯玻色子的情形下我们期望得到什么。如果存在某个特定质量的希格斯子，那么其主要作用便是给出在相应的能量下我们期望的事件数：质量125 GeV的希格斯子产生总能量为125 GeV的一些额外粒子，等等。产生一个希格斯子并让它衰变，这种做法提供了一种（在所有非希格斯子过程之外）产出粒子的机制。这种机制通常具有产出粒子总能量等于希格斯子的质量的特点，由此导致在本底上出现一些额外事件。我们要做的就是"守株待兔"——如果希格斯子不存在，我们能否看到明显偏离光滑曲线的偏差？

在这种本底条件下来预测结果绝不是一件容易的事。当然，我们有标准模型指导，但有理论指导并不意味着可以很容易地进行预测。（标准模型也描述地球的大气，但预测天气依然不容易。）强大的计算机程序被尽量用来模拟质子碰撞的最有可能的结果，这些结果贯穿于探测器本身的模拟。即便如此，我们还是认为测量要比预言更容易些。因此，通常都会选择做"盲"分析——用某些方法掩盖真实数据，譬如向其中添加虚假数据或根本不观察某些事件，然后尽力去理解其他区段[1] 的

1. 这里的"其他区段"是指不包含信号所在的能量范围的能量区段。我们大致可以这样来想象：对于以信号为中值的很宽的能量区间，将其分为3段，去掉包含信号的中间区段，剩下的两头即所指的"其他区段"。——译注

枯燥数据，如果一旦取得最好的理解，我们便“开箱检验”，看看实际信号数据里是否潜伏着我们所预期的粒子。这样的信号处理程序有助于确保我们观察数据时不会掺入“我们希望看到它们”这样一种先入为主的偏见，只有当它们真的存在时，我们才能观察到它们。

当然事情并不总是如此。记者嘉里·陶布斯在他的《诺贝尔之梦》一书中讲述了这样一个故事：在20世纪80年代初期，卡罗·鲁比亚因发现W玻色子和Z玻色子而荣获诺贝尔物理学奖，但他试图在标准模型之外发现物理以便再次赢得诺贝尔奖的努力则不太成功。鲁比亚团队在分析中使用的工具之一是Megatek计算机系统，这种系统可以图像形式来显示粒子碰撞的数据，并能让用户通过操纵杆来旋转这个三维图像。鲁比亚的助手——美国人詹姆斯·罗尔夫和英国人史蒂夫·格尔——成为Megatek系统的主人。他们能够一眼就发现事件，然后将其转个角度观察，挑选出重要的粒子轨迹，并信心满满地宣布他们看到了W子或Z子或τ子。“一切你都能用计算搞定，”用鲁比亚的话说，“但所有这些海量数据分析的目的，一条基本底线，是能够让人类给出最终答案。观察事件的詹姆斯·罗尔夫将决定这个事件是否是Z子。”现在这一切不再——我们有了更多的数据，但真正要了解你所看到的东西的唯一途径是把它交给计算机去处理。

180

每当传来某个宣称的令人兴奋的实验结果时，你的第一反应就是问“σ是多少？”多年来，粒子物理学里出现了一种非正式的判别标准：3σ的偏差被认为是存在某种东西的“证据”，而要声称“发现”了某种东西，则需5σ的偏差。这似乎过于苛刻，因为一个3σ的事件发生的概率只有0.3%。但考虑这个问题的正确思路是，如果你观察了

300个不同的测量结果，其中碰巧就可能有一个3σ的反常事件，所以坚持要求5σ是个好主意。[1]

在2011年12月的研讨会上，ATLAS数据和CMS数据（两者完全独立）分别在125 GeV附近记录到显著性为3.6σ和2.6σ的峰。尽管很令人鼓舞，但肯定还不足以称为发现。针对这一显著性的结果大家谈的是“到别处看看”。正如我们前面提到的，如果在这两个LHC实验中你观察到的是许多不同可能的测量结果，那么发生大的偏差是有可能的。但同时，这两个实验组在同一个能量位置处看到了峰值分布这一事实确实具有强烈的暗示性。将这些结果综合起来形成的集体共识是：实验基本上行进在正确的轨道上，我们看到的很可能是希格斯子投来的第一缕光亮——现在唯一需要做的就是积累更多的数据，坐实这个结果。

当你检验的预期结果涉及概率时，收集更多的数据的重要性怎么强调也不为过。回想一下我们抛掷硬币的例子。如果我们只掷硬币5181次而不是100次，那么偏离预期值的最大可能是5次都是正面（或都是背面），而且发生这种情况的概率超过6%。因此，即使是对完全不均匀的硬币，我们也不能够要求2σ的偏差。我曾于上述CERN研讨会举办的前一天，在《发现》杂志主办的“宇宙方差”博客群上贴了一篇题为“明天不宣布：发现希格斯玻色子”的博文。这并不是说我

1. 这段话可能会使没学过统计分析的中学生如堕云里雾里，有必要在此说明一下。简单来讲，一个3δ事件表示这个事件是因测量误差造成的可能性是0.3%，因此文中的话应理解为，如果记录300个数据，那么碰到的一个反常数据就有可能被解释成是因误差造成的结果而非真实事件。但一个5δ事件就不同了，它表示该事件是因测量误差造成的可能性仅为10^{-7}，也就是说，出错的可能性小于千万分之一，因此可视为确定性事件，故可称为“发现”。——译注

有任何内部信息，而只是我们都知道当时LHC取得了多少数据，它根本没有积累起达到可声称发现希格斯子所需的5σ显著性的足够数据。我们将不得不等待更多的数据。

熊被捕捉

物理学家之间的总体感觉是，如果2011年实验的这种提示性结果是存在真实粒子的迹象的话，那么2012年收集的数据就将足以达到宣布发现所需的神奇的5σ的阈值。我们知道LHC上发生了多少次对撞，全世界都感觉到，我们将能在2012年12月宣布发现（或令人崩溃的失望）。

LHC在每年的冬季停机休息，次年2月恢复收集数据，计划于7月初在墨尔本召开高能物理国际会议，两个实验组在会议上宣布各自所取得的最新结果。2012年的情况较之2011年有所不同，所以不会立即明了取得进展的速度能够有多快。机器运行在更高的能量——8 TeV而不是7 TeV——和更高的亮度下，这使他们每秒钟能够收集到更多的事件。这两点听起来像改进，但也带来了挑战。更高的能量意味着不同的相互作用发生的比例有所不同，而这又意味着本底事件的数量会略有不同，从而你必须单独校准新数据。更高的亮度意味着更多的对撞，但这些对撞有很多是在探测器里同时发生的。这将导致“堆积”——你看到的是一堆粒子径迹，而且不得不费力将它们区分开，搞清楚每个粒子来自哪个碰撞。这是个很好的问题，而且仍是你要解决的问题，而这需要时间。

182

高能物理国际会议是一项重大的国际活动，它为在更高能量下开始的希格斯子搜索的进展提供了一个数据更新的平台。大家希望听到的是机器运行良好，12月份得到的初现端倪的结果的统计学意义又有增强而不是萎缩。LHC计划在6月初暂停数据收集的目的是要进行日常维护，同时这也为仔细分析数据看看都有什么提供了一个自然时间节点。

两个实验组都对各自的数据进行盲分析。包含有趣区段真实数据的"箱子"将在6月15日被打开，实验者在剩下的3周里要弄清他们到底看到了什么，以及如何在墨尔本报告这一结果。

几乎是顷刻之间，有关这一结果的传闻开始流传。这些传言比12月结果出来后的传闻显得含糊，这是可以理解的，实验者本身还正在努力弄清楚他们得到的是什么。临了，我不知道关于最终结果的传闻是否准确，但有一点是明白无误的：他们看到的是一种非同寻常的东西。

当然，他们看到的是一种新粒子——希格斯子，或是非常接近希格斯子的东西。这一点即使看一眼数据也足以看出端倪。但风险也随即产生。当要将结果呈现给公众时，采取简单的数据更新未必是适当的方式。你要么是有一个发现，要么没有；如果你公布的是一个发现，你就不能支支吾吾，你得向全世界大声宣告。

183

随着物理学家群体对各种不同反应道的数据进行细致到近乎疯狂的分析，高层间争论的内容变成如何以最恰当的方式公布结果。一方面，两个实验组按计划都被安排在墨尔本发布数据更新，这么重要的信息发布拉到外面来进行似乎小有不妥；另一方面，欧洲核子研究中心的数以百计的物理学家不可能满世界地飞来飞去，而属于任何人的这一天更是属于他们的。于是最终达成这样一个妥协：每个实验组在会议开幕的当天作报告，但报告地点将设在日内瓦，同时向在澳大利亚的大会现场进行实时联网发布。

虽说下面这条消息未必足以让局外人确信有重要新闻要发布，但在局内则迅速传开了：欧洲核子研究中心将邀请学界大腕儿出席研讨会。83岁的彼得·希格斯当时正在西西里岛的暑期学校讲学，原本他要飞回爱丁堡，他的旅行保险已经用完，而且兜里的瑞士法郎也已告罄。但约翰·埃利斯的一条手机短信让他改变了他的行程。埃利斯是CERN的著名理论物理学家，长期从事希格斯玻色子的研究，他给希格斯留言是："告诉彼得，如果本周三他不来欧洲核子研究中心，他很可能会后悔。"于是希格斯来了。同样，另一些研究希格斯机制的前辈——弗朗索瓦·恩格勒特、杰拉德·古拉尔尼克和卡尔·哈根——也来了。

2011年12月，我回到加州参加研讨会。会议在美国西部时间早上5点开始，我差不多是迷迷糊糊睡过来的。但在2012年7月，我设法预订了飞往日内瓦的机票，在欧洲核子研究中心度过这喜庆的日子。我和许多人穿过实验室的一座座大楼，争先恐后地领取入门证。有一次，我要回到刚刚出来的大厅，与保安解释说我刚出去一小会儿，"为什么今天每个人都这么着急呢？"保安问道。

就像在12月时那样，数百人（主要是年轻人）露营了一夜，就为184能在会议大厅占个好座位。ATLAS结果的报告仍由詹诺蒂来作，而CMS的发言人托内利已离任，由继任者，来自美国加州大学圣巴巴拉分校的乔·印坎德拉接替。印坎德拉和詹诺蒂以前在UA2实验（CERN以前的强子对撞机上的一种探测器）上就曾一起工作，一起处理寻找希格斯玻色子的数据。现在，他们就要看到他们长期耕耘的土地结出硕果了。

房间里的每个人都知道，如果信号消失，这一切都是小题大做，不该发生。问题主要是：偏差是几个西格玛？在谣传和待揭晓的谜底之间，人们普遍认为这两个实验应都能达到4σ，但不太可能达到5σ，但两者结合起来有可能撞线5σ阈值。但要将两个不同的实验数据结合起来困难要比想象的大得多，在最后3周的时间里要做到这一点似乎也不可行。我们担心的远不是再次被诱惑，而是仍然不能宣布一项重大发现。

我们不必担心。印坎德拉首先发言，他逐一介绍了对CMS不同道数据的分析结果。先是双光子事件，明证在我们所希望的125 GeV处有一个明显的峰值，显著性达到4.1σ，比上年高，但尚未达到“发现”的水平。接下来介绍的是4个带电轻子事件，即由希格斯粒子衰变成2个Z玻色子所导致的结果。在同样的能量位置上出现了另一个峰，这次的显著性为3.2σ。在他的第64张PowerPoint幻灯片上，印坎德拉揭示了你能得到的东西：当你将这两个反应道的数据综合起来，你便得到了5.0σ。漫长的等待结束了。我们发现了它。

詹诺蒂，像印坎德拉一样，在介绍实验结果前特地赞扬了使LHC保持良好运行状态的每位同行的辛勤工作，强调了维护ATLAS团结合作在整个数据分析过程中的重要性。然后她转向介绍双光子结果，数据在125 GeV的位置再次出现一个明显的峰。这一次的显著性为4.5σ。4轻子的结果也一样——在上述位置处有一小峰，但其显著性为3.4σ。两者结合恰好给出5.0σ的显著性。在报告结束时，詹诺蒂感谢大自然将希格斯子放在了LHC能找到的地方。

185

ATLAS发现的是质量为126.5 GeV的希格斯子，而CMS发现的希格斯子的质量是125.3 GeV，但测量结果都在彼此预期的不确定性范围之内。CMS除了分析4个光子和4轻子结果之外，还分析了更多的反应道，因此他们的最终显著性下降了一点，为4.9σ。但这个结果仍完全符合大局。这两个实验之间的一致性好得惊人，而且非常重要。如果LHC只有一个探测器寻找希格斯子，那么物理学界在面对结果时将会更加犹豫。而现在，这种犹豫已烟消云散。这就是一个发现。

在研讨会结束后，彼得·希格斯变得非常动情。他后来解释道："在会上，我一直保持着克制，但研讨会结束后，这就像是一场主队赢了的足球赛。人们起立，为演讲者鼓掌，欢呼雀跃。心头涌动着激动的浪潮。"在记者休息室里，记者们试图从他那里得到更多的评论，但他拒绝了，他说在这样的日子里镜头的焦点应该集中在实验者身上。

回想起来，2012年上半年做的很多事情都使得希格斯子的发现早于大多数人的预期。LHC倾尽全力收集更多的事件，在短短几个月里采集到的数据比它在2011年全年的数据都多。数据堆积是一个挑战，但数据分析师英勇地完成了这个任务，绝大多数事件得到了成功的重建。较高的能量使得希格斯玻色子的产生速率大大提高。两支实验团队已成功地磨练好各自的分析程序，从数据里凝练出比以前更显著的水平。所有这些细微的改进，最终使粒子物理学家们在7月迎来了华诞。

186 **这是什么？**

研讨会结束后，印坎德拉若有所思。“你经常会想，一旦你发现了要找的东西，这事儿就结束了。而我在科学上悟到的是，一件事情的结束几乎总是一个新的开始。几乎总有一些非常大的东西在那里，在你触手可及的地方，你只要过去就可以拿到它。所以你不可能让自己懈怠！”

毫无疑问，CMS和ATLAS已经发现了一种新的粒子。这个新粒子非常类似于希格斯玻色子，这一点也基本没什么问题。它衰变到不同反应道的衰变率大致与标准模型预言的质量125 GeV的希格斯子的行为相符。但我们还是有充足的理由怀疑它是否真的是最简单的希格斯子，或某种更微妙的东西。数据已经有微妙的提示，这个新粒子不见得是最小的希格斯子。当然现在要判断这些提示是否真实还为时过早，它们会很容易地走失，但让我们可以放心的是：实验将继续弄清楚这究竟是怎么回事。

请记住，粒子不会带着标签出现在探测器里。当我们说，我们发现了某种与希格斯玻色子相符的东西时，我们指的是这样一个事实：

一旦希格斯子的质量得到确定，就可以看出标准模型做了非常具体的预测。这里没有其他的自由参数，知道一个数就足以让我们准确判断出每个反应道的衰减有多少。当我们说看到了类似于希格斯子的东西时，我们是指我们在所有可见的反应道上，而不是某一个反应道上，看到了正确数量的额外事件。

彩色插图显示了ATLAS和CMS在2011年和2012年上半年得到的关于对撞产生双光子事件的数据。图中显示的是两个光子总能量达到规定能量的事件数。我们注意到，这些事件实际上很少。实验看到的是每秒10亿次的相互作用，其中穿越触发器被成功记录下的为每秒200个，但在一年积累下的有用数据里，在每个能量上我们能得到的只有1000个左右的事件。

图中的虚线是对本底的预测——即在没有希格斯子时你所期望的情形，实线是将普通标准模型预言的质量为125 GeV的希格斯子包括进来后所得到的结果。两条曲线都显示出在125 GeV位置附近存在一个超过预期几百个事件的小鼓包。你说不清楚哪些事件是希格斯粒子衰变，哪些衰变是本底，但你可以问是否存在统计上的显著过剩。答案是肯定的。

通过对这些数据的仔细检查，我们发现了一些有趣的事情。我们之所以对在2012年的实验中这么快就发现了希格斯子感到惊奇的一个原因，是实验实际观察到的事件数比它们应观察到的事件数要多。ATLAS数据的双光子鼓包的显著性是4.5σ，但标准模型对对撞数的分析所预言的显著性只有2.4σ。同样，CMS数据的显著性为4.1σ，但理论预言值只有2.6σ。

换句话说，实际的双光子事件要比我们应该看到的有出超。虽然多的不是很多，鼓包的大小大于预期值，但仍然在已知的不确定性范围内。而两个实验的一致性（以及与ATLAS的2011年结果的一致性）这一事实非常耐人寻味。毫无疑问，我们需要更多的数据来观察判断这种差异到底是真实的还是只是一种挑逗。

CMS数据显示出另一种虽小但明显的困惑。与ATLAS只分析双光子或4带电轻子的反应道不同，CMS还分析了3种本底噪声更高的反应道：τ子/反τ子对、底夸克/反底夸克对和两W子反应道。正如所预期的，底夸克/反底夸克道和两W反应道并没有给出任何统计上显著性的结果（虽然更多的数据肯定会提高这种显著性）。然而τ子/反τ子对的分析则是一个谜：在125 GeV位置处看不出任何出超，即使标准模型预言它应该存在。尽管统计上这种偏差不够显著，但它很有趣。事实上，正是τ子数据的轻微偏差使得整个CMS分析的结果的显著性下降到4.9σ，尽管双光子和4轻子道的显著性达到了5σ。

188

到底发生了什么？这些提示中没有一种明显到可以肯定结果的性质，所以我们似乎不值得过于认真对待这种差异。但作为一个理论家，这就是我们的生活。在研讨会后的一两天中，试图剔除这些疑问的理论文章已现网上。

给出人们在这个问题上是怎么想的简单例子很容易。我们来看看希格斯粒子如何衰变为两个光子。因为光子是无质量的，因此不会直接耦合到希格斯子，能发生这种情况的唯一办法是通过某种既有质量（使它能耦合到希格斯子）又带电（使它能耦合到光子）的中间态虚粒子。

我们按照费曼图的规则来计算这一过程的速率，计算时需加上有可能出现在该图内闭环上所有不同带电粒子的贡献。我们知道标准模型下都有些什么粒子，所以这种计算并不难做到。但新粒子可以很容易地通过添加某些虚拟过程而改变答案，尽管我们无法直接探测到它们。因此，双光子事件数的反常增大可能是出现了不在标准模型粒子表内的新粒子的第一个信号。

细节当然很重要。如果你设想的新粒子也改变了其他测量过程的速率，那么你可能会遇到麻烦。但想到通过研究希格斯子我们不仅能了解到有关该粒子本身的问题，而且还能了解到尚待发现的其他粒子的性质，还是很令人兴奋的。

不要松懈。

189

第 10 章
“希格斯子”不胫而走

本章中我们拉开大幕看看结果是如何获取，这一发现又是如何传播的过程。

记者约翰·奥利弗正以庄严的英国式派头向沃尔特·瓦格纳——一位要求法庭停止大型强子对撞机运行的人——提出一个棘手的问题。他所提出的一项严重的指控是：LHC对地球上生命的存在是一个威胁。

> 奥利弗：那么，粗略地讲，世界将要毁灭的概率有多大？百万分之一，还是10亿分之一？
>
> 瓦格纳：嗯，眼下我们可以说差不多是1/2。
>
> 奥利弗：等一下。你的意思是……50对50？
>
> 瓦格纳：是的。50—50……如果你有件什么事情，它可能发生，也可能不发生。那么我们最好猜测它发生的概率是1/2。
>
> 奥利弗：我不知道概率还能在这里起作用，沃尔特。

随着LHC于2008年开始启动，物理学家正竭力向外传递着这样一个信息：这是一台能够帮助我们找到希格斯玻色子的机器，它也许能第一次揭示出超对称性质，有可能发现像暗物质或额外维这样的令人振奋和奇异的现象。但与这种人类的好奇心取得胜利的令人振奋的故事相左的另一种论调也在力争引起人们的注意：LHC是一个具有潜在危险的实验装置，它会重构宇宙大爆炸，并可能摧毁这个世界。 190

当时，“疯狂的科学家失控了”的图景在争取公众关注的竞争中正赢得优势。这不是说记者都愿意忽视真相，一心只想着寻求轰动效应。（至少其中的大部分人不是这样。在英国，只有像《每日邮报》这样的小报才会炮制出“下周三我们都会死吗？”这样的大标题。）但大部分的报道更像是贴了“上帝粒子”的标签，其中灾难场景似乎成了任何有关LHC的新闻故事的一个必不可少的部分。这样的想法——LHC会杀死地球上每个人，尽管这有点耸人听闻——一度曾是人人都希望能够得到解答的问题。沃尔特·瓦格纳更是火上浇油。这位提起诉讼的前核安全官员，在夏威夷上演了一场针对LHC的堂吉诃德式的起诉。在法院以（非常明显的）属地管辖的理由驳回这一起诉之后，瓦格纳又将起诉提交到联邦法院。最后，由3名法官组成的合议庭于2010年驳回了这一上诉。驳回的理由可谓精辟：

> 因此，被指控的侵害——对地球的破坏——是没有办法归因于美国政府没能起草一份环境影响报告书的。

欧洲核子研究中心和其他物理机构对装置运行的安全问题非常重视，它们赞助过多个有关这一主题的专家报告。这些报告得出的结论都是灾难的风险可以完全忽略不计。让瓦格纳自证其丑的奥利弗的采访是极少数对这一主题采取恰当的视角的新闻报道之一，它在乔恩·斯图尔特的《每日秀》电视栏目中播出。这是喜剧频道的一档讽[191]刺性新闻节目。只有喜剧节目才能凭借足够的聪明将人们对LHC灾难的忧虑处理成一种幽默。

物理学家有一种自然倾向，就是凡事都讲求精确而老实，这一点使得他们经常处于尴尬的境地。公众对LHC有可能毁灭世界的担心的部分原因正是出于各种完全值得尊敬的物理理论，主要是那些思辨性的纯理论。例如，如果引力比平常大那么一点点，那么LHC粒子碰撞的高能量就可能形成微小的黑洞。但我们所知的一切物理原理均预言，这样的黑洞会立即无害地蒸发掉。但也可能我们所知道的这一切都是错的。因此，黑洞也许会形成并且是稳定的，LHC或许就会产生出这样的黑洞，它们居于地心，由内而外慢慢地将地球吞噬掉，随着时间推移最后导致地球的坍缩。你可以计算一下这个过程需要多长时间，答案是它比目前宇宙的年龄还要长得多。当然，你的计算也可能不正确。但那样的话，高能宇宙线的碰撞早就在宇宙各处产生出数不清的微小黑洞了（LHC产出的东西宇宙在高得多的能量下早就产生过了）。黑洞会吞噬白矮星和中子星，但是我们看到天空中仍然布满了白矮星和中子星，因此这样的结论并不完全正确。

你懂的。这个主题还有许多变体，但万变不离其宗：我们可以设想出各种看似危险的结果，但经仔细检查，最危险的可能性已经被其他方面的考虑排除了。由于科学家喜欢讲求精确，喜欢考虑各种不同的可能性，因此他们往往会假想出各种听起来可怕的外推结果，然后再向你解释所有这些推断都不太可能发生。每次在他们说“不”的时候，他们实际要表达的是“可能不会，发生的概率非常非常小”，但这两种表达的影响是不同的。(CERN理论家约翰·埃利斯给出过这样一个反例：有一次《每日秀》问他LHC毁灭地球的概率有多大，他很干脆地回答“是零”。)

设想一下，你打开冰箱，拿出1听番茄酱，打算做一份面食当晚餐。但在你要打开瓶盖之前，一个咋咋呼呼的朋友跑过来一把抓住你的手，说：“慢着，你能确定打开这听罐头不会放出突变的病原体致使迅速蔓延造成地球上所有生命的毁灭吗？”你当然不可能100%地确定。但事实是我们在日常生活中会忽略掉各种荒谬的小概率的灾难情形。因此可以想象，虽说启动LHC将启动一系列毁灭地球的不测事件，但很多这种事情只是想象，无论它们多么合理，却没一件是会真实发生的。 192

事实证明，消除悲观主义情绪已成为物理学界的一项好的实践。公众对寻找希格斯玻色子的监督水平可谓前所未有。那些在同行间进行抽象的和高度专业性的讨论时游刃有余的科学家，必须学会如何向外界传递出明确而令人信服的信息。从长远来看，这对科学的发展只会有好处。

制作香肠

很多人关于粒子物理实验的结果的最大误解来自从获取数据到宣布结果这一环节。要准确把握好这一环节不容易。在科学上，结果的交流和正式发表的传统渠道是通过由同行评审的期刊论文。ATLAS

和CMS实验结果的发表走的也是这条路。但实验的复杂性实质上使得唯有同行里的合作成员才具有评判论文的资格。为了应对这种状况，各实验组对于要向公众公布的新的结果都设立了非常严格和苛刻的评审程序。

LHC实验的合作者数以千计，其中的大多数并非受雇于CERN。典型的从事LHC工作的物理学家是世界各地的大学或实验室的学生、教授或博士后（一种介于博士和正式受聘职位之间的研究职位）。尽管他们一年里的大部分时间可能是在日内瓦度过的。大多数情况下，要想发表一篇论文，第一步是这些物理学家里有人提出了一个问题。它可能是一个非常明显的问题："是否存在希格斯玻色子？"也可能是些思辨性的问题："电荷真的守恒吗？""费米子是否不止3代？""高能粒子碰撞会产生微型黑洞吗？""是否存在额外的空间维度？"等。这些问题可能产生于新的理论建议，也可能起因于现有数据的无法解释的特征，或是直接来自机器本身的新功能。实验工作者大都是朴实的人，至少在他们作为职业科学家工作时是如此，所以他们往往会问一些由LHC海量数据所带来的问题。

怀揣问题的物理学家可能会与一些朋友和同事聊天，以判断这个问题是否值得探求。如果他是学生，他可能会咨询他的指导老师，后者通常是大学里的教授；如果他是一位教授，他可能会将这个问题作为他的学生的研究工作。一个很值得探究的问题会在每个实验团队中形成一个新的"工作组"。不同的工作组致力于各个不同的兴趣领域："顶夸克"或"希格斯子"或"奇异粒子"。（奇异粒子既包括那些不太流行的理论所预言的粒子，也包括没人预见到的粒子。）工作组在仔细考虑了该问题之后，小组的“召集人”将决定是否要继续对这个问题探索下去。实验团队会不断更新网页的内容，列出每一个正在进行中的分析，以帮助防止重复工作——这便是发明万维网的原因。

假设一个想法得到了有关工作组的首肯，那么对它的分析就会进一步持续。现如今，物理学家的生活就是在电脑和参加会议（通常是通过视频会议）之间来回切换。这样的分析绝不是实验工作者工作的唯一内容，他们还有硬件工作任务，这包括“轮班”监控实验的运行、[194]从事教学、举办讲座、申请研究资金，当然也包括向各类主管的委员会和那些没能过上大学学术生活的非专业人士宣讲和普及相关知识的工作。偶尔实验者被允许带着家属从事学术访问或旅游，但这种活动通常保持在最低限度。

在这个阶段，实验数据被收集并安全地存储在世界各地的磁盘里。分析工作将使这些数据转化为有用的物理结果。但这种转化很少是简单的传递。分析者会“裁”掉那些本底噪声或与所研究的问题不相关的数据。（你也许想看看双喷注事例，但你只会关注那些能量大于40 GeV并且喷注之间夹角至少大于30度的事例。）很多时候，分析者必须写专门的程序来帮助解决正在考虑的具体问题。数据不是非常有用，除非它可以与理论预期值相比较，因此各种不同的程序会被用来计算理论预言的结果，以便观察实验数据看起来与哪种模型结果相近。即使是那些裁剪过的数据也仍然需要估计其本底噪声。这些噪声对于珍贵的信号是一种威胁，它涉及计算和其他测量之间的读取。在整个分析过程中，工作组负责对书面形式的文件和视频会议演示进行定期更新。

最后，我们得到了分析结果。接下来的任务是让组内的其他同事确信你的结果是正确的——没什么事情能像指出别人的分析结果有错这样的事情更令喜欢胡思乱想的物理学家感到高兴的了。每一个项目在最终获得整个实验合作团队的承认之前首先就必须通过这种组内的“预审”。LHC实验设有一个委员会，其唯一的任务就是审核你的统计分析结果是否正确。你的最终目标是在专业杂志上发表论文，但写出的论文首先必须在合作团队内部传阅，然后才是提交杂志以博取审稿人的“青睐”。只有在这之后才可能被杂志接收发表。

不从事科学研究的人可能会认为论文的作者就是论文的实际撰稿人。写论文的人当然是作者，但所有那些对论文所描述的工作有重要贡献的人都应包含在作者群中。在实验粒子物理学领域，学术传统是参与论文所述实验的每一位团队成员都被公认为对每篇论文有贡献。正确的理解：关于CMS和ATLAS的每一篇论文都有超过3000名的作者队伍。不仅如此，所有作者都按字母顺序列出，因此一个局外人要想搞清楚一篇文章里哪些部分是哪些人做的分析，或是哪些人实际写了哪段文字是完全不可能的。这不是一个没有争议的体系，但它有助于团队的合作，共同支撑起文章所发表的每一项结果。

一般情况下，只有在论文发表后，分析结果才会公之于众，从事该课题的物理学家才被允许对外报告其成果。当然，寻找希格斯玻色子是一个特例，多年来每个人都知道它是这两个实验的主要目标，大部分预备性的基础工作都是事先就确定了的，这使得实验数据能够尽可能快地得到公布。不过，在实验的数据分析结果的正确性得到确认以前，学界会尽一切努力使这些结果不被泄露出去。

我问一个物理学家，ATLAS的结果通常是否会被CMS知晓，反之亦然。“你开玩笑吧？”我得到的是一阵哄笑，“ATLAS有一半人与CMS的一半人睡一起，他们当然知道！”尽管他们的才艺具有超人水平，但物理学家也是人。

成也误差，败也误差

法比奥拉·詹诺蒂和圭多·托内利在2011年12月发布对希格斯子搜索结果的更新的研讨会并不是CERN为争取公众的关注而举办的唯一的研讨会。在那年的9月，意大利物理学家达里奥·奥蒂耶罗(Dario Autiero)公布了一项耸人听闻的结果：中微子的运动速度似乎比光速还快。这一发现来自OPERA实验。这项实验跟踪调查CERN 196 产生并在地下穿越450英里(约724千米)到达设在意大利的探测器的中微子。由于中微子的相互作用非常弱，因此它们可以轻松穿越几百英里长的坚硬岩石而强度衰减得非常小，这项实验正是利用中微子的这种独特属性而做出的一种安排。

问题显而易见：没有任何东西跑得比光还快。爱因斯坦曾明确指出了这一点，它已成为现代物理学的一条基本原理。这一原理不仅有着很多很充分的论证，并且在以前无数次的精密实验中得到验证。如果它被推翻，那将是物理学自量子力学问世以来最重要的发现。我们不仅需要完全重新开始，而且需要新的自然法则。一个令人担忧的后果是，如果你可以跑得比光还快，你就有可能从时间上回到过去，这样一来可谓笑话迭出。“酒保说：‘我们这里不为轻子服务。’随后一个中微子走进了一间酒吧。”

大多数物理学家当即对此持怀疑态度。在“宇宙方差”博客群中我写道:“对这个结果你需要知道的是:①如果它是正确的，那就太有意思了;②它可能不正确。”即使是OPERA团队本身的成员似乎也对他们的这一研究结果持半信半疑的态度，他们要求物理学界帮助他们理解为什么它可能是不正确的。当然，即使是最自信的理论信念在一项无可非议的实验结果面前也必须低头。但现在的问题是，如何才能相信结果是可靠的?

OPERA发现的依据是统计上存在非常大的显著性。理论与观测之间的偏差超过6σ，足以宣布为一项发现。然而，学界对此普遍持怀疑态度。这些怀疑是正确的。2012年3月，一项称为ICARUS的不同实验试图复制OPERA的结果，但得到的却是一个非常不同的结果:中微子的行为与光速极限原理完全相容。

197 这种情况难道是因为我们正好有幸碰上了一系列不太可能的事件所以导致我们误入歧途?完全不是这样。OPERA合作团队最终找出了原先分析中的一个重要的误差来源:一根将主机时钟连接到GPS接收器的电缆接头松脱了。电缆故障导致他们的探测器的计时出现延迟，这一延时足以解释原始数据的异常。一旦电缆接头被固定好，这种延时现象就立即消失了。

这里的关键教训是，仅有西格玛往往不足以说明问题。统计有助于你确定你的数据与零假设一致的可能性有多大，但前提是你的数据是可靠的。科学家既考虑“统计误差”(由于数据量不够或因测量本身存在内在随机的不确定性而带来的误差)也考虑“系统误差”(由于某些未知原因导致数据在某些方向上变得不均匀）。仅仅因为你得到的结果在统计上是显著的，并不意味着它是真实的。这是一个值得在LHC上寻找希格斯玻色子的物理学家认真吸取的深刻教训。

更值得反思的另一个问题是：OPERA物理学家向全世界公布这一结果的做法——他们甚至在欧洲核子研究中心召开新闻发布会——正确吗？自从首次公布这一结果以来，正反双方的争论出现了拉锯战。一方面，OPERA领导人清楚地知道他们所声称的结果是惊人的，因此采取了这样的立场：最好是让这个消息广泛传开，这样其他科学家就有可能帮助他们找出可能出错的地方；另一方面，许多人认为科学的公众形象因这一事件受到了伤害，先是提出爱因斯坦可能是错的，然后又承认这只是个错误。这一点也可能会有争议：在一个消息快速传播的相互联系的世界里，要想让一个大的合作团队长时间保守一个令人惊讶的发现的秘密也许不再可能。

Web 2.0

198

CMS实验的物理学家托马索·多里戈，博客“量子日记生还者”的博主，在2009年召开的世界科学记者大会上作报告时曾大胆预言，外界第一时间听到关于最终发现希格斯玻色子的消息将是通过匿名博客上留下的评论。事实表明，他虽不完全正确，但非常接近。

在希格斯玻色子之前，标准模型中最后一个被发现的基本粒子是顶夸克，这一发现是1995年在费米实验室的Tevatron加速器上做出的。差不多在同一时间，博客首次进入人们的生活。而“博客”一词则直到1997年才被创造出来。那时不要说Facebook或Twitter，就连MySpace这种被骂为过时货的网站都要到2003年才面世。工作在Tevatron加速器上的粒子物理学家可能会与其他物理学家共享一些劲爆的八卦趣闻，但根本不存在提前将重大发现公之于众的危险。

一切都变了。借助于互联网方便的传播手段，任何人都可以在网上广泛地传播消息，而ATLAS和CMS两大合作团队各有超过3000名的成员。无论项目主管采用什么方法来控制，要想绝对做到使他们每个人都没有获取重大成果信息的机会确实是非常渺茫的。

我得承认我是一名博客的热情支持者，虽然我尽力不散布那些人们不希望传播的谣传。早在2004年我就开始在名为“荒谬的宇宙”的个人网站上写博客，并于2005年切换到博客群“宇宙方差”，目前这个博客群由《发现》杂志主办。博客最大的好处就是它们可以被博主用于任何目的。形形色色的博主们充分利用了这种自由。即使是在199 由科学家和科普作家运作的范围很窄的亚文化博客群里，内容也是五花八门，从聊天和非正式的推断到严格的数学论证，从确凿的新闻事实到彼此间的嘲讽八卦，不一而足。“宇宙方差”博客群的目标是与各种各样的读者分享科学上有趣的新思想和新发现，同时也允许我们对那些激起我们想象的东西凝思和畅谈。我们的一些最热门的帖子主要集中在LHC方面，内容包括2008年LHC启动和2012年关于希格斯子的研讨会。

我的博友之一约翰·康威（另一位是乔安妮·休伊特）是加州大学戴维斯分校的物理学教授，也是任职于CMS的实验物理学家。康威的第一篇帖子，题为“猎取鼓包”，对职业粒子物理学家都干些什么这个问题提供了一种很有见解的观点。有时，数据会令你感到惊讶，但要说你从它那里到底是无意中发现了一个改变世界的发现，还是仅仅成为一个统计涨落的受害者，判断起来并不总是很容易。

康威讲述了一个按他个人偏爱的方式（τ子就是这样发现的）用费米实验室的数据寻找希格斯玻色子的故事（那时LHC还没上线）。他们对Tevatron的CDF实验[1] 的数据做盲分析，并最终走到了准备打开盒子一探究竟的地步。得到的答案是……这里头有东西！在产生两个τ子的速率处有一个虽小但清晰可辨的鼓包，这个位置正是你希望有可能潜伏着希格斯玻色子的地方。虽然显著性只有2.5σ，但值得研究。尽管大多数小鼓包被扔掉，但每一项真正的发现都始于这样的小鼓包，所以任何人在此情形下都自然会变得非常兴奋。“毫不夸张地说，我当即紧张得毛发直竖。”他回忆道。

在随后的帖子里，康威谈到了后续的分析。他这才知道，他们在费米实验室的姐妹实验，称为D零实验，实际上在CDF看到事例出超的地方看到的却是一个亏损[2] 。这使得“发现了一种新粒子”之说更不可能得到认定。进一步的数据也不支持“有一种新粒子潜伏在那里”的可能性。但是这个故事提供了一个很好的例证：作为实验科学家，情绪如过山车般跌宕起伏已是其生活的不可避免的一部分。

---

1. CDF是Collider Detector at Fermilab(费米实验室对撞机探测器)的首字母缩写。CDF实验和D零实验是Tevatron加速器上的两大探测器，地位相当于LHC上的ATLAS和CMS。—— 译注
2.数据曲线在此下凹。—— 译注

200 悲催的是，不是每个人都这样看待问题。许多读者留下的印象是，费米实验室实际上已经发现了希格斯玻色子或类似的粒子。康威当时决定在我们这个不起眼的博客上而不是写一篇科学论文或召开新闻发布会来发布这个消息，结果造成这种错误印象并不仅限于我们网站上的那些过分热情的评论者，一些记者据此畅想其前景，他们的文章登载在了《经济学家》和《新科学家》以及其他杂志上。这对物理学家来说是另一种前车之鉴。人们非常渴望听到有关搜寻希格斯玻色子的任何东西，因此我们需要非常谨慎，以确保我们传递出去的信息的准确性，对于谈不上“发现”的结果不给人们造成我们发现了什么的印象。

物理狗仔队

巨大的粒子加速器并非探索新的物理的唯一方式。“反物质探索和轻核天体物理学”（简称PAMELA）是意大利的一项宇宙线实验，其探测器置于运行于低地球轨道的俄罗斯（非军事）侦察卫星上。它的主要目标之一是在宇宙线中寻找反物质（主要是正电子和反质子）。我们能观察到某些反物质这并不奇怪。在外太空的高能粒子相互作用过程中，有时会产生反粒子，就如同LHC中的情形一样。奇怪的是PAMELA观察到大量的远多于人们预期的正电子。它可能是某些我们尚不理解的天体物理过程（如中子星大气中的新现象）的证据，也可能是标准模型之外物理（如暗物质粒子湮灭并产生过量的正电子过程）的证据。各种选项都在研究中，尽管随着时间推移，天体物理学的选项似乎前景更光明。

更令人惊讶的或许是PAMELA的有趣结果是如何得到的。经常会出现这样的情形：合作团队有了初步结果，尽管还没有完全准备好发表或公布，但已足以在学术会议上显示给同行。2008年9月在费城召开的国际高能物理大会上PAMELA面临的正是这种情形。PAMELA的物理学家米尔科·博埃奇奥简要地播放了表现出过量正电子的图片——这个结果当时尚未投到任何出版机构。 201

当图片正在演示时，坐在台下的一位年轻的理论家马可·西雷利迅速用数码相机拍下了照片。回到家后，他和合作者亚历山德罗·斯特鲁米亚写了一篇论文，提出了一种可以解释正电子过剩的新的暗物质模型，并将它投到物理归档服务器http://arxiv.org上，文章被迅速流传于世界各地。在他们的论文中，他们做了这样一幅图：将他们的模型预言的理论结果与会上公布的照片中提取的数据进行比较，并附了脚注："为了遵守出版法规，本图中有关正电子和反质子通量的初步数据点取自会议交流幻灯片的照片。"

欢迎来到新世界。这里显然是一个灰色地带。PAMELA合作团队的一位成员说，尚未准备好发表的数据不应该被用于理论分析。但一位观众可能会这么回复：还没有准备好的数据就不该在公开演讲中披露。PAMELA的领导者，意大利物理学家皮耶尔乔治·皮科扎对于他们的数据被以这种方式获得和使用感到"非常非常的不安"。但西雷利坚持认为，他获得了出席这次会议的PAMELA物理学家的许可："我们问过（在场的）PAMELA的人，他们说这没问题。"

正如许多青少年在Facebook上学到的那样，在现代世界中，你

202

与某些人分享的事情会被世界上的每一个人分享。现代技术已经可以毫不费力地做到信息共享，无论这种信息是官方的还是民间的。正如乔·莱肯就另一传言评论的那样，“在有博客之前，这种传闻也许只是在几十个物理学家之间流传，但现在有了博客之后，甚至从不涉足希格斯子的弦理论家都能立刻打探到有关D零实验数据的内部信息。”

传闻

传闻并不总是良性的。2011年4月，彼得·沃伊特的博客“Not Even Wrong”（甚至不是错）上一位匿名评论者透露了获自威斯康星大学吴秀兰实验组的ATLAS内部备忘录。内容是爆炸性的——如果是真的话：关于疑似希格斯玻色子衰变成两个光子的有力证据。数据好得让人难以相信。要从相对较少的数据中提取这么强的信号，希格斯子衰变的速率得比标准模型的预言值大30倍。这不是不可能，但绝非人们所预期。毫无疑问，当ATLAS经过认定的测量结果出来后，这个信号便消失得无影无踪。

这一事件暴露了博客的阴暗面。像这样的内部备忘录可以说是大的协作团队的命脉，他们成天在那里写，前面所述的数据分析如何成为公认的结果就是这一过程的一部分。即使是写备忘录的人也不必然相信结果的真实性，他们只是指出有些东西值得进一步推敲。只要局限于合作团队之内，这原本没什么错。但如果在终审通过之前就被披露于外界，则会带来严重误解的危险，并最终削弱公众对科学研究结果的信心。吴秀兰本人更是大怒：“这种泄密是完全不道德的、不负责任的行为…… 它破坏了合作团队内部以书面形式自由交流的氛围。对我来说，这是一件非常令人伤心的事。”

2012年6月，CMS和ATLAS开始仔细检查他们截至那时能够收集到的当年数据。自从2011年12月的研讨会后，每个人都知道在 203 125 GeV附近存在希格斯子的迹象，对峰的这种好奇心是可以理解的。只要一开始分析，谣传便开始满天飞。原本有一个关于在7月份澳大利亚墨尔本召开的ICHEP会议上发布2012年度希格斯子搜索结果的更新版本的长远计划。当CERN宣布他们不再等待去墨尔本，而是将在日内瓦举办一场特殊的现场研讨会时，事情白热化了。如果不是有大事要宣布的话，他们为什么要这么做？

事情变得如此糟糕，以至于法比奥拉·詹诺蒂在给《纽约时报》记者丹尼斯·奥弗比的一封电子邮件中这样恳求道：“请不要相信博客。”但博主来自各行各业，有人试图逆潮流而动而不是加入其中。CMS的成员、西北大学的物理学家迈克尔·施密特在他的“对撞机博客”中这样写道：

> 我忠诚于我的合作团队，尤其是对那些正在开展分析和结果验证的人，以及那些位于高层制定战略并作出艰难的决定的人。博客中的一点点是非不值得惊动所有这些人。

不可否认的事实是，在一个有6000人的团队里，有人会屈从于诱惑走漏消息——甚至在结果被实际整理出来和认定之前。最常见的反博客投诉还不是结果被提前泄露出去，而是连结果甚至还不存在的时候就已经被炒作了。分析需要时间，而经常却是分析还在进行中，对外发布会或提交发表的论文已经迫切地等在那儿了。

同时，其他人也兴奋起来，并把它看成是一个取乐的机会。6月20日，Twitter的不同用户开始来回传递有关希格斯子的小道消息。井字号标签“# HiggsRumors”甚至一度成为Twitter上的一个“热门话题”，而这个荣誉通常是留作发布有关电视剧《泽西海岸》或当红歌手蕾蒂尕尕（Lady Gaga）的消息的。科普作家和博主詹妮弗·维莱泰（我的妻子）在一篇博客帖子里收集了一些最搞笑的微博留言：

204

@drskyskull：我听说希格斯玻色子曾射杀一个人，只为看他死。# HiggsRumors

@StephenSerjeant：ATLAS和CMS的希格斯子检测都被查克·诺里斯打趴下了。# HiggsRumors

@treelobsters：在夏至这天，你可以把希格斯玻色子竖起来。# HiggsRumors

@tomroud：上帝粒子实际上是一个无神论者。# HiggsRumors

当时我觉得最好笑的是这一条：“LIFE麦片广告里的小米奇在吃了希格斯玻色子并喝了苏打水之后死掉了。# HiggsRumors”也许这更多地反映了我（和我这个年龄段）的喜剧欣赏水平。

好莱坞广场

洛杉矶是一个工业城市，这个工业就是娱乐业。早在2007年，我第一次搬到了这里后没多久，我接到一个不寻常的电话。电话是从想象娱乐公司打来的，就是那个由朗·霍华德和布赖恩·格雷泽掌控的曾制作出《阿波罗13号》《美丽心灵》和《达芬奇密码》的公司。制片人正计划筹拍根据丹·布朗的书改编的《天使与魔鬼》，影片有一重要场景设在欧洲核子研究中心。他们希望我能来贝佛利山庄的办公室聊一聊有关粒子物理学的事情。

我回复道，也许我可以将它列入日程安排。这是我第一次领略到一个鲜为人知的事实：好莱坞爱科学。

与电影和电视里通常的那种充满离奇的科学错误，把科学家刻画成不是反社会就是一心想统治世界的疯狂天才的刻板印象相反，许多编剧和导演真的是想将科学用来提高他们讲故事的水平。霍华德和格雷泽真的对宇宙学、反物质和希格斯玻色子抱有浓厚的兴趣。我们一边分享着愉快的午餐，一边热聊了如何将这些概念应用于影片。后来，我的妻子詹妮弗成为第一届“科学与娱乐交流”的理事，这是个美国国家科学院的下属机构，致力于增进科学家和好莱坞之间的相互联系。通过这个“交流”，我得以认识了电影制片人雷德利·斯科特、迈克尔·曼和肯尼斯·布拉纳，他们每个人都希望更多地知道什么是额外维、时间旅行和宇宙大爆炸等。大预算的好莱坞电影不是要制作用于科学普及的纪录片或公共服务公告，讲故事永远是第一位的，科学家的建议并不总是能成为最终产品。但是，许多令人尊敬的电影专家

205

在银幕上所塑造的童话般的故事确实让人欣赏到科学发现的奇妙。

在我看来，科学并非不愿意与好莱坞结合助其成就一番事业。曾在CERN的ATLAS上工作过一段时间的科普作家凯特·麦卡尔平（Kate McAlpine）在2008年制作了一部题为“大型强子说唱”的YouTube视频。物理学家在LHC实验装置前表演，麦卡尔平则就着说唱（rap）音乐节奏唱着物理学主题的歌词：

> 二十七千米的地下隧道
> 用心设计成让质子转圈
> 这个圆圈穿越瑞士和法国
> 有六十个国家为科学进步作出了贡献
> 两束质子摇摆着飞奔，穿过它们乘坐的轨道
> 直达探测器的中心，在那里它们相遇碰撞
> 于是，这小小体积里包裹的所有能量
> 霎时变成了质量，变成从真空产生的粒子
> 然后……

206 点击率高达700万次！很显然，这段视频引起了共鸣。阳光下的每个主题的YouTube视频都不缺智慧，但出于某种原因，这段视频却脱颖而出。不管怎样，它至少说明，如果深奥的科学问题能够以有趣的方式展现，人们就会对它充满兴趣。

走这条路线的最雄心勃勃的项目是由约翰·霍普金斯大学的粒子物理理论家戴维·卡普兰策划的。卡普兰的日常工作是构建可由LHC

和其他实验检验的模型，但他对电影制作有着经久不衰的兴趣。他记得在读中学时，自己当时无心向学，甚至没有申请去上大学。是他姐姐在没有告诉他的情况下帮他申请了南加州的查普曼大学。出乎所有人的意料，他居然被接受了。读了一年的电影专业后，他发现这个专业不完全符合他的兴趣，于是他最终转学去了加州大学伯克利分校，主修物理学。毕业时他没有立即读研究生，部分原因是他的大学成绩很糟糕，怕没人会给他写推荐信。为此卡普兰去了西雅图，在华盛顿大学物理系一边听课一边辅导学生来挣钱糊口。在很多学生都认为他堪比称职的研究生后，他终于取得了攻读华盛顿大学博士学位的资格。苦尽甘来，天遂人愿，现在他是新一代年轻的粒子物理理论家的领军人物之一，这帮人试图将物理学推进到超越标准模型。

当LHC时代悄无声息地来到我们身边时，卡普兰率先感受到了这个时代的独特气质。他与朋友们分享他的印象：这是科学史上的一个转折点或突破点，如果还谈不上是人类智力发展史上的转折点或突破点的话。如果LHC发现了一些有趣的东西，它就会推动我们走上一条发现的新路径；如果不是这样，那么现代粒子物理学的高昂成本可能意味着LHC将是有史以来建造的最后一个大加速器。卡普兰相信，这个时代应当被仔细记录下来。他想访谈粒子物理学家——无论是那些资深学者，他们终其一生都在研究大自然如何运作的某些概念，想看到它们得到验证或是被遗弃；还是那些年轻人，不管LHC成功与否他们都得忙活——将它们变成一本书。

问题是，即使是写科学论文，卡普兰也写得很吃力。结果显而易见：他没写书而是拍了一部电影。《粒子热》（暂定片名）就这么诞生了。

作为一名新教师，卡普兰曾获得过斯隆基金会设立的奖学金[1]。通常这样的奖学金被用于资助研究生购买计算机或学术访问或一定量的生活开支。但卡普兰得知一个电视导演对他的想法感兴趣后，两人用这笔钱制作了一部5分钟的短片，以便用来筹集制作一部正片时长的纪录片所需的资金。他们最初的预算是75万美元。真正的工作开始了：筹钱，招聘编辑和作家，筹钱，走访物理学家，筹钱…… 他们交给CERN物理学家一部小型高清晰度摄像机，让他们帮着记录下像2008年LHC启动和事故那样的关键事件。卡普兰自己也将大量时间投入到项目中。他没有薪水，反过来家里还一度给了他5万美元的贷款用以维持项目运转。

但这种号召力是巨大的。约翰·霍普金斯大学的发展办公室向大学董事会播放了这部短片，其中一位董事当场决定进行投资。一向大力支持美国的各类基础研究，并不断鼓励科学家更多地参与对公众进行科普宣传的美国国家科学基金会，很高兴地发现有科学家在认真推广科普知识，便大力提供支持。好莱坞备受推崇的编辑沃尔特·默奇，一位曾与乔治·卢卡斯和弗朗西斯·福特·科波拉有过合作并荣获多项奥斯卡奖的电影人，迷上了这部电影，并以远低于其身价的报酬提供服务。

208

在整个过程中，卡普兰的目标一直是捕捉到那种推动科学家去比前人更好地理解宇宙的堂吉诃德式的热情。情感的赌注很高，物理学是一门实验科学，因此如果理论上给出的预言不是大自然所选择的路

---

1. 本书作者也曾获得该项奖学金。—— 译注

径，那么这些世界上最优秀的理论家的信誉将几乎荡涤干净。卡普兰这样说道：

> 结果，这成了一项令人难以置信的英雄般的演练。它充满了不同的自我和热度，也许还有过度的自信。但你明白，人们在愚弄自己。科学家创造了一个他们大脑中的世界，为的是逼得自己努力工作，不断地工作，他们知道它可能带来彻底的失败。他们的整个职业生涯可能就此被断送得臭不可闻。

截至2012年年中，《粒子热》已接近完成，整个摄制组希望能在2013年1月的圣丹斯电影节上上映。如果恰逢其时，他们雄心勃勃地希望最终能在戏院广泛上映，真正将LHC带给大众。不论成功与否，他们都将创造一个奇迹，它将成为在LHC时代的曙光来临之前物理学家们兴奋和紧张的见证。

戴维·卡普兰将能够再次全心投身于物理。探索新知的过程是这般有趣和新颖，全然没有不久就得改换工作的危险：

> 拍电影是一次可怕的经历。它是这样的不合逻辑，看得见自我，人人都用一种莫名其妙的方式争论着。我恨它……我喜欢物理。

209

第11章 诺贝尔的梦想

本章讲述人们如何提出“希格斯机制”的引人入胜的故事，并考虑历史怎样才会记住它。

这是1940年，德国入侵丹麦。尼尔斯·玻尔——量子力学的奠基人之一，哥本哈根理论物理研究所主管——正为如何才能不让他手头的无价之宝——两枚诺贝尔奖金质奖章——落入纳粹之手而犯愁。他怎么才能让它们躲过即将到来的军队呢？

玻尔曾于1922年荣获诺贝尔物理学奖，但他的奖章此时已不属于他——在此之前他已拍卖了这枚奖章以帮助支持芬兰的抵抗力量[1]。现在的这两枚奖章分别属于马克斯·冯·劳厄和詹姆斯·弗兰克，两位德国物理学家。他们偷偷地带着奖章（上面分别刻有他们的名字）出走国门以避免它们落入纳粹之手。玻尔向他的朋友化学家乔治·德海维希求助。德海维希想出了一个绝妙的主意：将金牌溶解在酸中。黄金在普通酸中不容易溶解，于是两位科学家转而用王水——

1. 这里指的是芬兰人民抵抗俄国的侵略。1939年11月，芬兰拒绝了俄国对其领土要求的最后通牒后，两国间随即爆发了战争。冲突以1940年3月芬俄之间签订和约而告结束。1941年6月，芬兰为反对俄国而站在了德国一方。——译注一种具有极强金属腐蚀性的硝酸和盐酸的混合物，以溶解“贵”金属而闻名。经过一个下午的时间，诺贝尔奖的奖章在王水里逐步分解成单个原子，在溶液中呈悬浮状。前来搜查寻宝的士兵发现室内除了数百只看上去都一样的容器中有一对不起眼的化学溶液外，一无所获。

210

诡计成功了。第二次世界大战结束后，科学家们从德海维希的溶液中重新提取出黄金。玻尔将这些黄金提交到斯德哥尔摩皇家科学院，请他们重铸冯·劳厄和弗兰克的诺贝尔奖奖章。德海维希自己则在1943年逃到了瑞典，并于同年获得了诺贝尔化学奖——不是因为发现了新的违禁品隐藏技术，而是因为他在将同位素应用于示踪化学反应方面的成就。

对于科学上那些意义尚不明确的事情，人们判断的标准就是看它是否获得了诺贝尔奖。在19世纪末，化学家阿尔弗雷德·诺贝尔，炸药的发明者，设立了旨在表彰在物理学、化学、生理学或医学、文学与人类和平等方面做出杰出贡献的奖励基金，并于1901年起进行每年度的颁发。（经济学奖始于1968年，由不同的组织评选出。）诺贝尔于1896年去世，他的遗嘱执行者惊讶地发现，他为这个奖的设立捐出了其可观的财富的94%。

自那时以来，荣获诺贝尔奖已成为举世公认的对科学认知最高水平的认定。这种认知不完全等同于科学“成就”——诺贝尔奖有着非常具体的标准，关于获奖事项是否称得上当时的真正重要的科学发现这一点一直存在无休止的争论。诺贝尔的初衷是“奖励那些在过去一年中对人类做出最大贡献的人”，具体到物理学奖则是“奖励那些在物理学领域做出了最重要的‘发现’或‘发明’的人”。但这些准则在一定程度上被忽视了，一些早期的获奖成果后来被证明是错的，获奖者中没有人是靠过去一年所做的工作而得奖的。最关键的是，做出“发现”并不等同于他被确认为世界领先的科学家之一，因为有些发 211 现是由于偶然因素促成的，有些发现的发现者后来离开了该领域。而有些科学家一生都在做着出色的工作，但却没有机会做出一件可以赢得诺贝尔奖的堪称改变世界水平的发现。

其他一些标准也大大限制了诺贝尔奖的选择。诺贝尔奖不授予过世的人。但如果获奖者是在获奖决定做出之后但公布之前去世，则该奖项仍然会颁给他们。就物理学而言最重要的是，每年奖项的授予对象不超过3人。与（例如）和平奖不同的是，物理学奖不颁给组织或团体，它只考虑3人或少于3人的个人。这在大科学时代是一个挑战。

至于理论成果的获奖，诺贝尔奖的评奖显得缺乏足够的智慧，甚至难说是正确的。你必须是正确的，而且你的理论必须被实验证实才有可能被考虑。史蒂芬·霍金对科学最重要的贡献是认识到黑洞会因量子力学效应而产生辐射。大多数物理学家认为他是对的，但它是一个纯粹的理论结果，我们还没有观察到任何正处于蒸发的黑洞，而且依据现有技术条件我们也没有任何可能的途径进行这种观察。霍金很可能永远不会获得诺贝尔物理学奖，尽管他做出了难以置信的令人印象深刻的贡献。

在外人看来，似乎科学的整个目标有时就是获得诺贝尔奖。实际不是这种情况。诺贝尔奖就像是抓拍下科学上某个重要的瞬间，但科学家自己则认为这个丰富多彩的进程包括了很多人大大小小的贡献，其成果是建立在彼此间多年合作的基础上的。但我们仍得承认这一点：赢得诺贝尔奖是件大事，物理学家注定会对各种可能有朝一日被认可的发现保持关注。

希格斯玻色子的发现无疑是一项值得授予诺贝尔奖的成就。因此，率先提出预言存在希格斯子的理论无疑也值得授予诺贝尔奖。但是这并不必然意味着诺贝尔奖会实际授予。谁有可能赢得这一奖项呢？其实说到底谁获奖不重要，重要的是这个科学领域获奖。对此我们有很好的理由来看看在有关希格斯玻色子的各种概念背后的精彩历史，看看物理学家是如何开始寻找它的。本章的目标不是要提供一段明晰的历史，也不是要裁决谁应得什么奖。恰恰相反，我们是想看看这些概念随着时间的推移是如何发展的，你逐渐就会清楚，希格斯机制，像许多伟大的科学思想一样，涉及许多重要的步骤。我们试图在3个（或更少）应获得诺贝尔奖的人与那些不是必然给研究进展带来巨大推动力的大多数人之间画出一条清晰的界限，即使这样做有照猫画虎的嫌疑。

212

在本章中，我们试图了解这段历史，虽然这样简单的叙述必将是非常不完整的。然而对于历史，细节往往很重要。因此与本书的其他部分相比，本章将更多地着墨于技术细节。如果你不介意错过某些有趣的物理以及其中令人叹为观止的戏剧性，你可以放心地跳过它。

超导电性

在第8章里，我们探讨了对称性和自然界各种力之间的深刻联系。如果我们有一种“局部的”或“规范的”对称性——一种可以在空间中每个点上独立运作的对称性——那么它必然带有一种连接场，连接场产生各种力。引力和电磁力就是这么来的。20世纪50年代，杨振宁和米尔斯提出将这一概念延伸到其他的自然力上。对此沃尔夫冈·泡利强调指出，问题是基本对称性总是与无质量的玻色子相关联。这是对称性力量的一部分：它们对粒子可以有的性质有着严格的限制。例如，基本电磁作用的对称性意味着电荷严格守恒。

但由无质量粒子传递的力——按照当时人们所了解的——将会延伸到无限远，因此应该很容易被检测到。引力和电磁力就是明显的例子。但核力似乎很不一样。今天我们知道，强相互作用和弱相互作用都是杨-米尔斯型力，其无质量粒子以不同的原因躲着不让我们看见：对于强作用力，传递力的无质量粒子是胶子，但它被囚禁在强子体内；对于弱作用力，传递力的是W玻色子和Z玻色子，它们因为对称性自发破缺而变得质量很大。

早在1949年，美国物理学家朱利安·施温格就曾提出一个观点：基于对称性的力总是由无质量粒子携带。他一直在思考这个问题，然而到了1961年，他意识到，他的观点不是很严密，存在允许粒子获得质量的漏洞。尽管他不太清楚它在实际过程中会怎样发生，但他还是写了一篇文章来指出他以前的错误。施温格一向以优雅和严谨的个人风格以及治学作风闻名。他的这种风格与理查德·费曼的风格正好相反，但这不妨碍他与费曼以及朝永振一郎一起共享1965年度诺贝尔物理学奖。费曼向来以热情奔放、不拘形式的个性和深邃的物理直觉著称，而施温格则始终一丝不苟、循序渐进。当他写了一篇论文，指出在某个广为接受的传统智慧中存在缺陷时，人们是拿他的话当真的。

问题依然存在：是什么导致了传递力的玻色子得到质量？答案来自一个有点令人意想不到的地方：不是粒子物理学，而是凝聚态物理——对材料及其属性的研究。具体来说，是来自超导体理论。超导体是一种没有电阻的材料，LHC的巨大的磁铁用的就是这种材料。

电流是电子通过介质的流动。在普通导体里，电子不断地撞到原子和其他电子上，由此带来流动阻力。而超导体材料是这样一种材料，当温度降到足够低时，电流可以畅通无阻。第一个好的超导体理论是由苏联物理学家维塔利·金兹堡（Vitaly Ginzburg）和列夫·朗道于1950年提出的。他们认为，超导体内渗透有一种特殊的场，其行为就是给通常的无质量光子赋以质量。他们不一定想到这个场是自然界的一个新的基本场，而是将它看成是电子、原子和电磁场的集体运动——就像声波不是基本场的振荡，而是空气中原子彼此碰撞的集体运动一样。

214

虽然朗道和金兹堡提出了用某种场来解释超导的成因，但他们并没有说明这种场实际上是什么。这一步是由美国物理学家约翰·巴丁、莱昂·库珀和罗伯特·施里弗给出的，他们于1957年提出了超导体的"BCS（3人姓氏的首字母——译注）理论"。BCS理论是20世纪物理学的里程碑之一，其本身的来龙去脉就足以写成一本书（但本书不是这样的书）。

BCS理论借用了库珀的下述想法：在非常低的温度下，粒子对可以有序排列。正是这些“库珀对”建立起朗道和金兹堡所建议的神秘性质的场。虽然单个电子会不断地与周围的原子碰撞而遭遇阻力，但由两个电子构成的库珀对则是这样一种巧妙的结合：推动电子的每次轻推都在另一个电子上施加了一个大小相等、方向相反的拉力（反之亦然）。结果，成对的电子可以在超导体内不受阻碍地滑行。

电子的这个特性与下述事实直接相关：光子在超导体内实际上是有质量的。当粒子无质量时，它们的能量直接正比于其速度，速度的大小可以从零大到你能想象的任何数。相比之下，有质量粒子只能以它们能够有的最低能量状态存在，这个最低能量就是其静质量，由爱因斯坦的$E = mc^2$给出。当移动的电子受到材料中原子和其他电子的推挤时，其电场在微微地振荡，产生出能量非常低的光子，对此你几乎注意不到。正是这种持续不断的光子发射使电子失去能量并放慢了速度，从而减小了电流。由于在朗道-金兹堡理论或BCS理论中，光 215 子获得了质量，因此要实现光子发射就存在一个确定的最低能量条件。没有足够能量的电子不产生任何光子，因此也不会失去能量，故库珀对可以零电阻流过这种材料。

当然，电子是费米子而不是玻色子。但是当两个电子走到一起形成库珀对后，结果居然是玻色子。我们已经知道，玻色子作为传递力的场可以叠加起来，而费米子不一样，它是占用空间的物质场。正如我们在附录1中讨论的，场有一种称为“自旋”的特性，这种特性也能够将费米子与玻色子区分开来。所有的玻色子具有整数倍自旋：0，1，2，… 所有费米子的自旋都是整数加上1/2：1/2，3/2，5/2，… 电子是自旋等于1/2的费米子，当这些粒子聚在一起时，它们的自旋值可以相加减，因此两个电子构成的库珀对可以具有自旋为0或1——正好构成玻色子。

要说所有这些就是朗道-金兹堡理论和BCS理论的关键所在是不公平的。这两个理论本质上是关于多种粒子如何以复杂的量子力学的方式相结合的丰富的故事，但就我们眼下的目的而言，只需简单明了地记住一点：弥漫于空间的玻色子场可以给光子以质量。

对称性自发破缺

上一小节的最后这句话听起来非常接近希格斯的想法。但难题依然存在：我们如何将光子在超导体内有质量的概念与电磁力的基本对称性要求光子是无质量的理念协调起来呢？

这个问题已被许多人解决了，他们包括美国物理学家菲利普·安德森、苏联物理学家尼古拉·波格留波夫和日裔美籍物理学家南部阳一郎。其关键是：这种对称性确实存在，但它被超导体内非零值的场掩盖了，用行话说就是对称性发生了“自发破缺”——在基本方程里，对称性还在那儿，但从这些方程的我们感兴趣的特解上我们看不到这种对称性。 216

南部阳一郎，尽管他于2008年获得了诺贝尔物理学奖，并且多年来荣获许多其他的荣誉，但相对来说外界对他并不熟悉。以他做出的远高于其周围较知名的同事的贡献来看，这种状况让我们汗颜。他不仅是粒子物理学界最先理解对称性自发破缺的物理学家之一，还第一个提出了夸克的色的概念，最先提出了胶子的存在性，并指出粒子的某些属性可以用想象这些粒子是非常微小的弦来解释，从而提出了弦论。理论物理学界都非常钦佩南部所取得的成就，但他自己一直非常低调。

在21世纪初的头几年里，我曾执教于芝加哥大学，办公室与南部的办公室隔楼相望。起初我们没有往来，但当我们有了接触后，他始终是那样的彬彬有礼，和蔼可亲。有一次他敲开了我的门，希望我能帮助他用一下理论组电脑的电子邮件系统，通常这需要一段时间，但多长可说不准，因此我其实没帮上多大的忙。但他却很辩证地看待这件事情。芝加哥大学的另一位理论物理学家彼得 · 弗罗因德形容南部是一个“魔术师”:“他突然从帽子里掏出一只兔子，在你还没弄清怎么回事之前，兔子又在他手中变成了一种全新的东西，它们用蓬松的软绵绵的大尾巴保持着一种看似不可能的平衡。”但是，过于拘泥于礼节使得他在被任命为系主任后工作得并不顺利：对任何问题不愿意明确地说“不”，而是在说“行”之前用沉默一阵来表示反对。这导致他的同事们常常错愕，明明说“行”但实际上他们的要求并没有被允许。

BCS理论提出后，南部开始从粒子物理学的角度来研究这一现象。他预感到对称性自发破缺会起着关键作用，并惊异其广泛的适用性。南部的突破之一是证明了（与意大利物理学家乔瓦尼 · 乔纳-拉

217

希尼奥有部分合作）对称性自发破缺是如何在超导体内发生的，尽管你看不见。在具有非零值的场的虚空空间中它可能发生——这是存在希格斯场的一个明确的前兆。有趣的是，这一理论不仅阐明了费米子场如何能够从无质量开始，并通过对称性破缺的过程来获得质量。

南部的对称性自发破缺的建议是辉煌的，但也是有代价的。他的模型不仅能够给费米子赋予质量，而且还预言存在一种新的无质量的玻色子——而这正是粒子物理学家试图避免的，因为他们从没有看到过这种由核力产生的粒子。此后不久，苏格兰物理学家杰弗里·戈德斯通认为，这不只是一个烦恼：这种对称性破缺必然带来无质量的粒子，现在称其为"南部-戈德斯通玻色子"。随后，巴基斯坦物理学家阿布杜斯·萨拉姆和美国物理学家斯蒂芬·温伯格与戈德斯通一起将这种说法提升为一种严密的证明，即现在所称的"戈德斯通定理"。

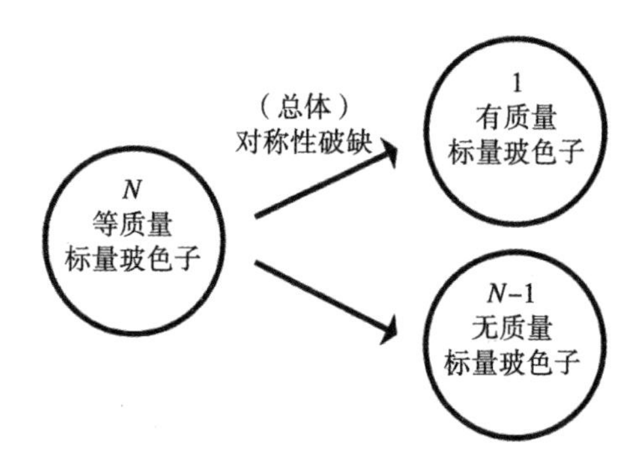

当一种总体对称性自发破缺时会发生什么？假如对称性没破缺时存在N种等质量的玻色子，那么破缺后，这N种玻色子中有一种变成无质量的南部-戈德斯通玻色子，其余的仍是有质量的

有关对称性破缺的任何理论都必须解决一个问题：这种打破了对称性的场是什么？在超导体中，发挥作用的是库珀对，即电子的复合

态。在南部/乔纳-拉希尼奥模型中，类似的效应由复合核子产生。但从戈德斯通1961年的文章开始，物理学家变得对存在一套新的基本玻色子场的概念感到满意。这种场的任务就是用虚空空间的非零取值来造成对称性破缺。所需的场被称为“标量”场，这是对没有自旋的场的另一种称呼。传递力的规范场虽然也是玻色子场，但有自旋值等于1的自旋（除了自旋值等于2的引力子）。

218

如果对称性不破缺，那么戈德斯通模型中的所有的场，作为有质量的标量玻色子，由于对称性的要求，都将表现出完全相同的模式。而当对称性被破坏后，各种场才会各行其是。就总体对称性（一种全空间的变换）而言，正如戈德斯通所认为的那样，有一种场仍然是有质量的，而其他的场则变成无质量的南部-戈德斯通玻色子——这就是戈德斯通定理。

调和

这似乎是个坏消息：尽管你根据BCS和南部的理论，将对称性自发破缺作为一种使可传递核力的假设性的杨-米尔斯玻色子变得有质量的方法，但这种技术也会带来另一种在实验中观察不到的无质量玻色子。

219

幸运的是，在这个难题提出不久，其解决办法也被提出。这就是贝尔实验室的菲利普·安德森[1]提出的解决办法。安德森于1977年荣

1. 细心的读者可能注意到，前面（第4章）曾提到普林斯顿大学的菲利普·安德森，两者应是同一人？是的。安德森同时担任两个职务：普林斯顿大学约瑟夫·亨利物理学讲席教授和贝尔实验室物理研究组的顾问主任。——译注

获诺贝尔物理学奖，是国际上公认的少数几位领袖级凝聚态物理学家之一。他一直不遗余力地呼吁将物质的凝聚态看做一个独立的研究领域，1972年，他发表了著名的题为《多则不同》的文章[1]，大力传播这样一种理念：研究多粒子体系的集体行为至少与研究粒子本身所遵循的基本法则一样有趣和基本。与沉默寡言的南部相反，安德森一直都是愿意说出自己的想法，甚至经常以挑衅的方式。他的散文集的副标题是“发自一个有思想的倔老头的呼声”。在该书封套背面的“传记”里有这样的话：“截至目前，科学领域好些个热点争论问题都与他有关。他的观点，在当时虽然不受欢迎，但最终都占得上风。”

虽然南部是受到BCS理论的启发，但他和乔纳-拉希尼奥提出的虚空空间下对称性自发破缺模型则是针对全局对称性而非局域（规范）对称性的。而正是局域对称性给出连接场，从而产生大自然的各种力。全局对称性有助于我们理解不同的相互作用的存在性，但不会导致出现新的力。

安德森虽不是粒子物理学家，但他很懂南部-戈德斯通玻色子背后的基本概念，它们在南部的工作以及1957年提出的BCS理论中发挥着重要作用（虽然有些是隐含的）。安德森早在1952年就已讨论了对称性破缺的动力学结果，他认为这种洞察力是他对物理学的最大贡献。安德森也知道，对称性的自发破缺不可能总是伴随着无质量粒子，因为在BCS模型下对称性也会发生自发破缺，而这个模型下并不存在任何无质量粒子。

---

1. 见*Science*，177，393-396（1972）。这篇文章明确反对物理学里的还原论观点，认为物质还存在一种现今称为“突现（emergence）”的行为。——译注

220　因此在1962年，在前一年施温格认可的激励下，安德森写了一篇文章（发表于1963年），试图向粒子物理学家解释如何避开无质量粒子的威胁。这是一个非常优美的解：开始时你有一种传递力的无质量粒子，接着对称性自发破缺又使你得到了无质量的南部-戈德斯通玻色子，两者结合便形成单个的有质量的传递力的粒子，正所谓"负负得正"。

安德森阐述得很明确：

> 考虑到与超导的类比，我们有可能将这种方法毫无困难地运用于有关零质量杨-米尔斯规范玻色子或零质量戈德斯通玻色子的南部型退化真空理论。这两种类型的玻色子似乎能够"相互抵消"，并仅仅留下有限质量的玻色子。

然而尽管有这样的分析，但粒子物理学家并没有看到，或是他们看到了但不相信它。安德森论证的是有关存在规范对称性自发破缺的场的一般性质，他没有就发生对称性破缺的基本场写出一个明确的模型。他说明了戈德斯通定理的结论是可以避免的，但没有解释这个定理的假设在哪儿出了问题。

最重要的是，在凝聚态系统下，我们很容易测量研究对象相对于材料的速度，而在虚空空间里，我们没有静止参照系。相对论保证了所有的速度都是一样的。在戈德斯通定理的证明里，相对论起着至关重要的作用。在许多粒子物理学家看来，戈德斯通定理的严格证明似乎要比安德森的反例更有说服力，他们想用相对论来调和这两者的分歧。1963年，哈佛大学的物理学家沃尔特·吉尔伯特写了一篇文章，明确提出了这种想法。（吉尔伯特当时正由粒子物理学转向生物学，如果不是天才，这种职业生涯的转变是很难想象的。1980年他因在核苷酸碱基测序方面的工作与他人共同荣获诺贝尔化学奖。）1964年，亚伯拉罕·克莱因和本杰明·李在一篇论文里研究了非相对论情况下如何避免戈德斯通定理，并建议考虑相对论时可做类似的推理，但他们的论证没有被认作权威性的。

安德森自己对过于认真地对待虚空空间下对称性自发破缺的概念持怀疑态度，其理由即使在我们今天看来也足够充分。如果你在虚空空间下有一个非零值的场，我们预计这个场应该带有能量。这个能量可能是正的也可能是负的，但没有特别的理由取零值。爱因斯坦很久以前就教导我们，虚空空间的能量——真空能——对引力（即那种在宇宙膨胀过程中具有推拉作用的力，是推力还是拉力取决于这个能量是正还是负）具有重要作用。粗略的简单估计表明，我们谈论的这个能量是如此巨大，以至于我们很早就注意到它——或者更准确地说，当宇宙在大爆炸中被炸得四分五裂并重新进入坍缩状态后，我们就不曾注意到它。这便是"宇宙学常数问题"，它一直是理论物理学中最紧迫的问题之一。目前我们认为，虚空空间很可能存在少许正能量——使宇宙加速的"暗能量"。这项成果在2011年被授予诺贝尔物理学奖[1]。但是，目前观测确定的暗能量的数值要比我们期望的小得

---

1. 2011年度的诺贝尔物理学奖被授予美国科学家索尔·帕尔马特（Saul Perlmutter，加州大学伯克利分校）、澳大利亚科学家布赖恩·施密特（Brain P. Schmidt，澳大利亚国立大学斯特朗洛山天文台）和美国科学家亚当·里斯（Adam G.Riess，约翰·霍普金斯大学），以表彰他们"通过对遥远的超新星的观测发现宇宙正在加速膨胀"这一重大发现。1998年，里斯领导的设立于澳大利亚的高Z超新星宇宙学研究小组（施密特是这个小组的发起人和管理者）率先发表了关于Ia型超新星加速远离的天文学观测证据，得出宇宙正在加速膨胀的结论（3月投出，5月被接受）。但对于

多，因此这个谜团仍未解开。

1964年：恩格勒特和布劳特

每一个物理学家，当他拥有珍爱的所谓“好主意”的设想时，他便生活在恐惧中——生怕别人也有与自己一样的设想并且在自己下手前便公之于众。即便这样的事情不可能完全没有，但你肯定认为甚为罕见。出现这种事情并不是随机的，所有的科学家都生活在讲座、222 论文和非正式交谈的万花筒中，两个或多个从来不曾谋面的人彼此在思考同样的问题这是很常见的。（在17世纪，牛顿和莱布尼兹就各自独立地同时发明了微积分。）

1964年，就是甲壳虫乐队风靡美国的那一年，3个独立的物理学家小组提出了非常类似的建议：证明局域对称性的自发破缺为什么不会产生无质量的玻色子，而只能产生导致短程力的有质量玻色子。最先提出这一问题的是比利时布鲁塞尔自由大学的弗朗索瓦·恩格勒特和罗伯特·布劳特所写的一篇文章。接着苏格兰爱丁堡大学的彼得·希格斯接连写了两篇文章，而后美国人卡尔·理查德·哈根和杰拉德·古拉尔尼克（曾是吉尔伯特的博士研究生）联手英国人汤姆·基布尔也写了一篇论文。这3组研究均相互独立，因此所有这3组都应享有我们现在所知道的“希格斯机制”的发明权——但要非

Ia型超新星观测的理论基础则是由帕尔马特最先提出并系统实施观测的（称为“超新星宇宙学项目”）。实际上，帕尔马特小组在1996年便取得了相关的观测证据，但出于谨慎和偏见（帕尔马特原本一直要证明的是宇宙膨胀在减慢直至停止），他们的数据没有公开发表。诺贝尔奖励委员会鉴于3人的实际贡献最终还是将奖金的一半授予了帕尔马特。这一获奖的意义不只是对两个小组过去成果的肯定，更重要的是确认了暗能量的存在。——译注

常准确地认定各自的贡献一直存在着争议。

恩格勒特和布劳特的论文很短。两位物理学家在1959年首次相遇时便相见恨晚，当时恩格勒特来到美国康奈尔大学做博士后，与布劳特一起工作。他们相识的第一天便相约出去喝一杯，结果一喝上便收不住，正可谓酒逢知己千杯少。1961年，恩格勒特返回比利时应聘教职，布劳特和他的妻子安排了临时访问布鲁塞尔，并很快就决定在那里定居。两人一直是亲密的朋友和合作者，直到布劳特于2011年去世。

在他们的讨论中有两种场：传递力的玻色子场和一组两个对称破缺的、在虚空空间中取非零值的标量场。这种设置与戈德斯通关于全局对称性破缺的工作类似，只是局域对称性所需的规范场这一点不一样。但他们没有对标量场的属性给予太多的注意，只是专注于规范场所发生的变化。他们用费曼图证明了，这种规范场可以在不违反基本对称性的条件下得到质量——与相对论的要求完全符合，但与吉尔伯特的担忧相矛盾。由此可见他们显然不知道此前一年安德森论文的工作。

1964年：希格斯

1960年，彼得·希格斯拿到伦敦大学学院（University College London）的博士学位后，回到家乡爱丁堡大学从事讲师教职。他注意到安德森的工作，并对明确证明如何在相对论中避开戈德斯通定理的工作很感兴趣。1964年6月的一天，希格斯翻开最新一期的《物理评论快报》(美国出版的最有影响力的物理学杂志),恰巧看到吉尔伯特的文章。他后来回忆说:"我认为当时我的反应是'狗屎',因为他似乎已经关上了南部程序的门。"但希格斯没有放弃。他记得施温格曾指出,通常对"规范玻色子因为对称性的缘故必然是无质量的"的论证有漏洞,他认为自发破缺的对称性的情形可能也存在这样的漏洞。认识到这些问题的重要性后,希格斯很快写了一篇简短的论文投到《物理快报》(欧洲出版的可与美国的《物理评论快报》媲美的专业期刊)并得到发表。这篇文章第一次明确指出,在规范对称性的情况下,甚至在完全考虑相对论的情形下,戈德斯通定理背后的假设是如何被否定的。

希格斯在第一篇论文中没有给出如何根除无质量玻色子的具体模型。为此他在第二篇文章中专门提供了检查一对戈德斯通型对称性破缺标量场的行为的方法,这两个标量场耦合到传递力的规范场。方法显示了这种规范场是如何吞噬南部-戈德斯通玻色子并产生单个的有质量规范玻色子的。他还是将这第二篇文章投到《物理快报》,但遭到断然拒绝。这令希格斯非常惊讶,他不明白为什么该杂志会发表一篇谈论"有质量的规范玻色子是可能的"的论文,但却不接受一篇谈论"在此给出一个有质量规范玻色子的实际模型"的文章。但希格斯还是没有放弃,他在论文中增添了一些详细阐述该模型的物理结果的段落,然后将它投到美国的《物理评论快报》。《物理评论快报》接受了,评审人——希格斯后来才知道是南部——建议他添加一篇引用恩格勒特和布劳特文章的参考文献,这篇文章才发表。

224

希格斯在第二篇文章被《物理快报》拒绝后所增加的段落里有一

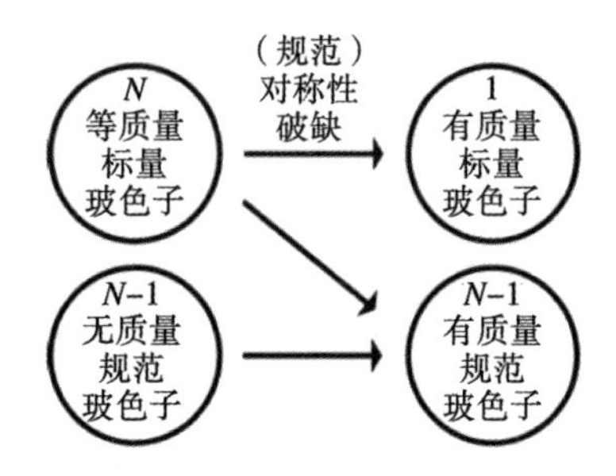

当局域（规范）对称性自发破缺时会发生什么？我们不妨与前述的总体对称性自发破缺的情形作一对比。现在对称性的情形是既有无质量的规范玻色子，也有有质量的标量玻色子。那些在对称性破缺后变得无质量的玻色子被规范玻色子吞噬掉，后者变成有质量的玻色子，而单个的有质量的标量玻色子仍然存在，它就是希格斯玻色子

段评述，指出他的模型不仅使规范玻色子有质量，而且还预言了存在一种有质量的标量玻色子——这是对我们现今所称的“希格斯玻色子”的第一次明确表述。我们记得，戈德斯通的全局对称性破缺模型所预言的不仅有诸多无质量的南部-戈德斯通玻色子，也有少量的有质量的标量玻色子。在局域对称性的情形下，那些虚设的无质量标量玻色子被规范场吞噬掉，而后者则成为有质量的粒子。但戈德斯通理论下有质量的标量场在希格斯的理论中仍然存在。恩格勒特和布劳特没有讨论这个其他粒子的问题，虽然在他们的方程中这一点是隐含着的（正如在安德森的工作中所表现的那样）。

先前瞻一下，在希格斯机制实施于现实世界的标准模型中，在对称性破缺之前，我们有4个标量玻色子和3个无质量规范玻色子。当对称性因标量子在虚空空间变得具有非零值而破缺后，3个标量玻色子被规范玻色子吃掉，留下了3个有质量的规范玻色子——2个W子、1个Z子和1个有质量的标量玻色子——希格斯子。另一个规范玻色

子一开始就没质量并一直保持不变——它便是光子。(光子实际上是一些原始规范玻色子的混合物,但是这已经够复杂的了。)从某种意义上说,我们已经发现了3/4的希格斯玻色子,因为我们已经发现了有质量的W子和Z子。

225 虽然有人可能认为,无论是谁——是安德森,还是恩格勒特和布劳特,还是希格斯——最先提出了使规范玻色子变得有质量的希格斯机制,希格斯本人都有很好的理由声称是他首先预言了希格斯玻色子——那种现在被我们用作大自然如何工作的证据的粒子——的存在。(其他人可能会指出——实际上他们已经这么指出了——希格斯早期的论文原本可以提及希格斯玻色子,但是没有,因为剩下的工作一旦完成,它的存在就是显而易见的。)在1966年发表的后续论文中,希格斯从更多的细节上检查了这种玻色子的属性。但如果他最初提交的论文没有被《物理快报》拒绝的话,他可能永远也不会对这种玻色子给予如此关注。

希格斯很看重安德森1963年发表的论文。他对安德森的这一工作评价很高,但同时又认为安德森走得不够远:"安德森本应做出我所做的两件事情,他应能够指出戈德斯通定理的缺陷,也应能够给出一个简单的相对论模型来展示它的发生。但是,每当我讲到所谓的希格斯机制时,我都要从安德森的工作开始讲起,他实际上已经得出了这一结果,但没有人懂他。"

1964年：古拉尔尼克、哈根和基布尔

在恩格勒特和布劳特、希格斯发表论文之后——但也只是刚发表——古拉尔尼克、哈根和基布尔也完成了他们的论文。他们的论文是建立在古拉尔尼克和哈根长期讨论的基础上的。两人曾是麻省理工学院的同级本科生，后来哈根留在麻省理工学院攻读研究生，古拉尔尼克则去了哈佛，在此期间两人合作完成了他们的第一篇论文。在古拉尔尼克去伦敦帝国学院做博士后之后，两人的这些讨论越加密切，原因是当时阿布杜斯·萨拉姆执教于伦敦帝国学院，对称性自发破缺是一个热门话题。基布尔也是伦敦帝国学院的一名教师，他和古拉尔尼克经常讨论如何避开戈德斯通定理的问题。哈根的学术访问促使3人考虑合作写一篇文章来表述他们的结果。

据后来回忆，1964年10月的一天，当哈根和古拉尔尼克“正将论文手稿装入投寄到《物理评论快报》的信封时，基布尔带着几篇文献——希格斯的两篇文章和恩格勒特/布劳特的一篇文章——进了办公室”。恩格勒特/布劳特的论文提交于1964年6月26日，发表于8月；希格斯的两篇文章分别提交于7月27日和8月31日，发表于9月和10月。古拉尔尼克、哈根和基布尔的论文提交于10月12日，发表于11月。他们的第一反应是认识到这些迄今没有料到的工作是相关的，但他们并没有觉得“被人抢先”了。3人判断，恩格勒特/布劳特和希格斯已经成功地解决了规范玻色子如何通过对称性自发破缺获得质量的问题，但没有正视戈德斯通定理为什么出错的问题，而这个问题正是这套英美三驾马车关注的核心。他们认为，恩格勒特/布劳特对各种振荡场所发生的事情的讨论有些模糊，而希格斯的文章则完全是

227

经典性的，而不是用量子力学的语言写成的。

考虑到这一点，3人从信封里抽出论文文稿，在近期工作介绍方面加了一篇参考文献："我们考虑的理论（作为例子）部分已由恩格勒特和布劳特解决了，并且与希格斯的经典理论具有某些相似。"因为一种想法几乎同时由几个人提出这在物理学界是相当普遍的，因此物理学界早有约定：如果在你之前正好有另一篇文章讨论同样的主题，你必须在文末给出一个关于这篇文献的附注："在本项工作完成之际，我们收到了由……发表的相关文献。"3人忽略了这一点，但没有人怀疑他们在接到相关文献之前已基本完成了他们的工作。这篇文章的语言相当不同，并且在其他相关文献刚刚出现后不久就已提交，他们有没有机会把自己的论文建立在恩格勒特/布劳特和希格斯论文的基础上。

古拉尔尼克、哈根和基布尔对规范对称性的自发破缺问题进行了彻底的量子力学处理。他们非常深入地研究了如何规避戈德斯通定理假设的问题。但他们没有十分正确地得出希格斯玻色子的结论。与人们认为真实的希格斯玻色子是有质量的这一预期不同，古-哈-基将其质量设置为零。他们关于这种粒子的明确表述很简单："虽然人们通过检查看到理论中有一种无质量的粒子，但我们很容易看出，它与其他（有质量的）激发态是完全退耦的，与戈德斯通定理不相干"。这些陈述在他们的模型下是正确的，但那只是因为他们人为地将耦合和质量设置为零。在现实世界中，我们认为希格斯子不仅有质量，而且与其他粒子之间存在耦合。在这个研究方向上使力的还有另外一个小组，虽然其工作发表得略晚（几个月）。当时，苏联与西方之间的科学交流受到官方限制的重重阻碍。因此在1965年，当物理学家亚历山大·米格德尔和亚历山大·波利亚科夫——当时均只有19岁——提出关于规范理论中对称性的自发破缺的想法时，他们并不知道有关这方面的1964年的论文。他们的独立工作一直受到评审人的怀疑，直到1966年这种局面才得到改观。

尽管所有这些研究都同时进行着，但许多物理学家仍对局域对称性是否能提供一种逃避无质量粒子的途径持怀疑态度。希格斯讲过这样一个故事：他出席哈佛大学的一个研讨会，理论家西德尼·科尔曼事先就给他的学生打了预防针："谁要说他能够证伪戈德斯通定理，你们千万别信以为真。"（我可以保证这个故事的真实性，因为多年后当我上他的量子场论课时科尔曼自己就这么说过。）但恩格勒特、布劳特、希格斯、古拉尔尼克、哈根和基布尔握有重要的事实：他们是正确的。很快，他们的想法被用于取得人类对自然的认识的一次重大胜利，按现在的说法，就是被合并到标准模型中。

弱相互作用

这些关于不同类型的对称性自发破缺的讨论都涉及量子场论中的如下基本问题：会发生什么？在什么情况下发生？被描述的这些现象是否真的与现实世界有关，这一点仍有待观察。好在时间不长，我们对弱相互作用的理解就有了定论。

1934年，恩里科·费米提出了第一个前景光明的弱相互作用理论。费米利用沃尔夫冈·泡利最新提出的中微子概念发展了中子衰变模型，现在我们知道，中子衰变是由弱相互作用导致的。正如我们在第7章中所论述的，费米的计算也是早期量子场论的成功。

229

费米理论为实验数据拟合提供了一个不错的选择，但你不能将它外推得太远。量子场论中的许多计算通常是先找到一个近似的答案，然后再一点一点地改善这个答案，基本做法就是让它包括更复杂的费曼图的贡献。在费米理论中，初始近似起着很好的作用，但后级近似（这本该是一个小的修正）则趋向无穷大。这是个问题——一个笼罩着整个20世纪粒子物理学的大问题。无穷大的答案肯定是不对的，因此它可视为一种迹象：你的理论不是很完善。好的理论既需要与实验数据相符，也需要在数学上说得通。

无穷大的问题不只限于弱相互作用，它甚至给电磁相互作用的理解也带来困扰。电磁作用理论应该是最简单、最容易理解的量子场论。事实证明，无穷大是可以被驯服的。这个过程称为“重整化”，费曼、施温格和朝永振一郎正是因为这方面的贡献而荣获诺贝尔物理学奖。

有些场论是可重整化的——我们可用定义良好的数学技术来获得数值有限的答案，而有些则不可。在现代量子场论中，如果一个理论是可重整化的，我们通常不会简单地摒弃它。我们得承认它是一个最好的近似，虽然也许只在非常低的能量范围有效，而那些描述高能态下物理现象的新物理学必须能够驯服无穷大。然而在很长一段时间里，不可重整化一直被看做理论不完善的一个标志。费米的弱相互作用理论被证明是不可重整化的，当我们过度外推时它给出的是无穷大的答案，而且我们还没有办法想出一个更好的理论来解决这些问题。

朱利安·施温格一直对杨-米尔斯的下述想法感到好奇：更为精致的对称性能够产生用于解释自然力的连接场。他试图将这个想法运用到弱相互作用上。但有一个现实问题需要解决：杨-米尔斯玻色 [230] 子被认为是无质量的，这意味着长程力，而弱相互作用显然是短程的。施温格干脆先把这个问题放在一边，他从杨-米尔斯模型着手，人为设定了两个有质量的传递力的玻色子。这便是我们现在所知的W^+玻色子和W^-玻色子的第一次面世。（怎么说都是第一中的一个，用莱昂·莱德曼的话来说："费米理论的后来版本，最突出的要算施温格的版本，引入了大质量的W^+玻色子和W^-玻色子作为弱力的载体。因此其他几个理论家也跟着亦步亦趋。让我们看看他们都有谁：李政道、杨振宁、盖尔曼……我不喜欢颂扬理论家，因为他们的理论99%的都将被推翻。"）

杨-米尔斯玻色子为什么是无质量的这个问题的首要理由在于理论所依据的对称性。当施温格给出玻色子时，这便意味着这种对称 [231] 性被打破了。但在这种情况下，这种破缺是显在的破缺，而不是那种对称性被某个虚空空间里的非零场隐藏起来所造成的"自发的"破缺（当然当时还没有发明出这种概念）。这不是因为场而造成的破缺，而是因为施温格说它破了它就破了。正如你可能已经猜到的那样，这种做法有点像专门做出一种结构用来捣毁这个模型。首先，电磁作用的可重整化性质的关键取决于理论赖以建立的基本对称性，而与使施温格模型变得非重整的那种对称性无关。后来人们终于认识到，有质量规范玻色子的理论是可重整化的，当且仅当这种质量来自对称性的自发破缺，当然这是若干年后的事了。

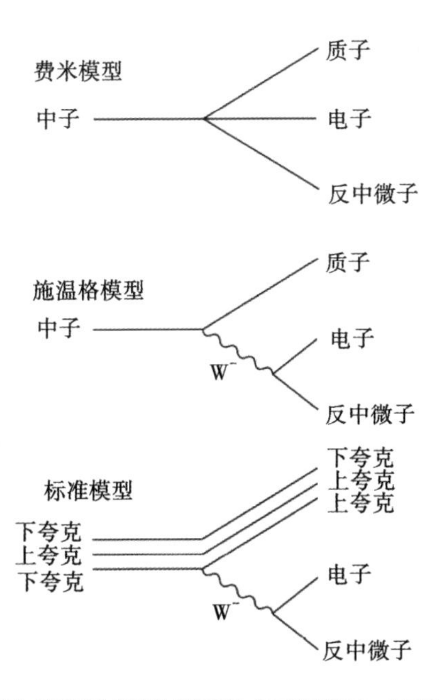

以中子衰变为例看看弱作用观点的变化。在费米理论中，中子直接衰变到质子、电子和反电子中微子。在施温格理论中，中子先衰变成质子和带电的W^-玻色子，然后这个W^-玻色子再衰变成一个电子和一个反电子中微子。他是正确的，但我们现在知道，中子是由3个夸克组成的，其中的一个通过放出一个W^-玻色子从下夸克变成上夸克

不管怎么说，施温格并没有固执地拘泥于一种不可靠的理论。天才的高明之处就在于他能从各种纷繁的概念中看出哪一种是值得追求的，即使它当时还不是那么有效。施温格模型的可人属性就在于它实际上预言了存在3种规范玻色子：两种带电的W玻色子，它们有质量；一种电中性的规范玻色子，它可以保持无质量。当然，我们都知道，这个电中性的无质量规范玻色子就是光子。令施温格感到鼓舞的是，这种处理能够带来将电磁作用与弱作用统一起来的美好前景，这将使物理学向前迈进一大步。可能正是这一点让他能在面对诸多问题

时坚持自己的模型。

但他坚持得不是太久。施温格的论文发表于1957年，但就在同一年，人们发现弱作用不遵从宇称守恒。从第8章（和附录1）我们知道，粒子分为左旋的或右旋的，是哪一种取决于其自旋。宇称不守恒意味着弱相互作用只能耦合到左手粒子，而对右手粒子不起作用。这样就有可能存在一种仅涉及左手粒子的杨-米尔斯对称性。但我们知道，电磁作用不违反宇称守恒——它对左右手粒子平等相待。这一发现似乎要让施温格将弱力和电磁力统一起来的希望彻底破灭。232

电弱统一

当教授的好处就在于有时候你遇到一件难事而又不想放弃时，你可以把它交给研究生去做。有幸的是施温格手边正好就有这么一位非常有才华的年轻学生：谢尔登·格拉肖。于是施温格便将考虑电磁作用和弱作用统一的任务交给了格拉肖。格拉肖是一个心胸宽广极富个性魅力的人。作为物理学家，他特别享受从一个想法跳到另一个想法的那种乐趣。这种气质使他非常适于从事探索各种物理力的统一的研究工作，因为他总是很愿意提出一个理论，然后迅速转向下一个理论。经过前后几年反反复复的思考，他拿出了一个很有前途的方案，这就是后来所称的“电弱统一”理论。

问题的关键是宇称：它对于电磁作用是守恒的，但对弱作用却不守恒。如何将两者统一起来？格拉肖的想法是引入两种不同的对称性：一种对于左右手粒子都一样，另一种则对左右手粒子有区别。现在，你可能认为这算不上是向前迈进了一步，有两个不同的对称性听起来就不很统一。但格拉肖模型的秘密就在于这两种对称性可以都破缺，但两者合在一起则不破缺。

设想有两个齿轮。它们中的任何一个都可以独立转动，就像格拉肖模型里的两种初始的对称性。但把它们合在一起后两个齿轮的齿就相互啮合了。现在，它们仍然可以转动，但必须一起转动而不是各自独立转动。整个系统的自由度比以前少了。在格拉肖的模型中，非破缺的对称性就像合在一起的两个齿轮的行动能力，而破缺的对称性则像要求它们以不同速度转动。无质量的、电中性的规范玻色子相当于满足格拉肖的非破缺对称性，这当然只能是光子。

233

这个想法似乎能够调和弱作用和电磁作用的已知特性。（当然还存在其他问题，譬如规范玻色子的质量的确定，理论不是可重整化的，等等。）但它在预言新的规范玻色子方面与人们当时所设想的有很大距离。它设想存在一种电中性的、有质量的规范玻色子，即我们现在所称的Z玻色子。但在当时没有证据证明存在这种粒子。因此，这个模型没有引起人们太多的注意。

与格拉肖有点任意地将各种成分堆砌在一起来试图统一弱作用与电磁作用的同时，在大洋彼岸的英国还有另一批人也对这个问题感兴趣。在帝国学院，阿布杜斯·萨拉姆和约翰·沃德提出了几乎完全相同的理论。两位物理学家均造诣深厚，声名卓著。沃德，出生于英国，但在澳大利亚和美国生活多年，是量子电动力学的先驱。在物理学界，他最有名的可能是量子场论里的“沃德恒等式”，一种强化局域对称性的数学关系。萨拉姆，出生于巴基斯坦（当时巴基斯坦同印度一样，仍在英国的统治之下），最终成为发展中国家中积极参与政治，倡导科学的著名人物。他们是密切的合作者，其中最有趣的合作成果就是对力的统一问题的研究。

与格拉肖的逻辑非常相似，萨拉姆和沃德也发明了两种不同的对称性，其中之一违反宇称守恒，另一种则不，而且这个模型预言存在无质量的光子和3种有质量的弱规范玻色子。他们的论文发表于1964年，显然没有注意到较早的格拉肖的工作。但与格拉肖不同的是，他们没有为此找借口：他们的工作是直接继承自哈根、古拉尔尼克和基布尔的全力研究对称性自发破缺方面的工作。

这种交流不畅的部分原因可能在于沃德天生的沉默寡言的秉性。弗兰克·克洛斯在他的《无限之谜》一书中给出了一段从杰拉德·古拉尔尼克那里听来的故事：234

> 古拉尔尼克和沃德在当地的一个酒吧一起吃午饭。古拉尔尼克开始谈他尚未完成的有关隐对称性的工作。“我刚说没几句沃德便打断了我，他给我上了一课为什么我不该将自己尚未发表的想法公之于众，因为它们有可能被窃取，被别人在我有机会完成工作之前抢先发表。”有了这个警告，结果古拉尔尼克没有问沃德有关他与萨拉姆正在进行的工作。

即使对于讨论未发表的工作采取了这种谨慎的态度，那些极端守口如瓶的物理学家通常仍然不愿意谈论甚至已公开的工作。但无论出于何种原因，萨拉姆和沃德确实不知道古拉尔尼克、哈根和基布尔所建议的内容，直到几年后这种情况才改变。在萨拉姆通过与汤姆·基布尔的交流终于了解了他的工作后，在随后的几年里他一直将这项工作称为“希格斯-基布尔机制”。

把它们放在一起

1967年，最后几块拼板被放在一起。斯蒂芬·温伯格与谢尔登·格拉肖曾是纽约市布朗克斯高级科学中学的高中同学，但在这项导致两人与萨拉姆一起共同荣获1977年度诺贝尔物理学奖的理论物理研究上，他们从来没有直接合作过。今天，温伯格是一位受人尊敬的元老级物理学家，是《纽约书评》和其他图书排行榜上好几本颇有影响的畅销书的作者。他还是超导超级对撞机的主要倡导者——不管这台最终被否决的加速器会不会建在得克萨斯州；他早自1982年搬到那里后也没再挪窝。235

当时，温伯格是麻省理工学院的一个年轻教授，每天开着一辆红色的科迈罗轿车来校园。他不仅对对称性自发破缺深有研究，而且还试图用它来理解强相互作用。受到汤姆·基布尔最近一篇文章的启发，温伯格开始考虑一组对称性，但当时他不知道的是，他所考虑的这组对称性与格拉肖、萨拉姆和沃德之前考虑的非常相似。问题是他还预言了一种无质量的、电中性的、自旋为1的玻色子，但在强相互作用那里似乎并不存在这种粒子。

那年的9月，温伯格恍然大悟，原来他一直在思考的是一个错误的问题。他的看似有问题的强相互作用模型可以和弱作用和电磁相互作用的理论一样的有效。恼人的无质量玻色子是其特征而非缺陷：它就是光子。在一篇简短的题为“轻子理论”的论文里，温伯格将标准模型里那些连当今粒子物理学专业研究生都能一眼看出这是电弱项的部分合并在一起。在参考文献里他引用了格拉肖的论文，但仍没注意到萨拉姆和沃德的工作。运用基布尔的概念，他能够直接预言W玻色子和Z玻色子的质量——这是格拉肖、萨拉姆和沃德无法做到的事情，因为他们是人为地赋予粒子质量。温伯格给出了这样一种机制，在这种机制下，所有的费米子都能和规范玻色子一样获得质量。他甚至指出，这个模型可能是可重整化的，虽然当时他没能提供任何令人信服的论证。一个自洽的电弱统一理论终于形成。

几乎在同一时间，基布尔和萨拉姆终于看清了他们在对称性破缺方面的共同兴趣，沃德向萨拉姆解释了这个理论。萨拉姆意识到他可以重塑他曾与沃德一起建议的统一模型，将对称性破缺的标量玻色子包括进来。他通过演讲对帝国学院的少数听众发表了他的设想。但不知什么原因，萨拉姆没有立即写文章系统阐述这些观点。他是一位极为多产的物理学家，当时主要精力集中在对引力而不是对亚原子力的研究上。结果，他的将希格斯机制添加到萨拉姆-沃德模型的建议直到一年后才发表，而且还是以会议发言（其中还引用了温伯格的论文）的形式包含在会议文集中。 236

正如库尔特·冯内古特曾在不同的语境下描述的那样，温伯格和萨拉姆的两篇文章的影响不啻一张直径12英尺（约3.66米）的煎饼下落了2英寸（约5.08厘米）——外界感觉微乎其微。在学术界，特别是在科学界，量化研究成果影响的最具体的方式就是看你的文章被其他文章引用了多少次。在1967年到1971年间，温伯格的这篇论文被引用的次数非常少。两位作者也都没在随后的几年里着力进行更深入的研究。然而，自1971年以来，温伯格的论文已经被引用超过7500次——40年里差不多每两天就被引用一次。

1971年发生了什么事？有了令人吃惊的实验结果？不是，是一项令人惊讶的理论成果：杰拉德·特霍夫特——一位来自荷兰、在马丁努斯·韦尔特曼手下做研究的年轻的研究生——证明了对称性自发破缺规范理论是可重整化的，即使规范玻色子有质量亦然。换句话说，特霍夫特证明了电弱理论在数学上是说得通的。这一点在温伯格和萨拉姆那里都是揣测，许多同行对此持怀疑态度，其部分原因就在于他们的想法太过含糊。用西德尼·科尔曼的话来说就是，特霍夫特"揭示了温伯格和萨拉姆手里的青蛙原来是被施了魔法的王子"。从那以后，特霍夫特赢得了"作为物理学界最有创造力和聪明头脑"的美誉。他和韦尔特曼因在电弱理论和对称性自发破缺方面的突出贡献共同荣获了1999年度诺贝尔物理学奖。

不久，令人吃惊的实验结果出来了。格拉肖/萨拉姆-沃德/温伯格模型的最重要的预言——存在重的电中性的Z玻色子——得到 237 了确认。在此之前，W玻色子的作用已人所共知：它们能够被辐射出来从而使费米子改变身份（例如，在中子衰变过程中使一个下夸克变为一个上夸克）。如果Z玻色子存在，这将意味着一种新版本的弱作用——粒子保持其身份不变，例如中微子可以散射出原子核。1973年，这一事件在欧洲核子研究中心的加尔加梅勒探测器上被观察到。也正是这一发现使得格拉肖、萨拉姆和温伯格共同荣获了1979年度诺贝尔物理学奖。（沃德已去世，但按诺贝尔奖惯例，每年度也最多只能有3人分享同一奖项。）上述事件只是存在W玻色子和Z玻色子的间接证据，而这两类粒子本身直到几年后才由卡罗·鲁比亚发现。

一切皆如预料，剩下的只有希格斯玻色子仍有待发现。

命名游戏

物理学家是人。他们做事通常是出于理查德·费曼所称的“从中找到乐趣”的激励。一旦发现某些有趣的事情，他们便很享受自己的工作是那么有意义。在这本书中，我一直将通过对称性自发破缺使规范玻色子获得质量的机制称为“希格斯机制”，将这种模型所预言的标量粒子称为“希格斯玻色子”，物理学界基本上也都是这么称呼的。然而很明显，尽管希格斯的贡献无疑是重要的，但他并不是创立这种模型的唯一的人。为什么会这么命名？我们应该怎么来命名？

没有人确切知道“希格斯玻色子”这个名称最初是怎么来的，但它肯定不是希格斯自己叫出来的。粒子物理界普遍认为这一称呼最先是由本杰明·李提出的，李是一位有才华的韩裔美籍物理学家，可惜因车祸已于1977年去世。李是在与希格斯讨论中了解到规范对称性的自发破缺机制的。这个故事是这样的：在1972年费米实验室的一次会议上，李做了一个很有影响力的报告，其中多次提到“希格斯介子”。当时正值特霍夫特的革命性结果面世，于是每个人都争先恐后

238

地想了解这些概念。要不怎么说物理学家也是人呢，在谈论某个问题时他们往往会坚持用他们第一次指称某个概念时所采用的术语而懒得变更，于是一场广为流传的谈话便会越传越广。

另一种理论可以追溯到斯蒂芬·温伯格1967年的论文。实际上原始文献可以追溯到1964年，但那时没有几个物理学家在思考对称性自发破缺规范理论的问题。1971年，在特霍夫特取得突破之后，许多人火速跟进，于是温伯格的论文成为一个很好的起点。他引用了希格斯（包括他1966年探讨玻色子的论文）、恩格勒特和布劳特，以及哈根、古拉尔尼克和基布尔的所有三方面的文献（但他没有列入安德森的论文）。其中希格斯的论文排在文献列表的第一位，这也没有什么特别的原因。但就是这些看似不起眼的选择带来了持久的意想不到的后果。

也许最重要的是，作为对一种粒子的称呼，“希格斯玻色子”听起来好听。在希格斯的论文里，他最为密切关注的是这种玻色子粒子，而不是产生这种粒子的“机制”，但是这一点并不足以解释这项命名的约定。我们可能会问，如果有另一种选择，那会是什么呢？在早期，也许有可能弄出一个不以人名命名的标签，譬如“径向玻色子”，或许叫“残余子（relicon）”，因为这种玻色子是对称破缺过程中唯一残存的东西。叫“电弱玻色子”也未尝不可，但它有可能引起与W玻色子和Z玻色子相混淆的危险。

但如果没有这样的命名（这些建议似乎也未必都非常合适），我们同样很难做到通过命名约定来给历史一个公正的交代。希格斯本人对粒子称“这种以我名字命名的玻色子”，有时称这种机制为“ABEGHHK'tH机制”——即以安德森、布劳特、恩格勒特、古拉尔尼克、哈根、希格斯、基布尔和特霍夫特的名字的首字母缩写来命名，以彰显每个人都有贡献。费米国家实验室的乔·莱肯将特霍夫特换成南部：“HEHKBANG”，这至少是一个可朗朗上口的首字母缩写，但并不更具吸引力。“还是不地道。”他自己也承认这一点。 239

说到底，粒子的名称不过是一个标签。我们不必预设，也不该将其视为是对这一概念发展历史的全面公正的评价。我们可以做到称其为希格斯玻色子而并不认为希格斯是唯一一位对此有贡献的人。（鉴于现代粒子物理学研究的经费压力，我们不妨将这一冠名权卖它个10亿美元，“麦当劳玻色子”，一次，还有谁出价？）

历史判决

正如我们之前讲述的，南部和戈德斯通帮助我们建立了对对称性自发破缺的理解，但在他们那里，这种对称性指的是全局对称性。安德森指出，规范对称性与此不同，特别是它们不会留下任何残存的无质量粒子，但他并没有建立起一个明确的相对论模型。这种模型是分别由恩格勒特和布劳特，希格斯，古拉尔尼克、哈根和基布尔独立完成的。三方运用了略有不同的思路，但得到了本质上相同的答案，因此所有三方都值得在历史上大书一笔。至于特霍夫特，他的贡献主要在于证明了这个理论在数学上是自洽的。

按照传统，诺贝尔科学奖只奖给个人而不是群体，而且在任何一年都不超过3人。毫无疑问，候选人的位置存在争夺，至少是体面的竞争。特霍夫特和韦尔特曼因其在重整化电弱理论方面的工作已经赢得了诺贝尔奖，安德森因其他方面的贡献也获得过诺贝尔物理学奖，但这一获奖实际上使他再度获奖的机会大大减少（尽管他第一次完全有机会凭这方面的工作获奖）。罗伯特·布劳特已于2011年去世，而诺贝尔奖没有追授的先例。

240　2004年，沃尔夫物理奖——有时被认为是仅次于诺贝尔奖的第二项最负盛名的奖项——被授予恩格勒特、布劳特和希格斯，但古拉尔尼克、哈根和基布尔不在列。2010年在法国举行的“寻找希格斯子”的会议上，贴出的海报直接提及“布劳特、恩格勒特和希格斯”，也完全没有提到古-哈-基。这造成了一定的抵触情绪，支持古-哈-基的英美团队威胁要抵制这次会议。主办者格雷戈里奥·博纳迪对这一批评很是吃惊：“人们把这个问题看得这么严重是我们没有想到的。”这种态度至少在某种程度上说是虚伪的。既然你够细心，知道要将恩格勒特和布劳特的名字与普遍被称为“希格斯子”的玻色子联系在一起，那么当古拉尔尼克、哈根和基布尔（及其支持者）感到不满时，你就不该感到惊讶。当美国物理学会将2010年度的樱井理论物理学奖颁给“哈根、恩格勒特、古拉尔尼克、希格斯、布劳特和基布尔”时，这种刺痛得到了部分缓解。这里排名的顺序很有讲究，力图让任何人都挑不出毛病（但安德森可能有理由抱怨）。

正如安德森自己说的那样，“如果你想要一部细节上准确无误的历史，那最好是你自己把它写下来。”在过去几年里，古拉尔尼克、希格斯、基布尔、布劳特和恩格勒特都写了回忆录，详述他们在1964年的工作，以图将各自的贡献大白于天下。在当今这个时代，维基百科的条目有争议的可谓比比皆是，因为这是一个任何人都可以编辑的网上百科全书。2009年8月，一位用户名为“CERN的玛丽”的网友编辑了一个新的题为“1964年《物理评论快报》对称性破缺文献综述”的词条。在此之前，维基百科已经有单独的“对称性自发破缺”“希格斯机制”等条目，这个新条目的目标直指该如何评价对这些概念有贡献的人的问题。在讨论了所有的文献后，新条目很明确谁该获得支持：“可以确定，虽然文献的发表早了几个月，但希格斯和布劳特－恩格勒特只解决了一半的问题——给规范粒子赋以质量。古拉尔尼克－哈根－基布尔的工作发表得晚了几个月，但问题解决得更完整全面——不仅能给规范粒子赋以质量，而且还展示了如何避开戈德斯通定理的令人麻木的影响。”但是，一个人在维基百科上所写的东西可以被另一个人编辑，当前的版本更加全面公正。 241

我没有特别偏爱谁，如果有谁应该因发现希格斯玻色子而获得诺贝尔物理学奖，那也不是我能够预测的。各种奖项对于科学都有良好的促进作用，因为它们有助于使我们注意到那些可能因其他原因而未发表的有趣的工作。但是它们不是科学的目的。有助于率先发现某种机制的奖励其影响要远远大于诺贝尔评奖委员会能够赐予的任何奖。

真正令人失望的是，似乎很难看到有哪一位实验者因发现玻色子而声称荣获了诺贝尔奖。这一点从数字上就不难看出来：有太多的人用太多的方法从事着实验，我们很难从中挑选出1个、2个或3个人来作为获奖人。无疑值得获得诺贝尔奖的一项成就就是LHC本身的成功建造，对此林恩·埃文斯应是一位当仁不让的候选人。也许要让诺贝尔基金会放宽“不将科学奖授予任何团体”的传统还需要时日。那242位能够让该规则改变的人当之无愧地应授予诺贝尔和平奖。

第12章 地平线之外

在本章中我们讲述在希格斯玻色子之外还有什么：新的力、对称性和维度的世界？

从10岁开始，维拉·鲁宾就被天上的星星迷住了。她的这一兴趣从未减弱，上大学的时候，很自然她选择了研究天文学。但这是在1940年，科学界还不完全欢迎妇女。当斯沃斯莫尔学院的招生人员问她还有什么其他爱好时，她说她喜欢绘画。于是招生人员借机问道："你有没有想过将画天体作为职业生涯？"最后她去了著名的瓦萨女子学院，但这段经历却深深留在了她记忆里。她后来回忆说："这成了我们家一个特有的标记。很多年里，每当有谁出了错，我们便说，'你有没有考虑过将画天体作为今后的职业生涯？'"

鲁宾坚持了下来。从瓦萨女子学院毕业后她先后在康奈尔大学和乔治敦大学攻读研究生。求学的道路很不平坦，当她写信给普林斯顿大学想要一份研究生院的申请材料时，他们拒绝了她，告知她天文系不接受女研究生。（这项政策最终在1975年得到了废除。）

科学家成功的秘密就在于能看到别人没看到的东西。随着更大的望远镜的出现，很多天文学家将目光转向遥远的星系中心，这个地方不仅恒星丰富而且活动频繁。鲁宾选择将目标集中在星系中心的外围，重点研究薄的弥散恒星的动力学及其沿边缘缓慢运动的气态轨道。这种技术提供了一种用来衡量一个星系的总质量的方法：星系内的质量越大，它对外围恒星的引力场就越大，这些恒星的轨道运动速度就越快。

244

鲁宾和她的合作者肯特·福特发现了一些惊人的事实。我们原本以为，当恒星离星系中心越来越远时，其运动速度应该越来越慢，就像我们太阳系的情形，距离太阳越遥远的行星其绕日的轨道速度就越缓慢。引力场越弱，所需的反抗引力的向心力也就越小，即星体用较小的速度就可以维持轨道运动。但鲁宾和福特发现的事实却很不相同：当我们在离星系中心的距离越来越大的位置上研究恒星的运动时，发现这些恒星都以相同的速度在运动。这个事实的含义很简单，虽然很难接受：星系内的物质要比我们观察到的多得多，而且其中很大一部分是远离中心分布的，这与可见的恒星分布大不同。

鲁宾和福特偶然发现的这个令人惊讶的现象正是当今现代宇宙学研究的核心内容：*暗物质*。

他们算不上第一次。早在20世纪30年代，瑞士裔美籍天文学家弗里茨·兹维基就表明后发星系团有着比我们用望远镜观察到的更多的物质；荷兰天文学家扬·奥尔特显示，我们的本星系附近就有比我们可感知的更多的物质。然而在很长一段时间里，我们总希望这些物质只不过是"失踪了",它只是普通物质,只不过其存在方式不易为我们所见。随着我们了解到越来越多的星系、星系群并将宇宙作为一个整体来对待,我们一定能够精确地分别测得这样两个数字:宇宙的物质总量和"普通物质总量",所谓普通物质是指原子、尘埃、恒星、行星以及标准模型下的每一种粒子。

但这两个数字不匹配。普通物质总量只占宇宙中物质总量的约1/5。绝大多数物质是暗物质。而暗物质不会是标准模型中的任何一种粒子。 245

希格斯玻色子是标准模型的最后一块拼图,但标准模型肯定不是道路的尽头。暗物质只是一个迹象,它表明在我们现有知识之外还有很大一块物理学有待理解。令人兴奋的前景是希格斯子可以作为从我们现有知识通向我们希望了解的知识的桥梁。通过认真研究希格斯子的属性,我们希望能够向我们这个世界之外的黑暗世界投去一道光亮。

早期宇宙

让我们对暗物质做稍微仔细点的讨论。暗物质为我们研究超越标准模型的物理提供了一些有力的证据,也为希格斯子如何能够被用来更好地理解这种新的物理提供了一个很好的例子。暗物质的一个重要特征是,它不可能是某种"暗"形式(如褐矮星,或行星,或星际尘埃)的普通物质(如原子等)。这是因为我们对早期宇宙进程中的普通物质的总量有很准确的测量。

要了解暗物质，我们需要知道它来自何处。想象你有这样一种实验装置，它基本上可看成是一个超级烤箱：一个里面装有某些东西的密封盒子，它有一个可以随意调节温度高低的旋钮。普通烤箱的温度可能高达500华氏度，用粒子物理学的单位就是大约0.04电子伏（eV）。在此温度下，分子被重组（我们称之为“烹饪”），但原子保持其完整性。如果我们将这种超级烤箱的温度升高到几个电子伏或更高时，电子便能够逃离束缚它的原子核。如果我们将温度提升到数百万电子伏（MeV），那么连原子核本身都会裂开，我们得到的是自由的质子和中子。

246

在高温下还会发生另一件事：粒子之间的碰撞非常强劲，以至于你可以得到新的粒子-反粒子对，此时这个烤箱就像一台粒子对撞机。如果温度提升到比一个粒子及其反粒子的总质量还要高，这时我们估计会有大量这样的粒子对产生。因此，在足够高的温度下，烤箱中原来装的是什么已经无所谓，我们得到的是一种由静质量小于内部温度的所有粒子构成的热等离子体。（请记住，物质的质量和温度都可以用GeV来衡量。）如果温度高达500 GeV，那么烤箱里充斥着的就只有希格斯玻色子、所有的夸克和轻子，以及W玻色子和Z玻色子等——更不用说还有那些在地球上尚未被发现的可能的新粒子。如果我们将烤箱里面的温度逐渐降低，这些新粒子便会逐渐消失，因为它们一遇上其反粒子便会相互湮灭。

早期宇宙的物质状态很像我们这个超级烤箱里的等离子体，只是有一点格外重要：其空间同时以惊人的速度扩张。空间的扩张带来两个重要影响。首先，温度冷却下来，因此尽管烤箱的温度开始时非常高，但很快就会急剧降低；其次，物质的密度迅速减小，随着空间的不断扩大，粒子间的距离将越来越大。这第二点是早期宇宙区别于烤箱的重要特征。由于密度降低，原初等离子体生产的粒子可能没有机会相互湮灭了，要在宇宙这么大距离上找到对应的反粒子实在是太难了。

因此，原始的等离子体将留下这些粒子的*剩余丰度*。我们可以精确计算出这个丰度该是多少，如果我们知道这些粒子的质量以及它们的相互作用速率的话。如果这些粒子像希格斯玻色子那样是不稳定的，那么剩余丰度可能就无关紧要了，因为粒子早晚都会衰变完。但如果它们是稳定的，那么它们就将与我们同在。很容易想象，从早期宇宙中遗留下来的这种稳定粒子构成了现今的暗物质。

在标准模型中，我们可以拿原子核来玩这个游戏。这个游戏与前述烤箱游戏的关键区别就在于从一开始正常物质就比反物质多，所以质子永远不可能真正消灭。假如我们从一个相当高的温度——譬如1GeV——开始。这时等离子体将包括质子、中子、电子、光子和中微子；所有较重的粒子将衰变完。这个温度足够高，使得质子和中子不可能形成稳定的原子核。但随着宇宙的膨胀和冷却，在宇宙大爆炸后的几秒钟内原子核开始形成；2分钟后，宇宙的密度就会变得如此之低，以至于原子核不再相互碰撞，核反应停止，剩下的是质子和轻元素的某种混合态：氘（重氢，由一个质子和一个中子组成）、氦和锂。这个过程称为“大爆炸的核合成”。 247

只需输入一个参数：质子和中子的初始丰度，我们便可以精确计算这些元素的相对丰度。然后，我们可以将这些初始元素的算得的丰度与我们在真实宇宙中观察到的丰度进行比较。结果精确匹配，但这种比较仅适用于特定的质子和中子密度。这个结果是令人欣慰的，因为它表明我们关于早期宇宙的思维路径基本上在正确的轨道上。由于质子和中子构成了普通物质的质量的绝大多数，因此我们可以很有把握地推算出宇宙中有多少普通物质，无论这些物质在今天是以什么样的形式存在。推算的结果是，普通物质不足以构成宇宙中的所有物质。

有质量的弱作用粒子（WIMP）

关于暗物质研究的一种很有前途的思路认为，这个游戏与核合成过程基本一样，只是开始时温度更高，并且加入了一种新粒子——暗物质——构成混合态。我们知道，暗物质既然是暗的，那么这种新粒子一定是电中性的。（带电粒子都参与电磁相互作用，因此都会放出光子。）我们还知道，既然它就在我们周围，因此它应该是稳定的，或至少其寿命长于宇宙的年龄。我们甚至还知道暗物质的一些更具体的属性——暗物质与自身不存在很强的相互作用。因为如果存在这样的相互作用，它就会处于星系的中间，而不是像观测数据所显示的那样只是形成很大的漂浮的晕。因此，暗物质也感受不到强的核力。在自然界已知的力当中，暗物质肯定受到引力作用，也许参与也许不参与弱核力作用。

248

让我们想象存在一种特殊类型的新粒子：“有质量的弱作用粒子”或称WIMP。（宇宙学家遇到要发明新的名称时，除非厚着脸皮借用别人的，否则什么也做不成。）这里“弱相互作用”我们不只是要表明其“相互作用强度很弱”，而是认为它参与粒子物理学的弱相互作用。为简单起见，我们假设这种WIMP具有与其他参与弱作用的粒子——如W玻色子和Z玻色子或希格斯子——相当的质量，譬如说为100 GeV，或至少在10 GeV到1000 GeV。这样，这种粒子的其他具体性质就可以通过高度精确的计算得到，但这些基本属性已足以让我们进行可靠的估计。

然后，我们将这种计算得到的WIMP的预计丰度与暗物质的实际丰度进行比较。结果发现——令人非常惊讶——两者符合得非常好。虽有一些偏差（还必须考虑与其他粒子可能存在的相互作用，以及WIMP究竟如何湮灭的方式，等等），但总体的符合程度引人注目。具有弱作用尺度的稳定粒子通常都有可以解释暗物质的丰度，因此这种解释并不太难。

这个有趣的巧合被称为“WIMP奇迹”，它使许多粒子物理学家燃起这样一种希望：暗物质的秘密在于这种新粒子具有与W玻色子/Z玻色子/希格斯玻色子类似的质量和相互作用性质。所有这些粒子衰变得都很快，因此我们有充分的理由相信WIMP是稳定的，而且这种理由不难找到。关于暗物质还有许多其他貌似可行的理论，包括被称为“轴子”的粒子，这是一种由斯蒂芬·温伯格和弗兰克·维尔切克提出的粒子，它就像希格斯子的一个质量较轻的表弟。但WIMP模型是目前最流行的。

249

暗物质可能是一种有质量的弱作用粒子这一点为实验检验开启了某种令人兴奋的可能性，因为这样的话希格斯子就能够与它发生相互作用。事实上，在很多有关WIMP暗物质的可行的模型里（大多值得商榷，但没有理由不让其存在），暗物质和普通物质之间的耦合都是通过交换希格斯玻色子。因此，希格斯子很可能是我们这个世界与宇宙中大部分物质之间联系的纽带。

希格斯门户

这个特征——通过交换希格斯子来相互作用——是标准模型以外的许多物理理论的共性。你有一大堆被称为“隐性区域”的新粒子，这些粒子不与我们已知的粒子发生明显的相互作用。希格斯子则要比已知的费米子和规范玻色子更活跃些，这意味着它较容易与新粒子互动。这也是我们发现希格斯子的重大意义所在：不仅是完善标准模型的构建，而且也是下一步——寻找标准模型之外的隐蔽世界——的开始。弗兰克·维尔切克和他的合作者布赖恩·帕特将这种可能性称之为标准模型与物质隐性区域之间的“希格斯门户”。

在第9章讨论希格斯子的检测时，我强调过希格斯子衰变为两个光子，这种衰变是借助于虚粒子环进行的。这种过程的实际发生速率取决于能够出现在这个环上的所有不同的粒子，也就是说，取决于那些既能够耦合到希格斯子也能够耦合到光子的粒子。在标准模型范围内，一旦我们知道了希格斯子的质量，那么这个速率就是完全确定的。250 因此，如果我们仔细测量这种衰变，发现其过程要比我们预期的更快，那么这就提供了一种存在新粒子的强有力的证据，尽管我们不能直接看到。2011年和2012年年初的LHC的数据似乎表明，产生的光子要比标准模型预言的多，尽管其偏差不是非常显著。因此要做的事情就是收集更多的数据。

在存在WIMP的情形下，暗物质就在我们身边，甚至就在你坐下的这一刻。在我们的局部环境下，我们预计大约每个咖啡杯大小的体积空间内就有一个暗物质粒子。但是这种粒子运动得相当快，通常在每秒几百千米量级。因此，每秒钟大约有数十亿个WIMP穿过你的身体。只是因为它们的相互作用强度非常弱，你很难注意到罢了。实际上大多数的WIMP通过你的身体时并不与你的身体物质发生相互作用。不过，虽然这种相互作用很弱，但目前看来并不为零。通过交换希格斯玻色子，一个WIMP能够与你体内的质子和中子所含的夸克发生碰撞。物理学家凯瑟琳·弗里斯和克里斯托弗·萨维奇通过合理的模型计算表明，每年预计有大约10个暗物质粒子与典型人体内的原子相互作用。每次相互作用的影响完全可以忽略不计，所以你不用担心会罹患暗物质肚子疼。

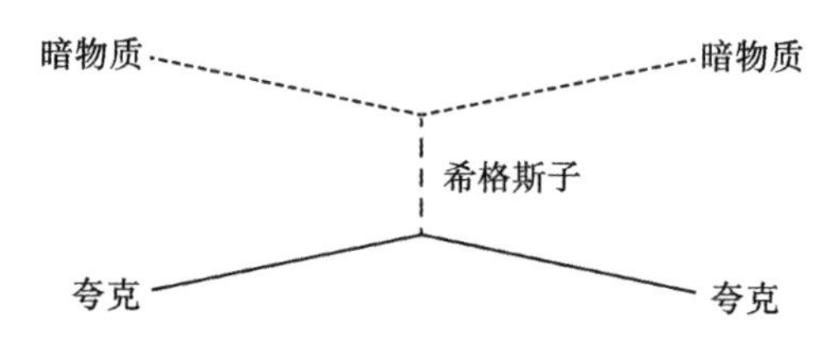

表示暗物质通过交换希格斯子被夸克散射的费曼图

不过，我们可以用这种相互作用来寻找暗物质。就像LHC上的情形一样，一个重要任务是从本底噪声中分离出信号。暗物质不是唯一能够与核碰撞的东西，放射性和宇宙射线时刻都在做着这件事情。因此物理学家需要深入地下，进入矿井并专门建造测量设施来尽可能屏蔽这些讨厌的本底。接下来就是耐心等待探测器捕捉暗物质粒子穿越或扰动原子核时所产生的微弱信号。常用的探测器有两种类型：低温型，这种探测器记录暗物质粒子与低温晶体的原子核发生碰撞时产生的热量；液态惰性气体型，这种探测器测量暗物质粒子与液态氙气或氩气发生相互作用时产生并通过闪烁体输出的光。251

采用深入地下来探测周围的暗物质粒子相互作用的方法称为“直接检测”，是当前正在进行中的最高优先级的研究前沿。大量的实验已经排除了好些可能的模式。如果我们知道希格斯玻色子的质量，这将有助于将理论预言的WIMP属性与实验上可能会看到的迹象联系起来。随着探测器的灵敏度迅速提高，在未来5年内的某个时候我们最终发现了暗物质，这一点都不奇怪；反过来，如果我们什么也没检测到，这也不应感到惊讶。大自然总会有惊喜等着我们去发现。

当然，如果某种检测技术被称为“直接检测”，那就意味着存在各种称为“间接检测”的技术。在这里间接检测是指等待观测我们银河系或其他星系里WIMP的相互碰撞和湮灭。这种相互作用产生的粒子中有γ射线（高能光子），我们可以利用卫星观测站对其进行搜索。目前，美国航空航天局的费米望远镜正在对天空做这样的扫描，观测γ射线，以便建立高能现象的数据库。同样，从噪声中将信号分离出来的任务非常艰巨。252天文学家们正在努力了解什么样的γ射线信号是由暗物质湮灭产生的，希望能够把它从产生γ辐射的诸多传统天体物理过程中挑出来。暗物质也有可能湮灭产生希格斯玻色子（而不是通过交换希格斯玻色子变成其他粒子），自然，这种图景被称为“空间希格斯子”。

最后，我们可以设想暗物质就产生在这里，在家里，在LHC上。如果希格斯子能够耦合到暗物质，而且暗物质也不是太重，那么直接衰变到WIMP就将是希格斯子衰变的途径之一。当然，我们检测不到WIMP，因为它们的相互作用强度太弱，产生出WIMP都将直接飞出探测器，就像中微子一样。但我们可以将观察到的希格斯子的衰变总数累加起来，并将它与我们预期的值进行比较。如果我们观测到的计数比预期的要少，这可能意味着有些希格斯子衰变成了看不见的粒子。当然，搞清楚这些粒子是什么可能需要一些时间。

不自然的宇宙

暗物质已成为物理学需要超越标准模型的确凿证据。它也是理论和实验之间存在分歧的根源，是物理学家们需要认真处理的对象。新物理学之所以必需还有一个别样的证据：标准模型本身需要微调。

要确立一种像标准模型这样的理论，你不仅必须给出所涉及的各种场（夸克、轻子、规范玻色子、希格斯子），而且还得给出各种理论参数的值。这些参数包括粒子的质量、每次相互作用的强度等。例如，[253] 电磁相互作用的强度就是由所谓“精细结构常数”来确定的。这个量在物理学中甚为有名，其数值约等于1/137。在20世纪初，一些物理学家试图给出一个聪明的公式来解释精细结构常数的值。现如今，我们直接将它看成是标准模型的输入的一部分接受下来，虽然我们还是希望能够在更为统一的基本相互作用理论的框架下运用基本原理通过计算来得到它。

虽然原则上所有这些常数的值都可以通过实验确定，但物理学家仍然相信它们应取“自然”值。这是因为，作为量子场论的结果，我们测量的值代表的是各种不同过程的复杂综合的结果。从本质上讲，我们需要将虚粒子的各种不同的贡献都考虑进来才能得到最终的答案。当我们通过光子从电子上反弹的效应来测量电子的电荷时，这个过程不只是仅与电子有关。电子是场的一种振荡，而这个场又处在其他各种场的量子涨落的包围中，所有这一切累加起来才能给出我们所谓的“物理电子”。虚粒子的每一项安排都对最终答案的具体数值有贡献，有时这种修正是相当大的。

因此，如果某个物理量的观测值远小于产生这个量的某个因子的单独的贡献，这将引起巨大的惊愕，因为它意味着大的正面贡献与大的负面贡献相叠合才能带来一个小的最终结果。这肯定是可能的，但它不是我们所预期的。如果一个参数我们测得的数值要比我们预期的小得多，我们就称这个参数存在微调的问题，我们称这种理论是“不自然的”。当然，只有大自然，而不是我们，能够最终决定什么是自然的。但是，如果我们的理论看上去不自然，那就说明我们可能需要一个更好的理论。

在大多数情况下，标准模型的参数都是很自然的。但有两个明显的例外：虚空空间的希格斯场值和虚空空间的能量密度（也叫“真空能”）。两者都远小于它们应有的值。注意，这两者都必须与虚空空间的属性（或“真空”）有关。这是个有趣的事实，但不是人们能够用来解决问题的依据。

254

这两个问题非常相似。不管是希格斯场的值还是真空能的值，你都可以先指定一个任意值，然后据此计算虚粒子效应的额外贡献。对这两种情形，其结果都是使最终结果变得越来越大。对于希格斯场值，粗略估计它应该比现在的实际值大10^{16}倍。说实话，对什么叫“应该”我们并没有确切的把握，因为我们还没有一个统一的相互作用理论。我们的估计来自这样一个事实：虚粒子总想让希格斯场的值不断增大，但到底多大才算合理有一个上限，称为“普朗克尺度”。它是一个能量值，大约为10^{18} GeV，这时量子引力将变得十分重要，时空本身不再有任何明确的含义。

虚空空间希格斯场的预期值与其观测值之间存在巨大差异，这被称为“*级列问题*”。刻画弱相互作用的能量尺度（希格斯场值，246 GeV）与刻画引力的能量尺度（普朗克尺度，10^{18} GeV）数值上差别非常大，这就是我们所说的层级。虽然就其本身而言足够怪异，但我们需要记住的是，虚粒子的量子力学效应总想将弱作用尺度提升到普朗克尺度。它们为什么会如此不同呢？

真空能

就好像层级问题还不够糟糕似的，真空能的问题更为严峻。1998年，研究遥远星系退行速度的天文学家取得了一项惊人的发现：宇宙不只是扩张，它还在加速。星系不只是远离我们而去，而且其退行速度正变得越来越快。对这种现象可能有不同的解释，但有一个解释不仅简单，而且非常符合目前的数据：真空能——就是1917年由爱因斯坦作为“宇宙学常数”引入的那个量。

255

真空能量的概念是说，存在这样一个自然界常数，它告诉我们一个固定的虚空空间体积里含有多少能量。如果答案不为零——没有任何理由说明它应当为零——那么这个能量将起着使宇宙不断扩张的作用，导致宇宙加速膨胀。这个正在发生的发现让索尔·珀尔马特、亚当·里斯和布赖恩·施密特荣获了2011年度诺贝尔物理学奖。

我读研究生时曾与布赖恩·施密特是一个办公室。在我上一本书《从永恒到此处》里，我讲述了在那段美好的日子里我曾与布赖恩打赌的故事：他猜想在20年内我们都不可能知道宇宙的总密度，而我肯定我们会知道。部分是由于他自己的努力，现在我们确信我们知道宇宙的密度。2005年，在哈佛大学的昆西楼的天台上，我收到了我赢得的奖金——一小瓶陈年波尔图葡萄酒，为此还弄了个感人的仪式。随后，布赖恩——当今世界一流的天文学家，但也是个可劲儿悲观的预言家——向我打赌说，我们不可能在LHC上发现希格斯玻色子。最近他再次承认自己输了。我们都已成年，因此赌注也相应提升——布赖恩答应用他积累的乘机贵宾待遇为我和我妻子珍妮弗提供前往澳洲探望他的机票。布赖恩够朋友。史蒂芬·霍金也曾与戈登·凯恩打过100美元的赌，霍金赌希格斯子不会被发现，他也承诺要付这笔赌债。[1]

要想解释天文学家的观测结果，我们不需要太多的真空能，只需大约每立方厘米1万分之一电子伏即可。正如我们在估算希格斯场值

1. 随着2012年希格斯子被发现和2013年希格斯子存在的被证实，霍金承认输了这场赌。——译注

所做的那样，我们也可以对所需的真空能有多大做一个粗略估计。答案是大约每立方厘米10^{116}电子伏。这要比观测值大10^{120}倍。这个数值是如此之大，我们甚至想不出用一个词来形容它。级列问题不好对付，但真空能问题更糟糕。 256

理解真空能是当代物理学尚未解决的主要问题之一。将真空能的值估计得这么大的一个重要原因就是希格斯场，它在虚空空间具有非零值，故此应携带大量能量（正或负）。这也正是菲利普·安德森对我们现今所称的希格斯机制持谨慎态度的原因之一。虚空空间下的场应具有的大的能量密度似乎与虚空空间实际观测到的相对较小的能量密度不相符。今天，我们不认为这将造成对希格斯机制的毁坏，原因很简单，很多其他的量对真空能的贡献甚至更大，因此这个问题解决起来要比考虑希格斯场的贡献更深入。

真空能也有可能严格为零。宇宙也许正在被一种缓慢递减而非严格不变的能量形式推开。这个想法统属“暗能量”研究，天文学家正在尽可能检验它的真实性。最流行的暗能量模型认为：存在某种新形式的标量场，它很像希格斯场，但质量要小得多。这个场将使能量逐步递减到零，但这个过程可能需要数十亿年。在此期间，它的能量会表现为暗能量——平滑地分布于全空间并随时间缓变。

我们在LHC上检测到的希格斯玻色子不以任何直接的方式与真空能相关联，但存在间接的联系。如果我们知道得更多，我们或许能够更好地理解为什么真空能是如此之小，或暗能量的缓变组分是如何做到的。这是问题的全景，对这个错综复杂的问题，我们必须有长期艰苦努力的思想准备。

257 **超对称**

电弱理论的成功给我们的一个重要启发是：对称性非常有助于解决问题。因此物理学家对于寻找尽可能多的对称性已经变得非常着迷。沿着这一思路的最雄心勃勃的尝试是寻求“超对称”（这个名称如果不算特别的原创起码挺合适）。

标准模型下统领各种力的对称性将看上去非常类似的粒子彼此联系在一起。强相互作用的对称性将不同颜色的夸克连成一组，而弱相互作用的对称性则将上夸克连接到下夸克，将电子连接到电子中微子，对其他费米子对亦作同样处理。相比之下，超对称则雄心勃勃，要将费米子与玻色子联系起来。如果说电子与电子中微子之间的对称性就好比苹果与橘子之间的关系的话，那么试图将费米子与玻色子拢在一块就好比将香蕉与饥饿感联系在一起。

乍一看，这个方案似乎并不十分看好。说存在某种对称性就相当于说某种区别并不重要。我们给夸克贴上“红色”、“绿色”和“蓝色”等标签，但哪种夸克是哪种颜色并不重要。电子和电子中微子肯定是不同的，但之所以存在这种差异是因为弱相互作用的对称性被潜伏在虚空空间的希格斯场打破了。如果不存在希格斯场，那么电子（的左手部分）与电子中微子确实没有什么区别。

当我们考察标准模型下的费米子和玻色子时，它们看起来完全不同。质量不同，电荷也不同，某些粒子感受强作用力和弱作用力的方式也与别的粒子不同，甚至总的粒子数也完全不同。这里并不存在明显的对称性。

但物理学家坚持不懈，最终他们弄出这样一个概念：标准模型下的所有粒子都有一个全新的“超级伙伴”，它们之间以超对称相联系。所有这些超级伙伴都非常重，所以我们至今还没有检测到它们。为了庆祝这一巧妙的构思，物理学家发明了一种可爱的命名约定。如果你有一个费米子，就在其名称开头加个前缀“s-”来标记其玻色子超级伙伴；如果你有一个玻色子，就在其名称的末尾加个后缀“-ino”来记其费米子超级伙伴。 258

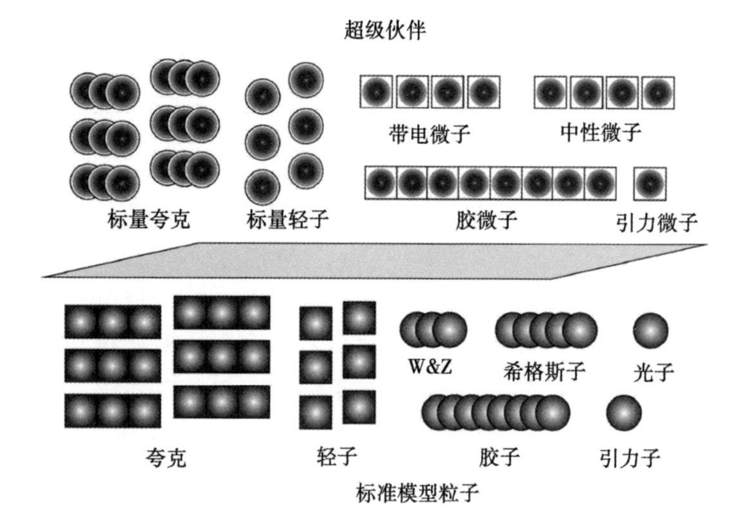

标准模型粒子（下）与其超级伙伴（上）。玻色子是圆的，费米子是方的。夸克和标量夸克有3种，胶子和胶微子有8种，每种分别代表不同的色。超对称标准模型有5个希格斯玻色子而不是通常的1个。W子和带电希格斯玻色子的超级伙伴混合在一块儿组成带电微子，而Z子、光子和电中性希格斯子的超级伙伴混合在一块儿组成中性微子

因此，在超对称下，我们有一组新的称为“selectron（标量电子）”和“squark（标量夸克）”等玻色子，以及一组新的称作“photino(光微子)”、“gluino（胶微子）”和“higgsino（希格斯微子）”等费米子。（正像戴维·巴里喜欢说的那样，我发誓我没有渲染这件事。）超级伙伴具有与原粒子相同的特性，只是质量更大，且玻色子和费米子性质已经互换。因此，顶夸克的超级伙伴是玻色子“标量顶夸克”，它既感受强作用也感受弱作用，并具有+2/3的电荷值。有趣的是，在特定的超对称模型下，标量顶夸克往往是最轻的超级伙伴玻色子，尽管顶夸克是最重的费米子。费米子型的超级伙伴往往混合在一起，因此W玻色子和带电希格斯玻色子的超级伙伴混合组成“带电微子”，而Z子、光子和中性希格斯玻色子的超级伙伴混合在一起构成“中性微子”。

超对称在目前还是个纯粹思辨性的设想。它有非常好的属性，但我们没有任何对其有利的直接证据。但不管怎么说，性能足够好已使它成为物理学家关于粒子物理学超越标准模型的最流行的选择。不幸的是，虽然基本思想非常简单和优美，但有一点是明确的：超对称在现实世界中一定是破缺的，否则粒子及其超对称伙伴就会有相等的质量。而一旦我们打破了超对称性，它便从简单和优美变成一个上帝看了都叹气的烂摊子。

还有一种称为“迷你超对称标准模型”的理论，据说是以最不复杂的方式将超对称加入现实世界。它配有120个新的参数，个个都必须人为指定。这意味着我们在具体构建超对称模型时有很大的自由度。通常情况下，为了使事情变得容易处理，人们将许多参数设置为

259

零或至少令它们相等。作为一个实际问题，这种自由度意味着它很难对“超对称性预言的结果”作出具体的陈述。对于任何给定的一组实验约束，我们通常总可以找到一组参数是它尚未排除的。

除了探寻希格斯子，寻找超对称性可能也是LHC最高优先级的任务。考虑到理论的杂乱，即使我们发现了它，要搞清它是不是真的就是我们想要的那种超对称性也将是一个巨大的挑战。有趣的是，超对称隐含的一个义项便是单独一个希格斯玻色子是不够的。从第11章中我们知道，标准模型下的希格斯场开始时是4个质量相等的标量场，对称性破缺后，这些场有3个被W玻色子和Z玻色子吃掉，只留下一个我们能够检测到的希格斯场。而在超对称版本的标准模型下，出于技术上的考虑，我们需要对起始时的标量场数量加倍，从4个扩展到8个。(这里不包括费米型的超级伙伴希格斯微子，这里我们只讨论玻色子场。)其中的一组4个给上型夸克赋以质量，而其他4个给下型夸克赋以质量。W玻色子和Z玻色子仍是3个，当希格斯子取得非零值并打破电弱对称性后，3个标量场都吃掉，留下5个不同的希格斯玻色子自由运动。这是正确的：超对称的简单结果是我们有5个希格斯玻色子而不是通常的1个，其中一个带正电荷，一个带负电荷，其他3个是电中性的。

260

对实验者来说，5个希格斯玻色子显然是好消息。这也是为何LHC的物理学家在宣布在125 GeV处发现一种新粒子时变得如此谨慎的一个原因。它可以是一个希格斯玻色子，但不是必定就是这个希格斯玻色子。当人们试图建立超对称模型时，很容易使某个希格斯子比所有其他希格斯子都轻，因此也许我们发现的只是其中的一个。然而我们一般会认为，最轻的希格斯子应该很轻——为115 GeV或更小。我们可以将它微调至125 GeV，但这会带来一些看似不自然的扭曲。目前迫切需要的是更多的数据，以便对已发现的粒子有更好的处理，同时也有助于继续寻找更多的希格斯子。

有额外的粒子需要检测让物理学家高兴不已，但它对于超对称理论算不上真正的好处。有一点是可以肯定的：它有助于解决级列问题。

之所以会有级列问题，是因为我们期望虚粒子对推动希格斯场值到普朗克尺度有作用。然而，仔细检查后发现，虚拟玻色子推动希格斯场的方式与虚拟费米子的推动方式并不相同。一般情况下，我们没有理由期望这些效果能够相互抵消。通常一个大的随机数减去另一个大的随机数得到的是第三个（正或负的）大数，而不是一个小数。但对于超对称情形，一切都将改变。现在，费米子场与玻色子场完全匹配，由其虚拟涨落带来的影响可以精确地相互抵消，留下完整的层次结构。这便是物理学家们会认真对待超对称的一个主要原因。

另一个原因来自WIMP暗物质的设想。在可行的超对称模型下，最轻的超级伙伴是一个完全稳定的粒子，其质量和作用强度接近于弱作用的尺度。如果该粒子不带电荷——即如果它是一个中性微子——那么它将是暗物质的一个完美的候选者。目前，理论家已就不同的超对称模型下中性微子的剩余丰度进行了大量的理论计算。正因为有这么多新的粒子和相互作用，丰度的取值范围才有可能很大，而且也不难得到正确的暗物质密度。如果在LHC的能量范围内存在超级伙伴，我们也许能够实现粒子物理学和宇宙学的壮观的综合。高瞻远瞩才能有意想不到的收获。

弦和额外维

弦理论是迄今为止最简单的一种设想。你只需将大自然的基本成分想象成小的振荡弦而不是点状粒子即可。这个概念可以追溯到1968年和1969年由南部阳一郎、霍尔格·尼尔森和伦纳德·萨斯坎德发表的文献。[1] 他们分别独立提出，如果将粒子散射过程中的粒子看成弦而不是点粒子，那么描述粒子散射的数学关系就可以简单地得到解释。只要弦的闭环或片段足够小，它们看上去便同粒子无异。你不应该问“弦是由什么构成的”，这个问题就像问“电子是由什么构成的”一样没有意义。弦本身就是构成其他物质体的基本物质组分。 262

原初的弦理论仅描述玻色子，并为表观上致命的缺陷所困扰：虚空空间是不稳定的，会很快溶解到能量云。为了解决这个问题，弦理论先驱皮埃尔·雷蒙德、安德烈·奈芙和约翰·施瓦茨说明了如何将这个理论扩展为适用于费米子的方法。在这个过程中，他们给出了超对称的第一个例子。由此，“超弦理论”诞生了。需要明确的是：有生命力的弦理论模型似乎一定是超对称的，但超对称模型不是一定与弦理论相联系。如果我们能够在LHC上找到超对称粒子，这将有助于证明弦理论的正确性，但它不会是弦的直接证据。

---

1. 这段话过于笼统，有欠准确。较公认的说法是：1968年，意大利物理学家韦内齐亚诺发表了一篇文章 [Veneziano，G.*Nuovo Cimento*，57 A(1968)，190]，陈述用欧拉 β 函数可以描述强子间散射的对偶性质，给出了著名的韦内齐亚诺公式。但他对这个公式背后的物理本质没有做进一步阐述。1970年，南部阳一郎、尼尔森和萨斯坎德分别独立发表文章，证明韦内齐亚诺公式所述的强子振幅可以按弦的振幅来理解，从而开创了粒子物理学的弦理论时代。—— 译注

超弦解决了早期弦模型的稳定性问题，但它带有一种令人沮丧的特性：必须存在一种耦合到一切能量的无质量粒子。这很讨厌，因为弦理论的早期目标是解释强作用力，而核作用中不存在任何这样的粒子。1974年，乔尔·舍克和约翰·施瓦茨指出，有一个著名的无质量粒子可以耦合到一切能量：引力子。他们认为，也许弦理论并不是强作用理论，而是关于量子引力以及其他所有已知力的理论——一种包罗万象的万有理论。

这个想法最初遇到的是困惑，因为在20世纪70年代，粒子理论家还不关注引力。然而到了1984年，标准模型在解释粒子物理学方面已经做得非常好，理论家们开始寻找新的挑战。这一年，迈克尔·格林和约翰·施瓦茨证明了，超弦理论能够避开许多人认为会导致该理论没有生命力的数学一致性的挑战。正如特霍夫特证明了电弱理论是可重整化的之后电弱理论便一夜成名一样，在格林-施瓦茨的文章发表之后，弦理论的名声也扶摇直上，成为此后粒子理论的重要组成部分。

263

弦理论另一个问题需要解决：时空的维数。量子场论比弦理论灵活，场论在各种不同的时空下都能合理地存在。但超弦理论的约束要严格得多。早期研究发现，弦理论需要十维时空——9个空间维和1个时间维。而我们通常都是3个空间维和1个时间维。正是在这一点上，好些人便找借口打退堂鼓了。

但弦理论家深信这一理论有可能将引力变成已知的力，他们坚持下来了。他们借用了20世纪20年代西奥多·卡鲁扎和奥斯卡·克莱因所提出的思想：某些空间维会蜷缩成小球从而不被我们看到，它们甚至小到即使用高能粒子加速器也看不到或探测不到。像稻草或橡胶软管这样的直圆柱有2个维度——上下的长度和底面的大小，但如果你从很远的地方看，它就是一维的线。从这个观点看，远处的直圆柱就是一根底面收缩成一点的线。我们知道，短波长对应于高能量，如果一个紧致空间足够小，那么只有极高能量的粒子能够注意到它的存在。

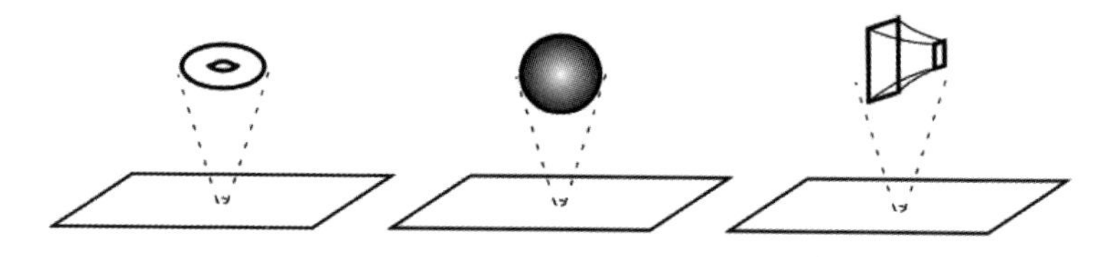

3种不同的紧化模型。在宏观的观察者看起来像一个点的东西，凑近观察会发现有更高的空间维。从左至右依次为：环面、球面和两个膜之间伸展的蜷曲空间。实际的紧化涉及大量的额外维，很难在此展现

额外维的紧化（compactification）这一概念成为试图将弦理论与可观察现象联系起来的重要一环。在最基本层面上，弦理论没有太多的创建不同版本的自由。20世纪80年代的研究数据显示，当时只有5种弦理论，而且每一种理论都有10个时空维，当我们要隐藏其中6个维时，我们发现可以有很多种不同的紧化方法。尽管直接探知紧流形需要很高能量（大概是量子引力的普朗克能量量级，即10^{18} GeV），[264] 但紧化特性直接影响到我们在低能态下看到的物理类型。所谓“紧化特性”是指它的体积、形状和拓扑结构。环面的紧化显然不同于球面的紧化。而所谓“我们在低能态下看到的物理类型”是指存在的费米子种类，存在哪些力，以及各种质量和相互作用强度的值。

因此，不仅弦理论本身相当独特，而且要让它与实验联系起来看

来更是极其困难。在不知道额外维是如何被紧化的情形下，弦理论不可能对可观察的世界做出有价值的预言。不只是弦理论，任何将量子力学应用到引力上的尝试都会遇到这一相当普遍的问题：直接进行实验探测所需的普朗克尺度的能量。没有可行的粒子加速器能达到这个能量。这不是说我们永远得不到用于检验量子引力模型的数据，但这种检验肯定很巧妙，而不是用蛮力。

265 膜和多元宇宙

在20世纪90年代，人们试图将弦理论与实在联系起来的方式有了重大改变。这种变化的起因是约瑟夫·泡尔钦斯基发现，弦理论不只是关于一维弦的理论，高维对象也在其中发挥着至关重要的作用。

一个二维的表面称为“膜”，但弦理论家需要能够描述三维和更高维的对象，因此他们采用术语“2膜”和“3膜”等称谓来描述这些对象。粒子是零膜，弦是1膜。运用这些额外的膜，弦理论家证明了他们的理论要比他们想象的更独特：所有5个十维超弦理论——包括其中根本没有弦的十一维“超引力”理论——根本就是一种基本的“M理论”的不同版本。现如今，已经没有人真正知道“M理论”的“M”代表什么。

麻烦的是，这个拿膜当猴耍的理论使弦理论家能够轻易地发现更多的紧化额外维的方法。这其中的部分原因是出于试图找到能够对付正的真空能的紧化方法的考虑，1998年发现的宇宙正在加速的事实——由实验推进弦理论的进展的一次少有的机会——使这一要求变得急迫起来。丽莎·兰道尔和拉曼·森德勒姆利用膜理论发展了一种全新的紧化方法，其中的空间“蜷曲”在两个膜之间。这导致了应用于粒子物理学的新方法（包括解决级列问题的新方法）变得丰富多样。

不幸的是，这种做法似乎也让寻找“合适的”紧化方法以便让我们以某种方式将弦理论与标准模型联系起来的仅有的希望破灭了。紧化的数目很难估计，虽然像10^{500}这样的数字一直有人在提起。这是一个很大的紧化，尤其是当你面前的任务是通过搜索所有这些东西来寻找一种可与标准模型匹配的东西的时候。

266

对此，一些弦理论的支持者采取了不同的策略：他们不是去找一种真正的紧化方法，而是想象时空中不同部分采取不同的紧化，每一种紧化都只在局部实现。由于紧化限定了低能下可见的粒子和力，因此这种想法相当于是说在不同的局部适用的是不同的物理规律。然后我们可以将每一个这样的区域称为一个单独的“宇宙”，这些宇宙的全体称为“多元宇宙”。

这种方案似乎不打算对做出可检验的预言所遇到的困难寻找任何借口。这样的预言当然是困难的，但多元宇宙的倡导者认为还是有希望的。他们认为，在多元宇宙的许多地方，条件是如此恶劣，根本没有存在智能生命的可能。这些地方也许不存在适当的力，或者是真空能可以达到如此之高的程度以至于单个原子都会被宇宙的膨胀撕裂。问题是我们对生命得以形成的条件并没有很好的了解。然而，如果我们能够克服这些世俗的考虑，那么乐观的人就会抱有这样的希望：他们能够对多元宇宙中典型的观察者实际观察到的东西做出预言。

换句话说，即使我们不能直接看到其他“宇宙”，但我们可能运用多元宇宙的思想进行可检验的预言。“人存原理”的概念就是人存在一种很强的选择效应，这种效应限定了我们能观察到的东西的条件：我们只能观察到那些符合我们的存在的宇宙。

这是一个雄心勃勃但可能注定要失败的计划。但是人们尝试了，尤其是将这个想法运用到对希格斯玻色子特性的研究上。这些都是变化莫测的水域。早在1990年，米哈伊尔·沙普什尼科夫和伊戈尔·特卡乔夫试图预言在特定条件下希格斯子的质量，并给出了45 GeV的答案。这个数据显然不符合我们现在对它的理解，因此这些假设中肯定是有什么地方错了。2006年，另一个小组根据不同的假设，预言希格斯子的质量值是106 GeV，这次比较接近了，但仍不到位。现在，我们知道希格斯玻色子的质量是125 GeV，这使得许多偏离该值的预言已经没有可能发表。

为了公平起见，我们必须要提到人存原理令人印象最为深刻的一次成功运用：预言真空能的值。1987年，即宇宙加速现象被发现的10年前，斯蒂芬·温伯格指出，非常大的（或大且负的）真空能会抑制星系的形成。因此，多元宇宙的大多数观察者只能看到一个小但非零的真空能量值。（零是允许的，但取非零值的数目要远多于取零值的数目。）我们认为我们所观察到的值与温伯格的预言值完全一致。当然，温伯格未及言明的是想象有这样一个多元宇宙，其中只有真空能的值各处不同，如果我们让其他参数也取这种变化，那么这种一致性就不会变得这么令人印象深刻。

本节的描述尽管令人气馁，甚至有些玩世不恭，但我相信多元宇宙的图像其实是很有道理的。（在《从永恒到此处》一书中，我认为这一图像可能有助于解释早期宇宙的低熵。）如果弦理论或其他一些量子引力理论允许在不同的时空区域物理定律具有不同的表现形式，那么多元宇宙可能是真实的，不论我们能否观察到它。我一直倡导认真对待那些可能真实的事情。但就目前而言，我们离能够将多元宇宙变成一种粒子物理学里的预言性理论还相差很远。我们既不能让我们的个人好恶影响到我们对宇宙图像的判断，也不能让我们的热情妨碍到我们对错误的批判能力。

斗胆提出

微观领域有了更多的发现，粒子物理学的许多方面已非标准模型可描述。为什么宇宙中物质会比反物质多？对于这种不对称性的产生，几种设想的情形（虽然在写这本书时它们还不是很流行）均涉及希格斯场的宇宙学演化，因此我们合理地认为，对它的性质的更好的理解将导致对这个问题形成新的见解。还有一种有趣的“彩色”（technicolor）模型。按照这种模型，希格斯子是一个像质子那样的复合粒子，而不是基本的东西。当前版本的彩色模型与粒子物理学的其他数据有冲突，但研究希格斯子本身的实际性质很可能导致惊喜。 268

发现希格斯子并不是粒子物理学的结束。希格斯子是标准模型的最后一块拼板，但它也是超越现有物理学理论的一个窗口。在未来的岁月中，我们将用希格斯子来搜寻（并希望用以研究）暗物质、超对称、额外维以及其他一些奔涌而来的现象，这些现象是说明新的数据所需的。希格斯子的发现是一个时代的结束，也是另一个时代的开始。

269

第 13 章
粒子物理学的未来

本章我们自问为什么粒子物理学值得追求，并讨论下一步会是什么。

1969年，负责建设费米实验室的物理学家罗伯特·威尔逊被拉到国会原子能联合委员会以帮助参议员和众议员了解这个耗资百万美元的项目背后的动机。这是美国粒子物理学史上的一个转折点。“曼哈顿计划”曾使物理学家很容易施展影响力并获得资金，但当时国会不清楚寻找新的基本粒子如何能够立竿见影地为新武器的开发带来有价值的成果。罗得岛的参议员约翰·帕斯托雷直接问威尔逊：“这台加速器是不是有希望与国家安全联系起来？”

威尔逊直接回答道：“不，先生，我不这么认为。”

我们可以想象帕斯托雷对这个回答会有多诧异，他大概希望听到这样一种高调：费米实验室在与苏联保持战略平衡方面起着至关重要的作用。这种理由在那个时代可以说是万应灵丹。他问是否真的没有任何关系，威尔逊简单地回答说：“完全没有。”但是，不固执哪还当得了参议员，帕斯托雷又问了第三遍，目的只是为了确保他准确听到了：“它在这方面没有一点价值？”

威尔逊不是傻瓜。他意识到他被要求提供哪怕一点点联系也好，如果他希望国会资助他那雄心勃勃但深奥难懂的计划的话。但他拒绝[270]撤回他原来的观点。他的回答可以说是在科学家试图解释为什么他们要研究他们想研究的事情的漫长历史上最值得记忆的精彩表述之一：

> 它只关系到我们彼此之间的相互尊重，人的尊严和我们对文化的热爱。它必定关系到：我们是否是好的画家、好的雕塑家？是否是伟大的诗人？我的意思是它关系到我们对我们国家的真正崇敬和爱国情怀。它不直接保卫我们的国家，除非它值得捍卫。

大科学都是大投入。大型强子对撞机（LHC）花费约90亿美元，几乎是世界各国一年的所有税收。支付这笔钱的人有权知道他们的投资正在被用来做什么。尽可能诚实地、有说服力地向公众阐明基础研究的回报是科学界的责任。

这些回报的一种形式便是技术突破。但说到底，技术回报并不是最重要的，最重要的是知识，是这些极其宏大的实验回馈给我们的知识。

不是每个人都同意这一观点。一直积极倡导对基础科学进行投资的斯蒂芬·温伯格说起过这样一段生动的往事。

> 在辩论是否要上超导超级对撞机项目期间，我应“拉里·金论辩广播节目”的邀请与反对该项目的一位国会议员进行论辩。他说他不反对在科学上投入，但我们必须订定优先次序。我解释说，超导超级对撞机有助于我们了解大自然的规律，我问他那样是否就不值得给予高的优先级。我记得他回答的那一个字。他说“对”。

这种态度并非罕见。但这是一种思想贫瘠的世界观，一种缺乏远见的表现。基础科学可能不会立即带来国防的改善或癌症的治愈，但它通过让我们学到了有关我们生活其中的宇宙的知识而丰富了我们的生活。这应该被赋予非常高的优先级。

何时我能有自己的喷气背包？

这绝不是说我们不想让现代粒子物理学带来有用的技术应用。科学家早就指出，基础研究——纯粹出于自身目的，而不是追求直接应用的科学调查——已不止一次地表明它所带来的极大的实际意义，尽管时间上我们很难预见这种应用何时能够实现。从电到量子力学，这些概念在历史上都曾是抽象的和不切实际的，但到了后来它们都成了技术进步的核心。因此，不论何时，每当有新的科学发现出现，人们便想知道：何时我能有自己的喷气背包？

我们可以想象类似的命运将会发生在LHC的研究上吗？约吉·贝拉曾经说过，做预测是很难的，尤其是对未来的预测。但是我们得承认，我们在LHC上的发现性质上有可能与前几个世纪的基本物理学发现有着根本的不同。我们在LHC上发现的粒子很可能真的从来不会在实际设备中得到良好运用。

但这不是悲观主义。这个结论源自我们希望能够发现特殊类型的粒子。当本杰明·富兰克林研究电或海因里希·赫兹制造发生出无线电波的时候，他们并没有创造出这个世界上尚不存在的东西。电和无线电波一直都在我们身边，即使我们不考虑所有的人工光源。那个时代的科学家研究的是如何掌控我们周围的世界，他们发现的知识后来变成有用的技术这并不奇怪。相比之下，在LHC上，我们确实是在创272造我们的日常生活环境中不存在的粒子。这么说有很好的理由。这些粒子通常质量非常巨大，因此它需要大量的能量才能制造出来。它们要么是相互作用非常弱，因此很难捕捉或掌控（如中微子一样）；要么是寿命非常短暂，因此在能够被很好地利用之前就已衰变掉。

以希格斯玻色子为例。要产生希格斯玻色子可不容易——我们知道的唯一方法就是通过几英里长的粒子加速器。当然，我们可以想象，通过技术水平的提高，一个背包大小的设备能够达到如此高的能量，但没人对如何做到这一点有过什么好主意，尽管这并不违反物理定律。但就算你有了这样方便的希格斯玻色子生产设备，它又有什么用呢？你产生的每个希格斯子在不到10^{-21}秒的时间内就已经衰变掉了。我们很难想象这种玻色子的任何应用会比其他种类粒子的应用更有效。

当然，这种论证缺乏严密性。μ子是不稳定的粒子，它们已经在用催化核聚变技术寻找金字塔密室方面找到了潜在的技术应用。但是，

μ子的寿命约为百万分之一秒，远长于希格斯玻色子的寿命。而中微子不仅是稳定的，而且相互作用很弱，一些有远见的人已经设想将它们用于通信。如果我们的想象力特别开阔，我们可以想象发现暗物质粒子有可能找到类似的用途。但我不会建议你在这方面投钱。

超时空飞行[1] 和磁悬浮

因为希格斯玻色子赋给粒子质量，故此人们有时会想象是否可以通过驾驭这种性质来使物体变得更轻或更重。也许更糟糕的要算是：在7月4日公布发现希格斯子后的第二天，加拿大的《国家杂志》套印了通栏标题："希格斯玻色子的发现可能使光速旅行成为可能，科学家们说。"而文章中没有引述任何科学家说过这样的话，但我想可能是某些科学家在某种场合下说过类似的话。

273

用希格斯子使物体变得较轻甚至无质量这种念头几乎谈不上是第一次想到，这有几个原因。最明显的是，普通物体的绝大部分质量并非来自希格斯子，而是来自质子和中子内部的强相互作用能量。但更重要的是，其实使夸克和带电轻子获得质量的不是希格斯玻色子，而是潜伏在虚空空间的希格斯场。例如，如果你想改变电子的质量，你不是用希格斯玻色子射向它，而是必须改变背景希格斯场的值。

这事儿说起来容易做起来难。首先，虽然我们可以想象改变希格斯场，但实际上我们不知道如何真正做到这一点。其次，它需要高得

1. Warp drive，该词原意指利用时空弯曲产生的力进行穿越时空的飞行。——译注

离谱的能量。让我们想象一下，假如我们有办法将希格斯场从正常值（246 GeV）调至零，不只是内部一点点而是整个宏观的空间体积，那将会怎样。希格斯场的通常值是它可以取得的最低能态，将它变到零意味着我们的小体积充满了能量。由 $E = mc^2$ 可知，这意味着它有质量。稍作计算就可知道，对于一个高尔夫球大小的体积，如果使其内部的希格斯场位移至零，这将使它具有与整个地球大致相同的质量。如果我们将它的值调得远大于现值，那么在这么狭小的空间内所获得的质量将大到足以使整个体积坍缩到一个黑洞。

最后，即使你能够设法将你身体内的希格斯场去掉，那也不只是使你突然变得较轻。某些基本粒子会变得更轻，譬如电子和夸克，但破缺的弱相互作用对称性将被恢复。因此，你身体中的原子和分子会陷入完全不同的配置，最可能的是完全崩解，并释放出巨大的能量。[274] 降低希格斯场的场值不会让你节食，而是会让你的身体爆炸。

所以一方面，我们不要期待在不久的将来我们将用上希格斯场供电的磁悬浮设备；另一方面，在LHC上的新发现仍然完全有可能为我们目前无法预测的未来的应用奠定基础，尽管它不是我们追求的目的。

副产品

粒子物理学的研究常常会带来非常实在的利益。这些好处通常以副产品的形式出现 —— 新技术。这些技术原本是开发用来满足实验工作本身的需要，而不是直接应用于发现新的粒子。

最明显的例子是万维网。在欧洲核子研究中心工作的蒂姆·伯纳斯-李开创了网络时代，他原本只是想发展出一种方式，使粒子物理学家能够更容易地共享信息。现在，我们很难想象这个世界要是没有网络会怎样。从来没有人想到过因为有一天欧洲核子研究中心会发明WWW. 万维网而要对它进行投资。互联网的出现只是将一群聪明人置于面临艰巨的技术挑战的恶劣环境产生出的奇葩。

其他类似的例子还有很多。正是粒子加速器的超强超导磁体的需求导致了更广泛意义上的超导技术的显著进步。粒子操控技术现已广泛应用于医药、食品灭菌和检测，以及诸如化学和生物学等其他科学领域。为粒子物理实验打造的耐用的、高精度的探测器已在医学、辐射检测和安全等领域找到用武之地。粒子物理学家对计算能力和信息传输的令人难以置信的需求大大推动了计算机技术的进步。这份名单可以列得很长，但结论很清楚：投在搜索神秘粒子上的钱不会白花。

275

要定量测算基础研究领域的投资效益非常难。经济学家埃德温·曼斯菲尔德的研究表明，社会作为一个整体，它的投资确实非常明智。曼斯菲尔德认为，基础科学的公共投入所产生的平均回报率为28%，这个回报率几乎会让任何进行组合投资的人都高兴得不得了。这样的数字是最具暗示性的，因为其细节在很大程度上取决于样本取自哪些行业，以及“基础科学”都包括哪些。但它强化了传闻的印象：在科学的最前沿，即使是最不具有应用前景的研究都会产生令人印象深刻的红利。

基础研究的最重要的副产品还不全是技术，而是为所有年龄段的人提供的科学灵感。谁能知道某个孩子什么时候听了一则有关希格斯玻色子的新闻故事，变得被科学所吸引，开始发愤学习并最终成为一位世界级的医生或工程师？当社会拨出一小部分财富用于提出和回答大问题时，它就会不时提醒我们应对我们的宇宙怀有好奇心。这种努力终将得到回报。

粒子物理学的未来

除了与温伯格对话的那个脾气不好的国会议员外，大多数人都愿意承认，了解自然法则是值得的。但是我们可以合理地问一声，我们认为这到底值多少呢？超导超级对撞机的命运沉重地压在思考粒子物理学未来的每个人的心头。我们生活在一个资金紧张的时代，要想让人投资大项目就需要证明自己。LHC是一个了不起的成就，它有望让粒子物理学家在今后许多年里有事做了，但从某种角度看，我们将学到它所教育我们的一切。随后怎么办呢？

问题是，尽管绝大多数有价值的科学项目的投入都要比高能粒子加速器少得多，但某些问题没有这样的机器就得不到解决。LHC耗资约90亿美元，它给了我们希格斯玻色子，也希望在未来能给我们更多的东西。如果当时我们在这个项目上的投入限制在45亿美元，那么我们可能连半个希格斯玻色子也发现不了；如果总投入不变但工期延长一倍（即每年的投资强度减半——译注），那么我们今天也不会有任何发现。制造新粒子要求输出束既具有高的能量又有大的流强，这需要大量的精密设备和专业技能，这些都需要花钱。LHC的精彩表现让人着实欢欣鼓舞，但悬在喜庆的人们心头的是这样一种非常现实

276

的担心：这可能是我们有生之年里最后一台高能加速器了。

如果有钱，下一步做什么我们并不缺计划。LHC本身可以升级到更高的能量，虽然这似乎有点头痛医头，脚痛医脚。更多的注意力会集中在建造一个让电子和正电子碰撞的新的直线对撞机上（直线加速器而不是环形加速器）。这是一项被冠以"国际直线对撞机（ILC）"的建议，机器的长度将超过20英里（约32.19千米），输出能量高达500 GeV~1 TeV。

这台机器的能量听起来似乎还没LHC高，这似乎是一种倒退。但电子/正电子对撞机的工作模式不同于强子对撞机。电子/正电子机器不是让粒子带着尽可能多的能量相互碰撞，然后看看能碰出什么来，而是追求非常精密的工作，它要实现的目标是精确控制能量来产生特定的新粒子。既然我们相信希格斯子的质量是125 GeV，那么它便为直线对撞机物理提供了一种诱人的靶。

国际直线对撞机的费用估计为70亿至250亿美元，可能的建设地点估计不出美国、欧洲和日本。该项目明确要求采取重大国际合作的方式，对于它的建设，政治敏感性有着和实验物理学知识同样的影响力。另一种方案，紧凑型直线对撞机（CLIC），已由欧洲核子研究中心发展。这台机器可能较小，但通过采用新技术可以达到更高的能量（因此风险也高）。2012年，对这两个竞争性项目的研究被置于同一人的领导之下。联合研究的新领导人将是林恩·埃文斯，在从LHC的领导岗位退下来后他没有享受多少退休生活。埃文斯的工作就是要决定是否采用最有前途的技术来推进项目，同时要说服那些愿为新对撞机当东道主(但不希望为它花钱)的国家对其进行投入。

不论你与参与LHC的哪个人交谈,听到最多的一个主题便是这是一次鼓舞人心的、成功的国际合作。来自不同国家、有着不同年龄和背景的科学家和技术人员聚在一起,共同建设一个比他们自己国家所拥有的大得多的装置。如果我们能够动员更多的社会力量对新设施进行大投入,那么粒子物理学的未来无疑是光明的。但要做到这一点,科学家们必须在向社会传递他们所做工作的意义和重要性方面做得更好。我们不能将粒子物理学建立在有一天它能够治愈癌症或带来便携式隐形传输设备这类实用主义的基础之上。我们必须实话实说:我们要发现的是大自然的运行机制。它的价值取决于人类的整体利益。

奇迹

为写这本书我采访过许多物理学家。让我感到吃惊的是他们中的许多人在最终转向科学之前都深深迷恋于艺术。法比奥拉·詹诺蒂、乔·印坎德拉、吴秀兰在他们年轻的时候学的都是艺术或音乐,戴维·卡普兰学的是电影专业。

这不是巧合。即使我们对理解大自然运行机制的追寻常常会导致实用技术的产生,但这很少是人们对科学感兴趣的首要因素。对科学的热情源于审美情趣,而不是实用目的。我们发现了有关这个世界的新的东西,这让我们能够更好地欣赏它的美丽。从表面上看,弱相互作用是一个烂摊子:传递力的玻色子有不同的质量和电荷,对不同的粒子有不同的相互作用强度。于是我们深入挖掘,一种优美的解释机

278

制浮现出来：破缺的对称性，它通过弥漫于空间的场而使我们难以观察到。这就像能够用原来的母语来读诗歌而不会被平庸的翻译卡住。

最近，我帮忙做了一个电视节目，主题是解释希格斯玻色子。做电视光说话从来是不够的，你需要拿出令人信服的图像。如果你想解释亚原子现象，要想有抓人的影像的唯一办法就是通过类比。因此我想出了这么个点子：想象有一群小机器人在真空室的地板上滑滑板。每个机器人都配备有风帆，但帆的尺寸大小不一，有的相当大，有的相当小。当真空室被抽成真空后我们拍下机器人滑行的片子，它们都以相同的速度运动，因为在没有空气的情形下帆完全没有用。然后我们让腔室充满空气，再拍摄机器人的滑行。现在，带着小帆的机器人仍能够迅速滑行，而带大帆的机器人的行动就慢多了。希望这个比喻是明确的：机器人代表粒子，风帆就是粒子与希格斯场（由空气代表）的耦合。在真空中，当不存在空气时，机器人是对称的，并以相同的速度移动。当腔室里充满空气后便打破了这种对称性，就像希格斯场对真空的作用。你甚至可以将空气中的声波与希格斯子进行类比。

由于我是个做理论的，没人愿意让我来负责机器人。于是我找在加州理工学院搞工程和做航空的同事商量请他们帮忙。当我向他们解释了我们想要做的是什么事情之后，得到的普遍反应是："我不知道希格斯玻色子是什么，也不知道这个比喻是否恰当，但它听起来真的很棒。"

平心而论，科学追求的就是"真棒"—— 就是那种当你觉得有生以来第一次理解了某种深奥的东西时的感觉。这是一种我们与生俱来

279

的感觉，但随着我们长大，随着我们更关注现实的生活，我们渐渐失去了它。当一个大事件发生时，如在LHC上发现希格斯玻色子，我们所有人都具有的这种孩童般的好奇心会再次脱颖而出。成千上万的人为建造LHC，为进行LHC实验以及对带来发现的数据进行分析付出了艰辛的努力，但今天的成就属于对宇宙感兴趣的每一个人。

穆罕默德·叶海亚是《自然》杂志“智慧之家”博客的博主，致力于中东的科学发展。在7月4日宣布发现希格斯子的研讨会之后，他写了以下博文来赞美这一科学推动力的普遍性。

> 在整个阿拉伯世界的人们都热衷于政治、革命、人权问题和起义时，科学对我们所有人都平等诉说，我们成为一体。能够跨越这种物质尺度的人类追求只有两种——艺术和科学。

2012年7月4日，在向等待的世界宣布发现希格斯玻色子的研讨会结束后的仅仅几个小时，有人便问林恩·埃文斯，他希望年轻人从这个消息里得到什么。他的反应很直接：“启示。这些大的旗舰项目必须是鼓舞人心的。当我们年轻的时候，有很多的事情发生——把人送上月球。激发年轻人心向科学是至关重要的。”他们已经取得了成功。

意义和真理

粒子物理学的历史可以追溯到古希腊和古罗马的原子论。留基伯、德谟克利特、伊壁鸠鲁、卢克莱修等哲学家，基于物质和能量代表了

280 少数基本原子的不同安排的想法，发展了对自然世界的理解。他们不是现代意义上的科学家，但他们的一些见解与我们今天如何看待宇宙的设想是十分吻合的。

古代世界不可能认识到我们在当代大学里所建立起的那种各学科之间的严格界限，因此作为哲学家，他们既对道德和生命的意义等问题感兴趣，也对物质实在的问题感兴趣。按照他们对原子的了解，他们所得到的结论从我们今天的角度看并非都站得住脚，但他们的许多思想仍然保持着相关性。他们试图按照他们的原子论世界观来看待事物的逻辑结果。如果实在只是原子间的相互作用，那么我们在哪里能找到存在的目的性和意义？伊壁鸠鲁回应这一挑战的方式很特别，他将生命的价值定位于我们在地球上的实际生活，鼓励他的追随者宁静地面对死亡，高度珍惜友谊，并寻求适度的乐趣。

科学说到底是一种描述性活动而非指令性活动。它告诉我们世界上发生了什么，而不是告诉我们应该发生什么或者如何来判断发生了什么。知道希格斯玻色子的质量不会使我们成为更好的人，或帮助我们决定支持哪一家慈善组织。然而，科学实践为我们如何过好我们的生活提供了两条重要的教训。

第一个教训是，我们是宇宙的一部分。人体内的一切都能够成功地用粒子物理学的标准模型描述。那些对我们的生化代谢过程非常重要的较重的元素是由恒星内部的核聚变形成的，因此才有卡尔·萨根的名言："我们都是恒星物质。"知道原子服从标准模型对于我们在现实世界里遇到的政治学、心理学、经济学甚至浪漫与否等问题不是非常有帮助，但你沿着这些学科所得到的任何想法至少都要符合我们关于基本粒子行为的知识。

我们是已经进化出非凡能力的宇宙的一部分：我们可以将宇宙的图像保存在我们的脑海中。我们是具有自我意识的生命体。世界如何是可能的？粒子物理学并没有给我们答案，但这个问题的答案是更大的故事的一个基本部分。随着希格斯玻色子的发现，我们对日常实在的物理基础的理解已经完成。新的粒子和力仍有充分的存在可能，但它们与普通物质的相互作用实在太弱，以至于不投入数十亿美元来建造新装置我们根本就不可能感知到它们。这种认识是人类思想史上的一个突出的成就。

281

科学的另一个教训是，大自然不会让我们自己欺骗自己。科学是通过猜想逐步前行的，这种猜想被尊称为“假说”，然后我们不断地将这些猜测与实际观测数据进行对比。这个过程可能需要几十年甚至更长——什么样的假说有资格被认为是“对数据的最佳解释”是一个有名的棘手问题——但最终还是由实验说了算。不论你的想法有多完美，你赢得了多少赞誉，你的智商有多高，如果你的理论与观测数据相矛盾，它都是错的。

这是一种利弊参半的情形。不利的是，科学很难。大自然是无情的，你可以想象提出的大多数理论（事实上，这些理论绝大多数实际上已经被提出）最终都将被证明是不正确的。但值得庆幸的是，大自然，像一位严格的监督员，会逐步将我们引导到那种我们仅仅通过纯粹的思辨永远也想不出来的概念上。用西德尼·科尔曼的话说就是，

1000个哲学家思考了1000年所想出来的东西也没有量子力学那么奇怪。只有观测数据才能将我们逼到绝境，激发出我们的灵感，创造出高度反直观的结构，形成现代物理学的基础。

试想这样一种情形：古代世界的某个人在考虑到底是什么使太阳熠熠生辉。如果他想上一段时间或想上10年8年就能想到如下的描述那绝对是不可能的："我敢打赌，太阳发的大部分光是由粒子不断相互碰撞并聚合在一起变成另一种新粒子同时释放出第三种粒子的过程产生的。要不是存在一种充满空间并造成与有关的力相联系的对称性破缺，这第三种粒子将是无质量的。两个初始粒子聚变释放出的能量就是我们最终看到的太阳光。"但实际发生的确实就是这么个过程。为讲述这个故事，人类花费了几十年时间。如果我们不是被观测数据逼得在每一步前行中都不断修正自己，这个故事永远都不会产生。

282

另一方面，一旦观测数据表明我们走在正确的轨道上，那么科学能够超越常规跨入未来。在20世纪60年代，物理学家基于以前的实验中得到验证的某些一般原理和一些具体的观测事实（例如不存在无质量的传递弱作用力的玻色子），构造了电磁相互作用与弱相互作用统一理论。这一理论做出预言：应当存在一种新的有质量的粒子——希格斯玻色子——它能够以一定的方式耦合到已知的粒子。2012年，在1967年斯蒂芬·温伯格提出这一理论的论文发表整整45年后，这一预言实现了。人类的智慧，在大自然的线索引导下，能够找出有关宇宙如何工作的深刻真理。在这种洞察力的基础上，我们希望在不远的将来进一步看到更远的未来。

当我跟乔安妮·休伊特探讨是什么造就了成功的物理学家这个问题时，常常想到一个词：坚持。作为个体的科学家需要坚持不懈才能攻克难题，社会作为一个整体需要的是愿意支持那种投入大周期长的项目，以解决我们面临的最困难的问题。当我们开始理解实在的体系结构时，低垂的果实已被摘取，问题中比较容易的部分已被攻克。

我们所面临的问题是困难的，但如果我们以最近的历史为向导，那么顽强的努力和偶现的洞察力的结合应该能够让我们到达胜利的彼岸。标准模型的构造也许已完成，但如何理解实在的其余部分仍然是摆在我们面前的任务。如果它不是一个挑战，它就不会这么有趣。

283

附录1
质量与自旋

我们说希格斯场的第一要务是给其他粒子赋以质量。在本附录中，我们用比正文更详细的叙述来解释这意味着什么。这里所述的一切不是绝对必要的，但它可以澄清一些事实。

首先，为什么我们需要一个给其他粒子赋以质量的场？为什么粒子不能自发地有质量？

当然，我们可以想象存在那种无需希格斯场参与的有质量粒子。但是标准模型下的粒子是一类特殊的粒子，它不允许这样的事情发生。从希格斯场获得质量的粒子可分为两种：传递弱相互作用力的W玻色和Z玻色子以及带电的费米子（电子、μ子、τ子以及所有的夸克）。虽然玻色子获取质量的方式细节上不同于费米子，但这两种情况下的基本原理是一样的：存在一种禁止拥有质量的对称性，而希格斯场破坏了这种对称性。要理解这种情况的起因，我们需要了解基本粒子的自旋，本书迄止目前还没有深入讨论过的一个概念。

自旋是量子力学里粒子的基本规定性质之一。“量子力学”这个词本身，虽然不是最准确的术语，但却源于这样一个事实：有些东西只以离散的波包形式存在，而不是按任何可能的数量取值。例如，绕原子核旋转的电子的能量只允许取某些特定的值。电子的“角动量”也是如此。角动量是一个用来刻画一个物体绕另一个物体旋转或移动的速度有多快的物理量。量子力学法则告诉我们，角动量是量子化的，它只能取基本值的固定倍数。角动量的最小单位由普朗克常数（自然界基本常数）h除以2π给定。这个量非常重要，为此人们专门用一个字符 $\hbar$ 来表示，读作“h把（bà）”。普朗克常数提出这个常数h要追溯到量子力学发展的早期，但实际上 $\hbar$ 用得更频繁，因此我们常常就称 $\hbar$ 为“普朗克常数”。 284

想象你有一个可以精确操控的旋转着的陀螺。你设法使它旋转得越来越慢，并观察在你的精确控制下它的表现。你会发现，随着陀螺慢下来，转速只取某些离散的值，就是说，陀螺的转速会突然从一个速度变到另一个速度，就像石英表的秒针从这一秒跳到下一秒。最终，你会得到一个最慢的转速，这时陀螺的总角动量就等于 $\hbar$ 。为什么你在看奥运会花样滑冰选手在冰面上旋转时没有注意到这一点呢？那是因为最小旋转速度很慢很慢：一只玩具陀螺在以角动量 $\hbar$ 转动时，其转速相当于在宇宙年龄的100万亿倍的时间里才完整转一圈。

陀螺的转动具有角动量是因为构成陀螺的原子都在绕中心轴旋转。量子力学的成果之一是单个粒子也有“转动”，尽管它们并不是真正绕着别的什么东西转动。我们知道这一点是因为粒子的总角动量 285 不随时间变化，是因为我们看到存在这样的过程：做轨道运动的粒子通过相互作用变成了另一个不做轨道运动的粒子。对此情形我们可以得出结论，角动量一定是变成了粒子自旋。因此对于基本粒子，当我们说到它的“旋转”时，我们总是指这种内在的量子力学的自旋；当我们说到它的“角动量”时，我们考虑的是一个物体围绕另一个物体的转动的经典现象（故也称为“轨道”角动量）。

自旋如何起作用

对于粒子的自旋，我们需要知道几个重要的事实：每一种粒子都具有一个固定的自旋值，永远不变，粒子从来不存在开始转得更快或更慢；以 $\hbar$ 作为度量单位，宇宙中每个光子的自旋等于1，每个希格斯玻色子的自旋等于零；自旋是粒子的固有属性，不是那种随着粒子的演化而变化的量（除非它变换成另一种粒子）。

与常规的轨道角动量不同的是，自旋的最小单位是半个 $\hbar$ ，而不是一个 $\hbar$ 。电子的自旋为1/2，上夸克的自旋也是1/2。为什么这是可能的则是一个有趣的量子场论问题，如果深究下去恐怕会把我们带到偏离本附录主题更远的地方去了。

粒子的自旋与它是玻色子还是费米子的性质之间存在简单的相关性。每个玻色子都有整数倍自旋：0，1，2，…（均以 $\hbar$ 为单位，以下均同此；）每个费米子的自旋则为一个整数加0.5：1/2，3/2，5/2，…这种关联性是如此紧密以至于人们往往将玻色子定义为“带整数自旋的粒子”，将费米子定义为“半整数自旋的粒子”。这种定义不是很准确，我们以前给出的定义，即玻色子可以彼此叠加，而费米子则占用空间，才是这两类粒子之间的真正区别。物理学中有一条著

286

名的定理叫“自旋统计定理”，它告诉我们，能够彼此叠加的粒子必定有整数自旋，而占用空间的粒子必定有半整数自旋。至少在四维时空下是如此，而这正是我们这里所关心的。

标准模型下的粒子都有非常具体的自旋。所有已知的基本费米子——夸克、带电轻子和中微子——均是自旋1/2。引力微子，一种假想的引力子的超对称伙伴，具有自旋3/2，但这种引力中微子至今没有被观察到。引力子本身的自旋为2，在所有基本粒子中别具一格。其他的规范玻色子——光子、胶子、W子和Z子——自旋均为1。（引力子与其他传递力的玻色子的不同可以追溯到这样一个事实：引力是时空本身的性质，而其他的力都是在时空上的传播。）希格斯玻色子，与上述这些粒子均不同，其自旋为0。自旋为零的粒子称为标量粒子，它所伴随的场称为标量场。

“粒子的自旋”与“我们测得的相对于某个轴的自旋值”之间有重要区别。假设地球绕其轴（从南极指向北极）自旋的角动量是某个（大）数。我们说，我们可以想象着来测量地球绕反向轴（从北极指向南极）的角动量，答案将是原来的“右旋”答案的负值。角动量并没有改变，改变的只是我们刚刚是按反方向轴的测量方式。如果我们从上往下看原来的转轴，正的自旋意味着我们看到的物体是按逆时针方向旋转的，而负的自旋是按顺时针方向旋转。地球在某个身处北极的人看来在逆时针旋转，因此它具有正的自旋。（这就是所谓的“右手定则”——如果你伸出右手，四指握拳代表旋转方向，则竖起的大拇指的指向即转轴的正方向。）

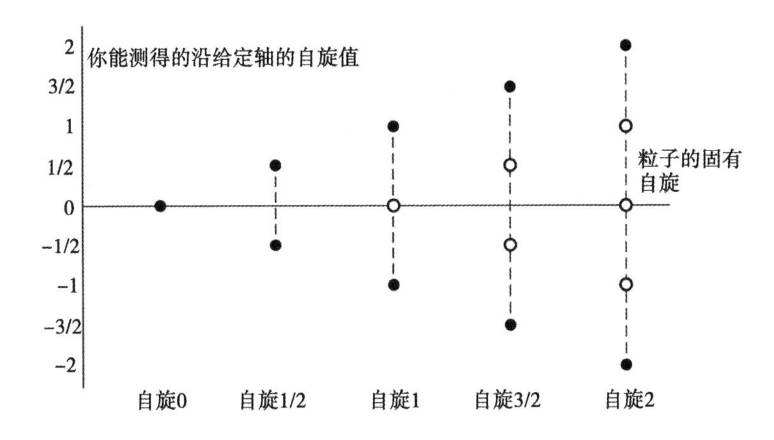

粒子的自旋相对于某个轴实测允许的取值范围。无质量粒子的取值对应于图中的实心点，有质量粒子的取值对应于空心点

我们甚至可以考虑测量物体绕完全垂直的轴（例如，从赤道面的一侧指向另一侧）转动的角动量。只是相对于那个方向，地球没有“旋转”——南北两极保持相对于穿过赤道的假想轴不动。因此我们可以说，相对于该轴测得的自旋是零。

287

正如粒子的总自旋被量子化到 $\hbar$ 的整数倍或半整数倍，我们测得的自旋也是量子化的。它必须要么等于总自旋，或等于总自旋的负值，或是整数之间的某个离散值。对于自旋为0的粒子，我们测量时能够得到的唯一答案就是0。对于自旋1/2的粒子，我们可以得到+1/2或−1/2，但也仅此而已。我们不可测到其他分数值。对于自旋为1的粒子，我们可以测得的自旋值为+1，−1或0。如果我们测得0，这不意味着粒子不旋转，而只是表明它的转轴垂直于我们测量的方向。从来不可能测得如7/13或其他纷乱的分数——量子力学不允许这样做。

288

自由度

现在我们需要对有质量粒子与无质量粒子做出区分。(看看这与希格斯子是怎么联系起来的。)当你测量一个无质量粒子的自旋(非零自旋)时,答案只有两个:正的固有自旋或负的固有自旋。换句话说,不论你选取什么样的转轴,当你测量像光子这样的自旋为1的无质量粒子时,你得到的不是+1就是-1,不可能是0。对于自旋为0或自旋1/2的粒子,这不是问题,不会遗漏任何值。但对于高自旋粒子,这就相当重要了。当我们测量光子或引力子的自旋时,我们可能得到两个值,但是当我们测量一个W玻色子或Z玻色子的自旋时,则有3个不同的值,因为这时自旋可以取0值。在上页图中,实心点表示测量无质量粒子的自旋时我们可以得到的结果,空心点则代表测量有质量粒子能够得到的结果。

这一事实之所以非常重要是因为允许的自旋测量值代表着一种新的“自由度”。用物理学的话说就是“某事可以在独立于其他事情的条件下发生”。因为我们这里谈的其实是量子场,因此每个自由度都代表着场的一种特定的振荡模式。对于像希格斯子这样的自旋为0的场,只有一种振荡模式。对于像电子这样的自旋为1/2的场,可以有两种振荡模式,分别对应于(依据你选择的转轴取向)顺时针或逆时针旋转(很难可视化)。像光子这样的无质量粒子也只有两种振荡模式,但像Z玻色子这样的自旋为1的大质量粒子的振荡则有3种模式:相对于某个轴取顺时针旋转,或取逆时针旋转,或根本不旋转。

这听起来容易让人一头雾水,但如果你回过去读读第11章讨论的希格斯机制，这将有助于理解当局域对称性自发破缺时会发生什么。请记住，在标准模型下，在对称性破缺之前，我们有3种无质量规范玻色子和4种标量希格斯玻色子。数一数自由度数：对3种无质量规范玻色子是每种两个自由度，对标量玻色子是每种一个自由度，因此总自由度数为$2\times3+4=10$。在对称性破缺后，有3种标量玻色子被规范玻色子吃掉，只留下一种大质量的标量玻色子，这就是我们观察到的物理上的希格斯玻色子。现在再数数自由度数：3种规范玻色子各有3个自由度，加上一个标量玻色子的一个自由度，总计仍为$3\times3+1=10$。它们是匹配的。对称性自发破缺并不创造或毁灭自由度，它只是将它们混合在一起。

计算自由度有助于解释为什么规范玻色子在没有希格斯子时是无质量的。规范玻色子率先存在的原因是存在局域的对称性——一种在空间中的每一点都能够起作用的对称性，我们需要定义与不同的空间点上对称性相联系的场。事实证明，你只需要两个自由度来定义这种类型的场。（请相信这个结论。因为不运用复杂的数学我们很难给出合理的解释。）如果你有一个自旋为1或自旋为2但只有两个自由度的粒子，那么这个粒子必然是无质量的。希格斯场是一个完全独立的自由度，当规范玻色子吃掉它后，就变成有质量的粒子了。如果附近没有额外的自由度，规范玻色子将不得不保持无质量状态，就像它们传递已知的力时那样。

希望上面的叙述有助于解释为什么物理学家们相信必须存在类似于希格斯子这样的东西，甚至在它被发现之前就笃信不疑。从某种意义上说，它早已被发现——4种标量玻色子中的3种曾经存在过，

现在它们成了零自旋、4有质量的W玻色子和Z玻色子的一部分。我 290
们需要做的就是找到剩下的这第四种。

为什么说如果没有希格斯子，费米子也是无质量的

这也是为什么“费米子具有质量”这个事实需要第一时间给予解释。请注意，我们在讨论规范玻色子时用的自由度概念在此不适用，因为不论质量与否，自旋1/2的费米子都有两种可能的自旋值。

我们从考虑像电子这样的自旋1/2的有质量粒子开始。想象这个电子径直离我们远去，我们沿着指向其运动的方向的轴测得其自旋为+1/2。接着我们想象我们加速自身开始追赶电子——现在我们是朝着它运动。电子没发生任何内在的变化，包括其自旋，但其相对于我们的速度有了改变。我们定义一个称为粒子的*螺旋度*的物理量，它是沿其运动方向为转轴测得的自旋。现在电子的螺旋度从+1/2变到–1/2，而我们所做的只是改变了我们自己的运动状态——我们没有与电子有过任何接触。显然，螺旋度不是粒子的一种内在特性，它取决于我们如何看它。

现在考虑一个无质量的自旋1/2的费米子（譬如没有发生自发对称性破缺的电子）。它离我们远去，我们沿其运动方向定义的轴测得的自旋为+1/2，即它的螺旋度为+1/2。现在，费米子必定是以光速运动（因为无质量粒子的运动总是如此）。因此，我们赶不上它，我们加速自身只是改变了它的视在运动方向。宇宙中的每一个观察这个无质量粒子的观察者看到的都是唯一的螺旋度。换句话说，无质量粒

291 子的螺旋度是一个有确定意义的量，无论是谁做测量，这一点与有质量粒子截然不同。具有正螺旋度的粒子是“右撇子”（当它飞向我们时其自旋沿逆时针方向旋转），而负螺旋度粒子是“左撇子”（当它飞向我们时其自旋沿顺时针方向旋转）。

而为什么这一点很重要是因为*弱相互作用只耦合到一种螺旋度的费米子上*。尤其是，在希格斯子打破对称性之前，传递弱相互作用的无质量规范玻色子只耦合到左撇子费米子，对右撇子费米子无作用，它们也耦合到右撇子的反费米子而对左撇子的反费米子不起作用。不要问为什么，这就是大自然的工作方式，我们所需要做的只是收集与之相符的数据。强作用力、引力和电磁力耦合到左手粒子的方式与其耦合到右手粒子的方式是一样的，但弱作用力只耦合到左右手粒子其中的一种而不耦合到另一种。这也解释了为什么弱相互作用违反宇称（即镜面对称性）。

如果以不同速度运动的观察者看到的螺旋度不同，那么一种只耦合到一种螺旋度的力显然没有意义。弱力要么耦合到某种粒子，要么不。如果弱力只耦合到左手粒子和右手反粒子，那么这种粒子有一个螺旋度且永远不变这一点必定是真实的，而且这种情形只可能发生在以光速运动的粒子上。最后这一点意味着，它们的质量必定为零。

如果你能理解上述这些，它将有助于理解我们在首次定义标准模型时所做的事情。我们说，如果不考虑虚空空间里潜伏着的希格斯子，那么已知的费米子都是成对出现的，即粒子间具有对称性。上夸克和下夸克构成一对，电子和电子中微子构成一对，等等。但实际情形却是，只有左手的上夸克和下夸克构成对称的一对，右手的上夸克与下夸克之间不存在局域对称性，电子和电子中微子之间也同样如此。（在原始版本的标准模型中，中微子被认为是无质量的，右撇子中微子甚至不存在。现在我们知道，中微子有一个小的质量，但右手中微子的存在性仍是个谜。）而一旦希格斯子充满空间，弱对称性即被打破，所观察到的夸克和带电轻子都是有质量的，且左右螺旋度皆允许。

292

现在我们看清楚了为什么希格斯粒子是必需的，因为不然的话标准模型里的费米子就没有质量。如果弱相互作用的对称性没有破缺，每个费米子的螺旋度就将是一种固有性质。这意味着它们都将是无质量的以光速运动的粒子。所有这些均是因为弱相互作用可以区分左右。如果这是不正确的，那么费米子要有质量就没有任何障碍，不论是否存在希格斯子。事实上，希格斯子本身就是一个有质量的标量场，但它不是给希格斯子本身提供质量。它就是有质量，因为没有任何理由不具有质量。

293

附录 2
标准模型粒子

在整本书中我们讨论的都是标准模型下的各种粒子，但给出的并不总是很系统。在这里，我们提供了一个粒子及其属性的概要。

基本粒子有两种类型：费米子和玻色子。费米子占空间，也就是说，你不能把两个相同的费米子以完全相同的配置彼此置于一处。因此，它们是固态物体（大到中子星小到桌子）的基础。玻色子可以彼此堆积在一处，只要你高兴，爱堆多少堆多少。因此它们能够产生宏观力场，如电磁场和引力场。

粒子家庭：费米子

夸克（受强作用，囚禁于强子内）		轻子（不受强作用，不禁闭）	
上型夸克（电荷+2/3）	下型夸克（电荷–1/3）	带电轻子（电荷–1）	中微子（电荷0）
顶夸克（172 GeV）	底夸克（~4 GeV）	τ 子（1.78 GeV）	τ 子中微子（很小）
粲夸克（~1 GeV）	奇异夸克（~0.1 GeV）	μ 子（0.106 GeV）	μ 子中微子（很小）
上夸克（~0.002 GeV）	下夸克（~0.002 GeV）	电子（0.0005 GeV）	电子中微子（很小）

基本费米子及其电荷和可能的质量。中微子的质量还未能精确测定，但肯定都比电子要轻。夸克的质量也是估计的，它们很难测定，因为夸克囚禁于强子体内

费米子

让我们先来考虑费米子。标准模型中有12个费米子，各依下页表严格排列。感受强核力的费米子是夸克，而那些不受强相互作用影响的则是轻子。夸克和轻子各有6种类型，分为3对，每对构成一代。按规则，费米子的自旋必须等于一个整数加一半，所有已知的基本费米子都是自旋1/2的粒子。

294

有3种上型夸克，其电荷均为+2/3。以质量递增为序，分别是上夸克、粲夸克、顶夸克。下型夸克也是3种，电荷-1/3：奇异夸克，下夸克和底夸克。

每种夸克有3种色。每一种色决定了一种独立的粒子（因此，我们有18种夸克，而不是6种），但由于色与强相互作用的未破缺的对称性相联系，因此我们通常不必打扰。所有带色的粒子都被囚禁于强子内，强子是一种无色的夸克组合，它有两种类型：由1个夸克和1个反夸克构成的介子和由3种色夸克（分别称为红、绿、蓝3色）组成的重子。质子（由2个上夸克和1个下夸克组成）和中子（由2个下夸克和1个上夸克组成）都是重子。介子的一个例子是π介子，它有3种类型：带正电荷（1个上夸克加1个反下夸克组成）的、带负电荷（1个下夸克加1个上夸克组成）的和电中性（上夸克/反上夸克与下夸克/反下夸克的混合物）的。

295

与夸克不同，轻子不受约束。每个轻子可以随意在空间中穿行。6种轻子也分为3代，每一代含1个中性粒子和一个带电荷-1的粒子。

带电轻子有电子、μ子和τ子。中性轻子都是中微子：电子中微子、μ子中微子和τ子中微子。中微子的质量尚不了解，但因为与标准模型里其他费米子的出现方式不同，所以我们在本书中基本上忽略了它们。已知它们的质量很小（小于1电子伏特），但不是零。

12种不同的费米子可看成是6种不同的粒子对。每一种带电轻子与其相关的中微子配成一对，上夸克与下夸克配成一对，其余的是粲夸克与奇异夸克构成一对，顶夸克与底夸克构成一对。作为这种配对行为的例子，一个W玻色子衰变为一个电子和一个中微子，而这个中微子一定是反电子中微子。同样，当W子衰变为一个μ子时，总是伴随产生一个μ子反中微子，依此类推。（你也许认为对夸克是否也能这么看待，那么我告诉你，夸克是以一种十分微妙的方式混合在一起的。）每一对粒子实际上具有相同的属性，如果不考虑躲在后台的希格斯场的影响的话。在我们看到的世界里，每一对粒子都具有不同的质量和不同的电荷，那不过是因为希格斯场将它们的基本对称性质藏匿了。

粒子家族：玻色子

	名称	质量（GeV）	电荷	自旋
电磁作用力	光子	0	0	1
强核力	胶子（8种）	0	0	1
弱核力	W^+，W^- Z	80.4 91.2	+1，−1 0	1 1
引力	引力子	0	0	2
希格斯场	希格斯玻色子	125	0	0

传递力的粒子，玻色子。质量单位：京电子伏（GeV）

有没有可能夸克和轻子不是真的基本粒子，它们实际上是由更低层次的粒子构成的呢？这当然是可能的。但物理学家对目前的这些粒子是不是真正的基本粒子这个问题没有兴趣，他们更想做的是找出这些粒子背后更多的奥秘，因此在沿着这个思路建立模型并进行实验检验方面花了大量时间。构成夸克和轻子的假想粒子甚至有一个名字，叫“前子（preons）”。但关于它们我们没有任何实验证据，也缺少令 296 人信服的理论。目前粒子物理学界的共识是：夸克和轻子似乎是真正的基本粒子，而不是由某些其他类型的粒子复合而成的。但事情的发展总会令我们感到惊讶。

玻色子

现在我们来看看玻色子。玻色子总是有整数自旋。标准模型包括了4种类型的规范玻色子，每一种均来自大自然的局域对称性，即对应于某一种力。

传递电磁力的光子是无质量、电中性、自旋为1的粒子。传递强作用力的胶子也是无质量、电中性、自旋为1的粒子。两者的主要区别是，胶子带色，所以它们像夸克一样被囚禁在强子内。也正因为带色所以胶子实际上有8种，但它们同样都与未破缺的对称性有关，所 297 以我们甚至懒得给它们贴上标签。

传递引力的引力子也是无质量、电中性的，但其自旋为2。引力子只具有引力本身的作用——因为一切物体都参与引力相互作用——但在大多数情况下引力实在是太弱，你根本不会注意到。（当然，如果你能积累起大量的质量，建立起强大的引力场，事情就不一样了。）事实上，正是引力太弱，因此粒子物理学几乎不关心引力子，至少在标准模型下如此。由于我们还没有一个完整的量子引力理论，也由于检测单个引力子几乎是不可能的，因此人们往往不将引力子作为一个粒子看待，但我们有充分的理由相信它是真实的。

带电的W玻色子和电中性的Z玻色子传递弱作用力。所有这3种粒子都是自旋为1的粒子，但因其质量巨大，故它们产生后会很快衰变掉。正是希格斯场导致的对称性破缺使得传递弱作用的玻色子质量变得巨大，并彼此区分开来。如果没有希格斯场，W波色子和Z玻色子就会变得更像胶子，只不过它们是3种而不是8种。

粒子与其所受到的力

粒子种类	力				
	电磁力	强力	弱力	引力	希格斯力
夸克	×	×	×	×	
带电轻子	×		×	×	×
中微子			×	×	×
光子				×	
胶子		×		×	
W^+，W^-	×		×	×	×
Z			×	×	×
引力子				×	
希格斯子			×	×	×

本表归纳了各类粒子（玻色子和费米子）参与哪些相互作用。光子传递电磁力，但它本身不直接参与电磁相互作用，因为它们是电中性的。中微子质量的起源仍是个谜，因此它们是否与希格斯子作用还是个未知数

与前述的3种力不同，弱力非常之弱，以至于无法完全由它将两个粒子合在一起。当其他粒子通过弱力进行相互作用时，本质上只有两种方式：两个粒子通过交换一个W子或Z子后彼此散射，或是一个有质量的费米子通过放出一个W子而衰变成较轻的费米子，然后这个W子再衰变为其他粒子。当涉及在LHC上寻找新的粒子时，这些过程发挥着至关重要的作用。

希格斯子本身是一个标量玻色子，就是说它的自旋为零。与规范玻色子不同的是，它不是产生自对称性，因此我们没有理由期望它的质量应该是零（即使很小）。我们可以谈论一个希格斯子的“力”，这个力甚至可能与地下深处的探测暗物质实验有关。但我们对希格斯子的主要兴趣源自于它的场（即那个在虚空空间里非零的场）以及它赋予其他粒子质量的影响力。

298

如果你已经读到这里，那么你对希格斯玻色子可能已经非常熟悉了。

299

附录 3
粒子及其相互作用

本附录中，我们讨论费曼图，同样，这些内容的专业性也比正文要强。你可以随意跳过它，或仅看看图亦可。当理查德·费曼第一次发明了这些图时，他自己也认为如果有一天这些小涂鸦被登载在物理学研究期刊上，那将热闹非凡。这种热闹已经来临。

费曼图是搞清楚当基本粒子聚到一起发生相互作用时会发生什么事情的一种简单方法。比方说，你想知道希格斯玻色子是否会衰变为两个光子。你知道，光子是无质量的，而希格斯子只与有质量的粒子发生相互作用。所以你的第一反应可能是猜想这种衰变不会发生。但是通过画出费曼图，你会发现存在这样的过程：其中虚粒子可以将希格斯子与光子联系在一起。职业物理学家将进一步根据这些图来计算这样的事件发生的实际概率。每个图都配有一个具体的数，我们将所有不同的图的数加起来，就能得到最终的答案。我们虽然不是专业的物理学家，但是看看用费曼图描绘的各种可能的相互作用仍然是有益的。要画出这些图我们需要先记住一些作图规则，当然我们只能浅尝辄止，知道是怎么回事足矣。如果你想准确弄懂所有这些，最好是去参考有关粒子物理学或量子场论的教科书。

300

作图基本规则：每个图是一张描述粒子彼此间相互作用和身份不断变化的卡通片，图中的时间轴由左指向右。入射粒子画在图的最左端，出射粒子在最右端，它们都是“真实的”粒子——它们拥有我们在粒子家族表上列出的质量。只存在于图内不出现在两端的粒子，都是“虚”粒子——它们的质量可以取任何值。但要强调一点：虚粒子不是真实粒子，它们只存在于刻画量子场在粒子相互作用的过程中如何振荡的假想设备中。

我们用实线来描绘费米子，用波浪线代表规范玻色子，用虚线来表示标量玻色子（如希格斯子）。费米子线永远没有终点——它要么是闭环，要么出现在图的开头和/或结尾。相反，玻色子线可以很容易地走到尽头，无论是搭上费米子线还是其他玻色子线。线与线相交的地方称为“顶点”。每个顶点上的电荷守恒。所以，如果电子射出一个W玻色子，后者再变成一个中微子，那么我们知道这个W子必定是W^-。在每个顶点上总夸克数和总轻子数（这里反粒子的值均为-1）也是守恒的。如果我们要将某个粒子换为其反粒子，在图上只要将相应的线拿起来反放即可。因此，如果一个上夸克通过放出一个W^+转换成一个下夸克，那么一个反下夸克也可以通过同样方式转换为一个反上夸克。

我们从画出标准模型的基本图开始。任何更为复杂的图都可以通过这些基本图的不同组合来构造。我们不打算做完全的综合，只希望使基本图变得清晰就足够了。

首先，考虑一个费米子从左边过来后会发生什么。费米子线不能有终点，因此必须有某种费米子出现在另一端。但我们可以吐出一个玻色子。从本质上讲，如果一个费米子感受到某种力，它就可以发出一个携带这种力的玻色子。下面是一些例子。

301　每个粒子都受到引力，所以每个粒子可以发出一个引力子。(或吸收一个引力子，如果我们将图倒过来看的话；如光子和希格斯子一样，引力子是其自身的反粒子。) 尽管我们只画了一条直线，好像这里粒子只有一个费米子，但实际上它对于所有的玻色子都是等价的。

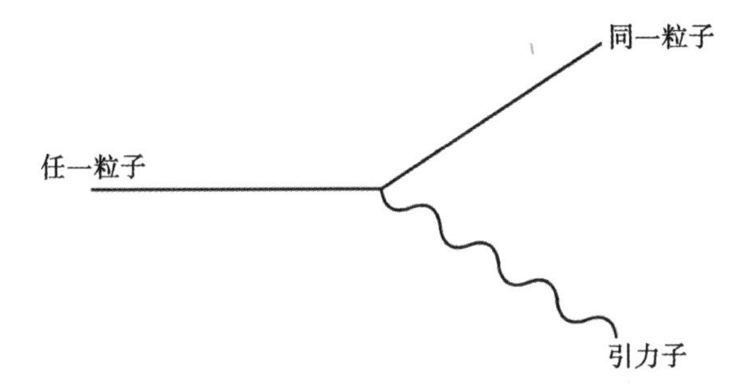

请注意，这个图，以及下面的几张图，描述了一个粒子发射另一个粒子同时保持其自身性质不变。这种情况仅通过自身是不可能发生的，因为它不满足能量守恒。所有这类图只能是较大的图的一部分。

与引力不同，电磁力只能由带电粒子直接作用。电子能发出一个光子，但Z子或希格斯子则不能。它们只能通过更复杂的图以间接的方式这样做，而且没有简单的顶点。

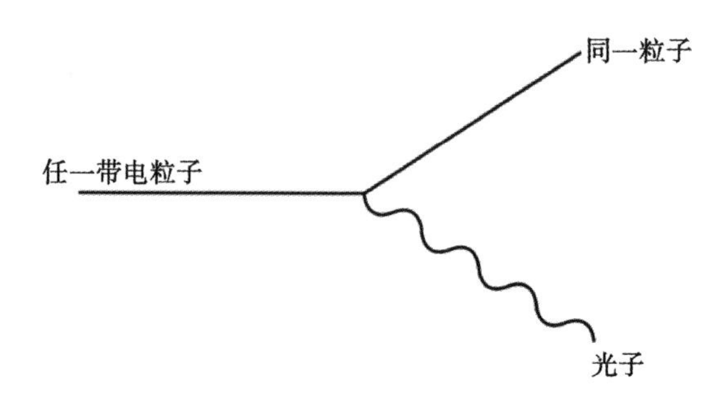

同样，任何强作用粒子（夸克和胶子）能发出胶子。需要注意的是，胶子感受强相互作用，而光子不带电——因此可以有三胶子顶点，但却没有三光子顶点。

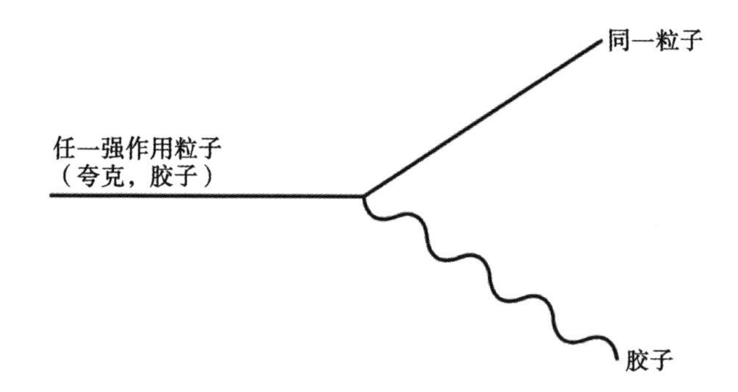

现在我们来看弱相互作用。这里事情有点乱。Z玻色子实际上是非常简单的，任何感受弱作用的粒子都可以发出一个Z玻色子并保持原有的性质不变。（同样，这种图只能是更大的图的一部分。） 302

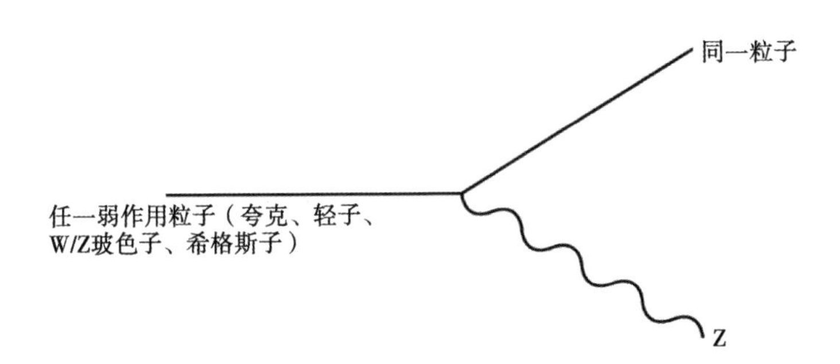

一旦我们得到W玻色子，事情就变得比较复杂了。与我们前面讨论的其他玻色子不同，W玻色子带电。这意味着粒子不可能发射出W子而自身性质不变，否则电荷不守恒。因此，W玻色子只出现在上型夸克（上夸克、粲夸克和顶夸克）与下型夸克（下夸克、奇异夸克和底夸克）之间的转换过程中，以及带电轻子（电子、μ子、τ子）与其相应的中微子之间的转换过程中。

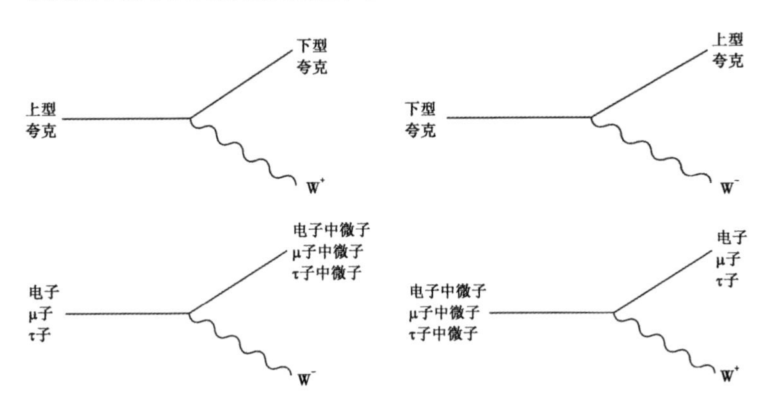

303 希格斯玻色子与Z玻色子非常类似：任何感受弱作用的粒子都可以发出一个希格斯玻色子。

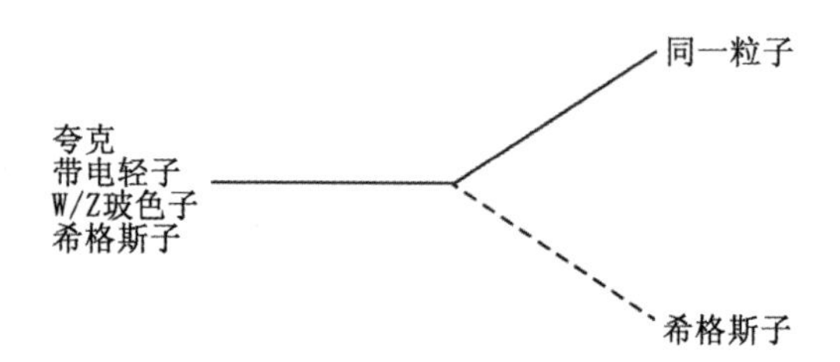

现在我们来讨论已存在玻色子的情形。一个玻色子可以发出另一个玻色子，或分裂成两个费米子。然而，由于费米子线永无尽头，因此玻色子只能分裂成一个费米子和一个反费米子，其方式是必须保证在末端总的费米子数为零，与始端一样。对此我们有大量的例子。请注意，这些都是我们已经绘制出的图，它们之间的区别仅在于调换一下粒子及其相应的反粒子。如果，入射的玻色子是无质量的，那么它只能是更大的图的一部分，因为无质量的粒子不可能衰变成有质量粒子同时又满足能量守恒。（看出这一点的方法是：两个有质量粒子的总和必须构成一个总动量为零的"静止参考系"，而单个无质量粒子不可能处于静止状态。）剩下的基本图只有希格斯子与自身的相互作用。这种作用可使一个希格斯子劈裂成2个或3个希格斯子。显然，这种图也只能是大图的一部分，否则违反能量守恒。 304

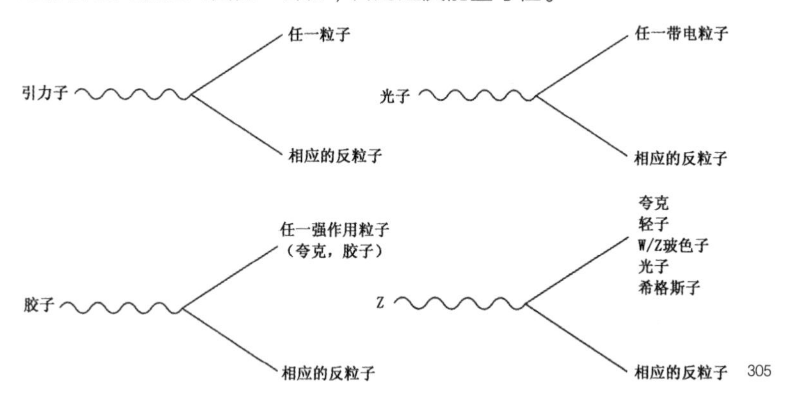

305

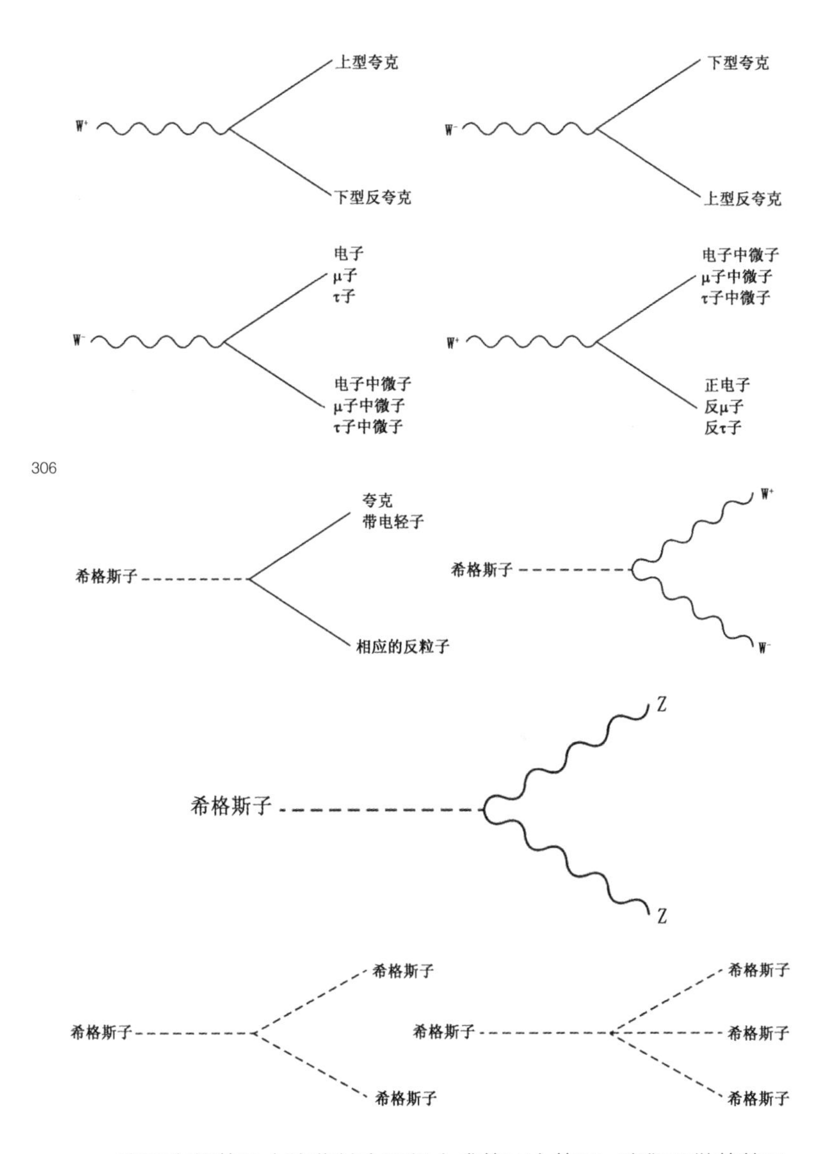

306

真正有趣的是由这些基本图组合成的更大的图。我们要做的就是增加与粒子相应的线，譬如将一幅电子图加到另一幅电子图上，等等。

从上面的图中，我们可以将某条线从右边挪到左边，并相应地将粒子换成其反粒子，这样便构成了一幅新的图。

例如，我们要问μ子如何衰变。由前面的图中我们看到，μ子发射一个W⁻变成μ子中微子，但这个过程不可能自发发生，因为W⁻比μ子重。不要害怕，只要在W⁻保持虚粒子态并衰变成比μ子更轻的东西，[307] 比如衰变为电子及其中微子，一切就都没问题。我们需要做的只是将上述两个图中的W⁻线以相容的方式黏合在一起。

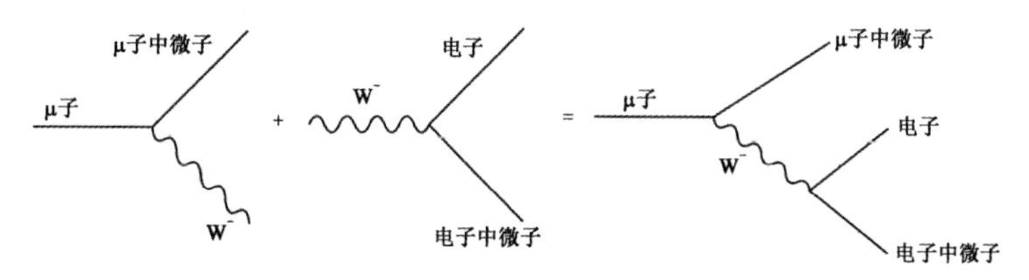

我们还可以将线弯向自身形成环路。下面是一幅描述在LHC上寻找希格斯子的重要途径的图：一个希格斯子衰变为两个光子。处在中间构成闭环的虚粒子可以是任意一种既与希格斯子耦合（因此存在图左边的顶点），也与光子耦合（故图的右边也存在顶点）的粒子。耦合能力越强的粒子越容易出现，故在此情况下它很可能是顶夸克。它是标准模型下最重的粒子，因此与希格斯子有最强的耦合。

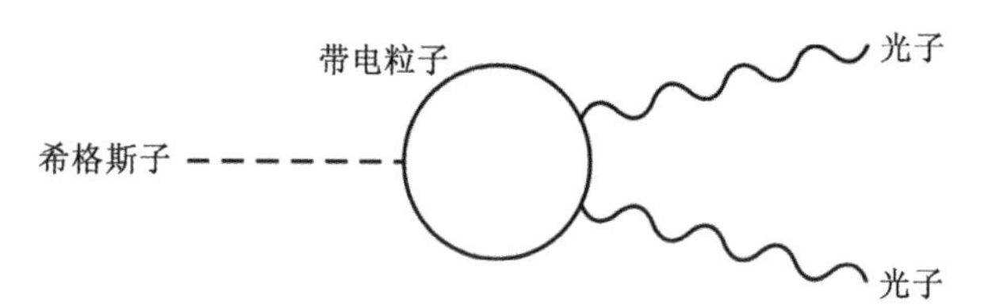

最后，我们给出在LHC中产生希格斯玻色子的几种重要途径（在

308 其衰变前）。一条途径是“胶子聚变”：两个胶子聚合产生一个希格斯子。因为胶子是无质量的，因此这个过程必须通过一个虚的有质量且参与强相互作用的粒子才能进行，这个粒子便是夸克。

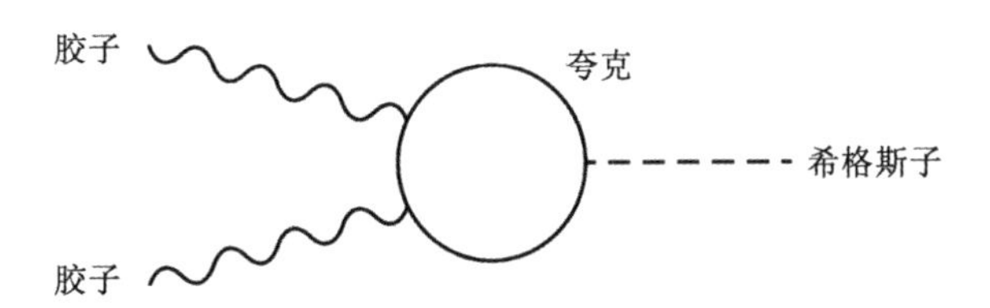

还有所谓的“矢量玻色子聚变”，它是指这样一个情形，W玻色字和Z玻色子有时也称为“矢量玻色子”。由于它们有质量，因此可以直接耦合到希格斯子。

最后，伴随希格斯子产生的还有两种不同的“副产品”：W玻色字或Z玻色子，或者夸克/反夸克对。

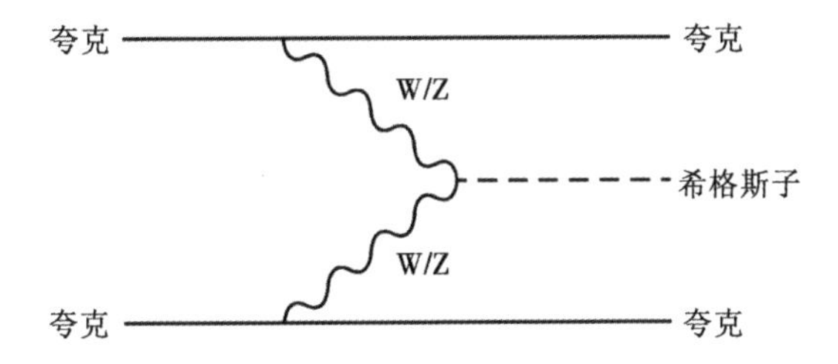

309 在掩卷之前还有几句话：本附录不是要给出希格斯子产生和衰变的所有不同过程的来龙去脉，我只是要表明，粒子产生和衰变这两种过程是复杂的，存在着各种可能性，但所有这些途径都遵循一定的规则，允许我们弄清楚它们都是些什么过程。想到这些小卡通图居然

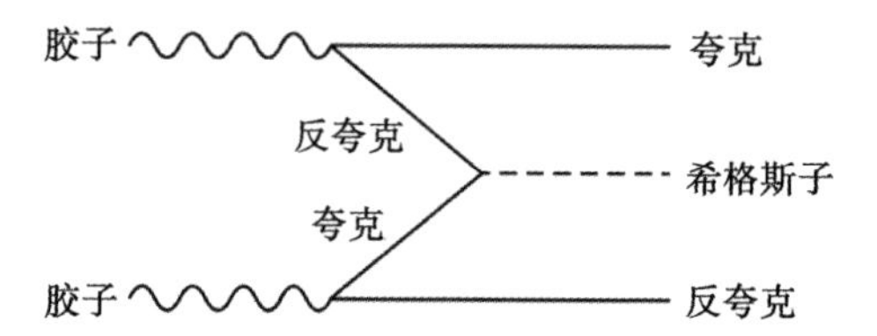

能够捕捉到有关自然世界微观行为的某些深刻真理，实在是令人惊异不已。

进一步阅读材料

Aczel，Amir.*Present at the Creation*：*The Story of CERN and the Large Hadron Collider.* New York,NY:Crown Publishers，2010.

-

CERN.CERN faq：LHC，the guide. http://multimedia-gallery.web.cern.ch/multimedia-gallery/Brochures.aspx，2009.

-

Close，Frank.*The Infinity Puzzle*：*Quantum Field Theory and the Hunt for an Orderly Universe.*New York,NY: Basic Books，2011.

-

Crease，Robert P.，and Mann，Charles C.*The Second Creation*：*Makers of the Revolution in Twentieth-Century Physics.* New York,NY:Collier Books，1986.

-

Halpern，Paul.Collider：*The Search for the World's Smallest Particles.*Hoboken,NJ: Wiley，2009.（中译本《探寻万物至理——大强子对撞机》，李晟译，上海教育出版社，2011年，第一版）

-

Kane，Gordon.The Particle Garden：The Universe as Understood by Particle Physicists.New York,NY: Perseus Books，1995.

-

Lederman，Leon，with Teresi，Dick.The God Particle：If the Universe Is the Answer，What's the Question? Boston,MA: Houghton Mifflin，2006.（中译本《上帝粒子》，米续军、古宏伟、赵建辉、陈宏伟 译，上海科学技术出版社，2003年，第一版，据原书1993年版译出。）

-

Lincoln，Don.*The Quantum Frontier*：*The Large Hadron Collider.* Baltimore,MD:Johns Hopkins，2009.

-

Panek，Richard.*The 4 Percent Universe*：*Dark Matter*，*Dark Energy*，*and the Race to Discover the Rest of Reality.*Boston,MA: Mariner Books，2011.

-

Randall，Lisa.*Knocking on Heaven's Door*：*How Physics and Scientific Thinking Illuminate the Universe and the Modern World.* New York,NY:Ecco，2011.

-

Sample，Ian.*Massive*：*The Missing Particle That Sparked the Greatest Hunt in Science.*New York,NY: Basic Books，2010.

-

Taubes，Gary.*Nobel Dreams*：*Power*，*Deceit*，*and the Ultimate Experiment.*New York,NY: Random House，1986.

-

Traweek，Sharon.*Beamtimes and Lifetimes*：*The World of High Energy Physicists.*Lambridge,MA: Harvard University Press，1988.（中译本《物理与人理：对高能物理学家社区的人类学考察》，刘珺珺，张大川等译，上海科技教育出版社，2003年，第一版）

-

Weinberg，Steven.*Dreams of a Final Theory.* New York,NY:Vintage，1992.（中译本《终极理论之梦》，李泳译，湖南科学技术出版社，2003年，第一版）

-

Wilczek, Frank. *The Lightness of Being: Mass, Ether, and the Unification of Forces*.New York,NY: Basic Books, 2008.（中译本《存在之轻》，王文浩译，湖南科学技术出版社，2010 年，第一版）

参考文献

参考文献是指正文里关键词的出处。一个例外是第11章“诺贝尔的梦想”，本章参考文献包含了两个列表：一个是1964年对称性破缺文献所涉人物的个人回忆录及有关讨论，另一个是这些讨论所涉的所有专业文献。

序幕

休伊特： http://blogs.discovermagazine.com/cosmicvariance/2008/09/11/giddy-physicists/

-

埃文斯： 2012 年 7 月 4 日访谈。

-

希格斯： http://www.newscientist.com/article/dn22033-peter-higgs-boson-discovery-like-being-hit-by-a-wave.html?full=true

第 1 章

法拉第： http://bit.ly/ynX3dL

-

霍伊尔： http://www.guardian.co.uk/science/2011/dec/13/higgs-boson-seminar-god-particle

第 2 章

莱德曼和特雷西：《上帝粒子》，上海科学技术出版社，2003 年，第一版。

-

希格斯： http://physicsworld.com/cws/article/indepth/2012/jun/28/peter-higgs-in-the-spotlight

第 4 章

亚诺特： V.Jamieson，“CERN Extends Search for Higgs，” Physics World， October 2000.

-

沃茨： 2012 年 4 月 4 日私人邮件。

-

休伊特： 2012 年 2 月 23 日访谈。

-

施维特，布隆伯根： quoted in Kelves， preface to the 1995 edition of *The Physicists*： *The History of a Scientific Community in Modern America.*

-

帕克：引自温伯格，《终极理论之梦》，李泳译，湖南科学技术出版社，2003 年，第一版，第 45 页。

-

安德森： 给编辑的信， *The New York Times*， May 21， 1987。

-

克罗姆汉瑟： Sample， *Massive*， p.115。

第 5 章

埃文斯，事故：2012 年 7 月 4 日访谈。

-

面包屑：http://www.telegraph.co.uk/science/large-hadron-collider/6514155/，Large-Hadron-Collider-broken-by-bread-dropped-by-passing-bird.html

-

埃文斯：http://www.elements-science.co.uk/2011/11/the-man-who-built-the-lhc/

-

埃文斯：http://www.nature.com/news/2008/081217/pdf/456862a.pdf

-

朱迪切：*A Zeptospace Odyssey*，pp.103–104。

-

埃文斯，夏日聚会：2012 年 7 月 4 日访谈。

第 6 章

安德森：Eugene Cowan，“The Picture That Was Not Reversed，”*Engineing and Science* 46，6 (1982)。

-

CERN 新闻发布：http://press.web.cern.ch/press/PressReleases/Releases2008/PR10.08E.html

-

计算层级：Brumfield，http://www.nature.com/news/2011/110119/full/469282a.html

-

詹诺蒂：2012 年 5 月 3 日访谈。

-

希腊安全团队：Roger Highfield，http://www.telegraph.co.uk/science/large-hadron-collider/3351697/Hackers-infiltrate-Large-Hadron-Collider-systems-and-mock-IT-security.html

第 8 章

杨与泡利：Close，*The Infinity Puzzle*，p.88。

第 9 章

《每日电讯报》:http://www.telegraph.co.uk/science/large-hadron-collider/8928575/Search-for-God-Particle-is-nearly-over-as-CERN-prepares-to-announce-findings.html

-

viXra log：http://blog.vixra.org/2011/12/01/seminar-watch-higgs-special/

-

CERN 更新：http://indico.cern.ch/conferenceDisplay.py?confId=150980

-

詹诺蒂：http://www.youtube.com/watch?v=0KOoumH4dYA

-

詹诺蒂，“Spirit”and“Bear”quotes：2012 年 5 月 15 日访谈。

-

吴秀兰：http://physicsworld.com/cws/article/news/2011/dec/l4/physicists-weigh-up-higgs-signals

-

Ellis，Gaillard，and Nanopoulos:*Nuclear Physics B* 106，292 (1976).

-

布里顿：http://www.wired.co.uk/news/archive/2011-09/07/david-britton

ATLAS 图片： http://www.atlas.ch/news/2012/latest-results-from-higgs-search.html
-
CMS 图片： http://hep.phys.sfu.ca/HiggsObservation/index.php
-
Megatek： Taubes， *Nobel Dreams*， pp.137–138.
-
希格斯 :http://www.newscientist.com/article/dn22033-peter-higgs-boson-discovery-like-being-hit-by-a-wave.html?full=true
-
印坎德拉： interview， July 4， 2012.

第 10 章

《每日秀》： http://www.thedailyshow.com/watch/thu-april-30-2009/large -hadron-collider
-
《每日邮报》： http://www.dailymail.co.uk/sciencetech/article-1052354/Are-going-die-Wednesday.html
-
上诉到法庭： http://cosmiclog.msnbc.msn.com/_news/2010/08/31/5014771-collider-court-case-finally-closed?lite
-
多里戈： http://www.science20.com/quantum_diaries_survivor/where_will_we_hear_about_higgs_first
-
康威 1： http://blogs.discovermagazine.com/cosmicvariance/2007/01/26/bump-hunting-part-1/
-
康威 2： http://blogs.discovermagazine.com/cosmicvariance/2007/01/26/bump-huning-part-2/
-
康威 3： http://blogs.discovermagazine.com/cosmicvariance/2007/03/09/bump-hunting-part-3/
-
西雷利和斯特鲁米亚： http://arxiv.org/abs/0808.3867
-
皮科扎， 西雷利： http://www.nature.com/news/2008/080902/full/455007a.html
-
莱肯： http://www.nytimes.com/2007/07/24/science/24ferm.html?pagewanted=all
-
沃伊特： http://www.math.columbia.edu/~woit/wordpress/?p=3632&cpage=1#comment-88817
-
吴秀兰： 2012 年 5 月邮件。
-
詹诺蒂 :http://www.nytimes.com/2012/06/20/science/new-data-on-higgs-boson-is-shrouded-in-secrecy-at-cern.html?_r=1&pa-gewanted=all
-
施密特： http://muon.wordpress.com/2012/06/17/do-you-like-to-spread-rumors/
-
维莱泰： http://news.discovery.com/space/rumor-has-it-120620.html

"大型强子说唱"：http://www.youtube.com/watch?v=j50ZssEojtM

卡普兰：2012 年 5 月 20 日访谈。

粒子热，http://www.particlefever.com/index.html

第 11 章

弗罗因德：A *Passion for Discovery*，World Scientific (2007)。

安德森：P.W.Anderson，"More Is Different，" *Science* 177，393 (1972)。

安德森最大的贡献：见 e-mail，2012。

希格斯谈安德森：P.Rodgers，"Peter Higgs：The Man Behind the Boson，" *Physics World* 17，10 (2004).

莱德曼：《上帝粒子》。

莱肯：*Symmetry*，http.//www.symmetrymagazine.org/cms/?pid=1000087

博纳迪：*Nature*，http://www.nature.com/news/2010/100804/full/news.2010.390.html

安德森谈历史：email，2012。

个人回忆录

彼得 · 希格斯，"Prehistory of the Higgs boson，"*Comptes Rendus Physique* 8，970 (2007).

彼得·希格斯，"My Life as a Boson，" http://www.kcl.ac.uk/nms/depts/physics/news/events/MyLifeasaBoson.pdf (2010).

古拉尔尼克，"The History of the Guralnik，Hagen，and Kibble Development of the Theory of Spontaneous Symmetry Breaking and Gauge Particles，" *International Journal of Modern Physics* A24，2601，arXiv:0907.3466 (2009).

基布尔，The Englert-Brout-Higgs-Guralnik-Hagen-Kibble Mechanism (history)，*Scholarpedia*，http://www.scholarpedia.org /article/Englert-Brout-Higgs-Guralnik-Hagen-Kibble_mechanism _(history)

布劳特和恩格勒特，"Spontaneous Symmetry Breaking in Gauge Theories：a Historical Survey，" arXiv:hep-th/9802142 (1998)。

专业文献

V.L.Ginzburg and L.D.Landau，"On the theory of superconductivity，" Journal of Experimental and Theoretical *Physics* (USSR) 20，1064 (1950).

P.W.Anderson，"An Approximate Quantum Theory of the Antiferro-magnetic Ground State，" *Physical Review* 86，694 (1952).

C.N.Yang and R.L.Mills，"Conservation of Isotopic Spin and Isotopic Gauge Invariance，" *Physical Review* 96，191 (1954).

L.N.Cooper, "Bound Electron Pairs in a Degenerate Fermi Gas," *Physical Review* 104, 1189 (1956).

-

J.Bardeen, L.N.Cooper, and J.R.Schrieffer, "Microscopic Theory of Superconductivity," *Physical Review* 106, 162 (1957).

-

J.Bardeen, L.N.Cooper, and J.R.Schrieffer, "Theory of Superconductivity," *Physical Review* 108, 1175 (1957).

-

J.Schwinger, "A Theory of the Fundamental Interactions," *Annals of Physics*, 2, 407 (1957).

-

N.N.Bogoliubov, "A New Method in the Theory of Superconductivity," *Journal of Experimental and Theoretical Physics* (USSR) 34, 58 \[*Soviet Physics-JETP* 7, 41\] (1958).

-

P.W.Anderson, "Coherent Excited States in the Theory of Superconductivity: Gauge Invariance and the Meissner Effect," *Physical Review* 110, 827 (1958).

-

P.W.Anderson, "Random-Phase Approximation in the Theory of Superconductivity," *Physical Review* 112, 1900 (1958).

-

Y.Nambu, "Quasiparticles and Gauge Invariance in the Theory of Superconductivity," *Physical Review* 117, 648 (1960).

-

Y.Nambu and G.Jona-Lasinio, "Dynamical Model of Elementary Particles Based on an Analogy with Superconductivity, I," *Physical Review* 124, 246 (1961).

-

Y.Nambu and G.Jona-Lasinio, "Dynamical Model of Elementary Particles Based on an Analogy with Superconductivity, II," *Physical Review* 122, 345 (1961).

-

S.L.Glashow, "Partial Symmetries of the Weak Interactions," *Nuclear Physics* 22, 579 (1961).

-

J.Goldstone, "Field Theories with Superconductor Solutions," *Nuovo Cimento* 19, 154 (1961).

-

J.Goldstone, A.Salam, and S.Weinberg, "Broken Symmetries," *Physical Review* 127, 965 (1962).

-

J.Schwinger, "Gauge Invariance and Mass," *Physical Review* 125, 397 (1962).

-

P.W.Anderson, "Plasmons, Gauge Invariance, and Mass," *Physical Review* 130, 439 (1963).

-

A.Klein and B.Lee, "Does Spontaneous Breakdown of Symmetry Imply Zero-Mass Particles?" *Physical Review Letters* 12, 266 (1964).

-

W.Gilbert, "Broken Symmetries and Massless Particles," *Physical Review Letters* 12, 713 (1964).

-

F.Englert and R.Brout， “Broken Symmetry and the Mass of Gauge Vector Mesons，” *Physical Review Letters* 13， 321 (1964).

-

P.W.Higgs， “Broken Symmetries， Massless Particles， and Gauge Fields，” Physics Letters 12， 134 (1964).

-

P.W.Higgs， “Broken Symmetries and the Masses of Gauge Bosons，” *Physical Review Letters* 13， 508 (1964).

-

A.Salam and J.C.Ward， “Electromagnetic and Weak Interactions，” *Physics Letters* 13， 168 (1964).

-

G.S.Guralnik， C.R.Hagen， and T.W.B.Kibble， “Global Conservation Laws and Massless Particles，” *Physical Review Letters* 13， 585 (1964).

-

P.W.Higgs， “Spontaneous Symmetry Breakdown Without Massless Bosons，” *Physical Review* 145， 1156 (1966).

-

A.Migdal and A.Polyakov， “Spontaneous Breakdown of Strong Interaction Symmetry and the Absence of Massless Particles，” *Journal of Experimental and Theoretical Physics(USSR)* 51， 135 \[*Soviet Physics-JETP* 24， 9(1966).

-

T.W.B.Kibble， “Symmetry Breaking in Non-Abelian Gauge Theories，” *Physical Review* 155， 1554 (1967).

-

S.Weinberg， “A Model of Leptons，” *Physical Review Letters* 19， 1264 (1967).

-

A.Salam， “Weak and Electromagnetic Interactions，” *Elementary Particle Theory*: *Proceedings of the Nobel Symposium held in* 1968 *at Lerum*， *Sweden*， N.Svartholm， ed.， p.367.Almqvist and Wiksell (1968).

-

G.’t Hooft， “Renormalizable Lagrangians for Massive Yang-Mills Fields，” *Nuclear Physics B* 44， 189 (1971).

-

G.’t Hooft and M.Veltman， “Regularization and Renormalization of Gauge Fields，” *Nuclear Physics B* 44， 189 (1972).

第 12 章

鲁宾：Ken Croswell. *The Universe at Midnight*: *Observations Illuminating the Cosmos.* New York: Free Press (2001).

-

帕特和维尔切克：B.Patt and F.Wilczek， “Higgs-field Portal into Hidden Sectors，” http://arxiv.org/abs/hep-ph/0605188

-

暗物质与人体的碰撞：K.Freese and C.Savage， “Dark Matter Collisions with the Human Body，” http://arxiv.org/abs/arXiv:1204.1339

-

“空间希格斯子”：C.B.Jackson， et al.， “Higgs in Space，” *Journal of Cosmology and Astroparticle Physics* 4， 4 (2010).

-

沙普什尼科夫和特卡乔夫：M.Shaposhnikov and I.I.Tkachev，“Higgs Boson Mass and the Anthropic Principle，” *Modern Physics Letters* A 5，1659 (1990).

-

106 GeV：B.Feldstein，L.Hall，and T.Watari，“Landscape Predictions for Higgs Boson and Top Quark Masses，” *Physical Review D* 74，095011 (2006).

-

温伯格：S.Weinberg，*Physical Review Letters* 59，2607 (1987).

第 13 章

威尔逊：http://blogs.scientificamerican.com/cocktail-party-physics/2011/09/23/protons-and-pistols-remembering-robert-wilson/

-

温伯格：http://www.nybooks.com/articles/archives/2012/may/10/crisis-big-science/

-

《国家杂志》：http://news.nationalpost.com/2012/07/05/higgs-boson-findcould-make-light-speed-travel-possible-scientists-hope/

-

曼斯菲尔德 1：E.Mansfield，“Academic Research and Industrial Innovation，” *Research Policy* 20，1 (1991).

-

曼斯菲尔德 2：E.Mansfield，“Academic Research and Industrial Innovation：An Update of Empirical Findings，” *Research Policy* 26，773 (1998).

-

漫画：Z.Weinersmith，*Saturday Morning Breakfast Cereal*，http://www.smbc-comics.com/index.php?db=comics&;id=2088

-

叶海亚：http://blogs.nature.com/houseofwisdom/2012/07/the-social-aspect-of-the-higgs-boson.html

-

埃文斯：interview，July 4，2012.

附　录

有关螺旋度的更多文献，见 F.Tanedo，“Helicity，Chirality，Mass，and the Higgs，” http://www.quantumdiaries.org/2011/06/19/helicity-chirality-mass-anil-the-higgs/

致谢

我是职业物理学家，但我的专业是引力和宇宙学理论。在粒子物理学领域，我只能算是个票友，我也没有直接参与实验，因为我只是一个本科生。对于本书能够得以完成，我要感谢许多人的慷慨帮助，他们不但让我分享了他们的真知灼见，并且阅读了本书的初稿。

在此领域的许多资深物理学家都欣然接受了我通过电话或电子邮件的采访。为此我要感谢菲利普·安德森、约翰·康威、杰拉德·古拉尔尼克、法比奥拉·詹诺蒂、乔安妮·休伊特、乔·印坎德拉、戈登·凯恩、戴维·卡普兰、迈克·拉蒙特、乔·莱肯、杰克·斯坦伯格、戈登·瓦特、弗兰克·维尔切克和吴秀兰所给予的有益的交谈。如有失误那不用说都是我的错。我还要抱歉地说一声，限于篇幅，我只用了这些专家告诉我的故事的一小部分。

我还很幸运地从专业的物理学家和业余的科学爱好者那里得到了帮助，他们或是回答了我提出的具体问题，或是对本书的内容提出了诚恳的意见。为此我非常感谢阿廖沙·比阿特丽斯、丹·伯尔曼、马特·巴克利、艾丽西亚·昌、劳伦·冈德森、凯文·汉德、安·考特纳、里克·勒夫德、鲁斯·姆切德利什维利、菲利普·菲利普斯、阿巴斯·拉扎、亨利·赖克、艾拉·罗斯坦、玛丽亚·斯皮罗普鲁、大卫·萨尔茨伯格、马特·斯特拉斯和扎克·韦纳史密斯，他们花时间阅读了这本书的手稿，并提供录入。他们的意见使手稿的质量得到了极大的改善。

我还要感谢我的学生和合作者，在我因写作计划拖得时间太长而失去信心时，是他们付出极大的耐心帮助我鼓起勇气继续下去（至少，在我坐下修改时他们显得很有耐心。）我还要感谢我们的博客群“宇宙方差”的所有读者，感谢大家来听我谈论有关这些主题的公共讲座。

如果不是编辑斯蒂芬·莫罗以及我在达顿的好伙伴，这本书可能永远都不会被提上日程，即使做起来它也不会像现在这样完美。如果不是我的代理人卡廷卡·马森纳和约翰·布罗克曼，我可能不会将写书摆在首位。

在他们的著名教科书《引力》的献词页上，查尔斯·米斯纳、基普·索恩和约翰·惠勒对那些支持科学的公共事业的同胞表示感谢。对于像大型强子对撞机这样的大型项目，政府加大投入是必需的，国际合作的规模也非常庞大。我真诚地感谢世界所有各国的所有帮助探寻大自然最深层次秘密的人。本书所描述的我们所发现的奇迹真的只是我们能够做的事情中的沧海一粟。

我爱上才华横溢的作家詹妮弗·维莱泰（Jennifer Ouellette），是因为她的美貌、无与伦比的智慧和迷人的个性，而不是因为她对我写作本书所表现出的无穷的耐心和极大的帮助。但这种耐心和帮助是非常好的助力。在此献上我对你的永恒的爱和赞美!

名词索引

注：名词后页码为原书页码，即本书中边码，斜体页码为插图页码。

Accademia Belle Arti，罗马美术学院 **67—68**

action at a distance，超距作用 **116**，**119—120**

aesthetic value of basic research，基础研究的美学价值 **278**

aether，以太 **10**，**139**

ALEPH，**64**，**65**

Alfred P.Sloan Foundation，斯隆基金会 **207**

ALICE (A Large Ion Collider Experiment)，大型粒子对撞机实验 **97—98**

Alvarez，**Luis**，路易斯·阿尔瓦雷兹 **56**，**106**

Alvarez，**Walter**，沃尔特·阿尔瓦雷兹 **56**

American Physical Society (APS)，美国物理学会 **71—72**，**240**

Anderson，**Carl**，卡尔·安德森 **44—45**，***46***，**48**，**97**

Anderson，**Philip**，菲利普·安德森 **72**，**215**，**219—221**，**223—226**，**238—239**，**256**

angular momentum，角动量 **284—285**，**285—287**

anthropic principle，人存原理 **266—267**

antimatter，反物质 **43—46**，**200—201**，**268**

antiparticles 反粒子

antibottom quarks，反底夸克 **171**，***171***，**187**

anticharm quarks，反粲夸克 ***171***

antineutrinos，反中微子 **133—134**

antiprotons，反质子 **56**，**62**

antiquarks，反夸克 **101—104**，***102***，**169**

anti-tau leptons，τ反轻子 *171*

antitop quark，反顶夸克 170

and dark matter，反粒子与暗物质 246

and Higgs decay modes，反粒子与希格斯子衰变模式 171—174，*173*

tau-antitau pairs，τ子-τ反子对 *171*，172，173，187

Arab-Israeli War，阿以战争 106

Aristotle，亚里士多德 10，119

arts，艺术 278—279

atheism and agnosticism，无神论和不可知论 22

ATLAS (A Toroidal LHC Apparatus) 环形 LHC 装置

announcement of Higgs discovery，希格斯子发现的公布 184—185，186

authorship of scientific papers，科学论文的作者 192—195

data sharing from，ATLAS 的数据分享 112，113

described,97,98—100

detector layers，ATLAS 探测器层 107—110

and Higgs decay modes，ATLAS 与希格斯子衰变模式 187

memo leaks, 内部备忘录被泄露，202—204

number of researchers at, 研究团队成员数目，198，203

and particle “pileup，” ATLAS 与粒子“堆积”102

search for the Higgs boson，寻找希格斯玻色子 163—165，170

and statistical analysis，ATLAS 与统计分析 180

atoms and atomic structure，原子与原子结构 10，41—43，*42*，279—280

authorship of scientific papers，科学论文的作者群 192—195

Autiero，Dario，达里奥·奥蒂耶罗 195—196

axions，轴子 169

Aymar，Robert，罗伯特·埃马尔 77，83

B

Babylonians，巴比伦人 **10**

Bardeen，**John**，约翰·巴丁 **214**

baryons，重子 **96**，**294**

basic research，**value of**，基础研究，～价值 **13–14**，**26**，**72**，**122**，**271—275**，**278**

BCS theory，**BCS** 理论 **214—215**，**216—219**

Bernardi，**Gregorio**，格雷戈里奥·博纳迪 **240**

Berners–Lee，**Tim**，蒂姆·伯纳斯–李 **113**，**274**

Berra，**Yogi**，约吉·贝拉 **271**

Bevatron，高能质子同步稳相加速器 **55—56**

Bhatia，**Aatish**，阿迪什·巴蒂亚 **33**

Big Bang 大爆炸

- **and background radiation**，大爆炸与宇宙背景辐射 **21**
- **and dark matter**，大爆炸与暗物质 **247**
- **and LHC experiments**，大爆炸与 **LHC** 实验 **97—98**
- **and nucleosynthesis**，大爆炸与核合成 **247**
- **and particle creation**，大爆炸与粒子产生 **60**
- **and “Primeval Atom” theory**，大爆炸与“原初原子”理论 **22**
- **and symmetry**，大爆炸与对称性 **160—*61***

Big Science，大科学 **211—*12***

binary star systems，双星系统 **123**

black holes，黑洞 **15**，**189—*92***，**211**，**273**

blind analysis，盲分析 **179**

Bloembergen，**Nicolaas**，尼古拉·布隆伯根 **72**

blogs，博客 **198—200**，**202—204**

Boezio，**Mirko**，米尔科·博埃奇奥 **201**

Bogolyubov，**Nikolay**，尼古拉·波格留波夫 **215**

Bohr，Niels，尼尔斯·玻尔 **41—42，46，209–210**

Bohr model，玻尔模型 **41—42**

bosons 玻色子

boson fields，玻色子场 **153**

and connection fields，玻色子与连接场 **162**

described,28—29

and Feynman diagrams，玻色子与费曼图 **167—168**

massless，无质量玻色子 **143**

and particle detector findings，玻色子与粒子探测器的发现 **103—104**

and particle spin，玻色子与粒子自旋 **285—286**

and spontaneous symmetry–breaking，玻色子与对称性自发破缺 **217，*218***

and string theory，玻色子与弦理论 **262**

and superconductivity，玻色子与超导电性 **215**

and supersymmetry，玻色子与超对称 **257—258，*259***

and the weak force，玻色子与弱作用力 **30—31，31—32**

bottom quarks 底夸克

charge of，底夸克的电荷 **50，294**

decay of，底夸克的衰变 **103**

and Higgs decay modes，底夸克与希格斯子衰变模型 **170，171，*171*，187**

and the Higgs field，底夸克与希格斯场 **137，146**

interaction with Higgs boson，底夸克与希格斯玻色子相互作用 **143**

and LHC experiments，底夸克与 **LHC** 实验 **97**

and quark generations，底夸克与夸克代 ***51***

and symmetry of weak interactions，底夸克与弱作用对称性 **158**

Branagh，Kenneth，肯尼斯·布拉纳 **205**

branes，膜 ***264*，265—267**

***A Brief History of Time*(Hawking)，**《时间简史》（霍金）**21**

Britton，David，戴维·布里顿 **175**

Brookhaven National Lab，布鲁克海文国家实验室 **66，67**

Brout，Robert，罗伯特·布劳特 **221—226，228，238，239—241**

Bugorski，Anatoli， 阿纳托利·布戈尔斯基 **87**

calculus， 微积分 **222**

California Institute of Technology (Caltech)， 加州理工学院 **45，135，278**

calorimeters， 辐射量热计 **107—110**

CDF experiment，CDF 实验装置 **199**

CERN， 欧洲核子研究中心 **3，61—63，66—69，82，162，183，274.** 又参见 **Large Hadron Collider(LHC)** 大型强子对撞机

Cessy，France， 法国的塞希 **82，99**

Chamberlain，Owen， 欧文·张伯伦 **56**

charge of particles 粒子的电荷

  and connection fields， 粒子电荷与连接场 **153**

  and conservation laws， 粒子电荷与守恒律 **133—134**

  and dark matter， 粒子电荷与暗物质 **247—248**

  and electromagnetism， 粒子电荷与电磁学 **29**

  fermions， 费米子 **294，*294***

  and magnetic fields， 粒子电荷与磁场 ***57***

  and particle accelerators， 粒子电荷与粒子加速器 **56，97**

  and particle spin， 粒子电荷与粒子自旋 **286**

charm quarks， 粲夸克 **50，51，66，146，158，*171*，294**

chemical elements， 化学元素 **10**

chemistry， 化学 **145—146**

Christianity， 基督教 **21，22**

Cirelli，Marco， 马可·西雷利 **201**

Cittolin，Sergio， 塞尔吉奥·奇托林 **90**

Close，Frank， 弗兰克·克洛斯 **234**

cloud chambers， 云室 **44—45，*46*，97**

CMS (Compact Muon Solenoid) 紧凑型 μ 子螺线管

and announcement of Higgs discovery，CMS 与希格斯子发现的公布 184，186
authorship of scientific papers, 科学论文的著作权，192—195
construction of，CMS 的建造 82
and data sharing，CMS 与数据共享 112
described,97—100
and detector layers，CMS 与探测器的层布 107—110
and Evans's retirement，CMS 与埃文斯的退休 91
and explosion at the LHC，CMS 与 LHC 的爆炸 78
and Higgs decay modes，CMS 与希格斯子衰变模式 187
and memo leaks，CMS 与备忘录泄露 202—203
number of researchers on，CMS 上的研究人员数量 198，203
and particle "pileup，" CMS 与粒子"堆积"102
and publishing process，CMS 与文章发表过程 192
and search for the Higgs boson，CMS 与希格斯玻色子的搜寻 163—165，170
and statistical analysis，CMS 与统计分析 180
Coleman，Sidney，西德尼·科尔曼 228，236，281
collaboration，scientific，科学联合体 112—114，164，185，192—195，201，277
Collider Blog，对撞机博客 203
Collins，Nick，尼克·柯林斯 163
coma clusters of galaxies，后发星系团 244
compactification of dimensions，维度的紧化 263—265，*264*
Compact Linear Collider (CLIC) (proposed)，（拟议中的）紧凑型直线对撞机 277
Compact Muon Solenoid 参见 CMS，紧凑合型 μ 子螺线管
condensed matter physics，凝聚态物理 213—214，219—220
Congressional Joint Committee on Atomic Energy，国会原子能联合委员会 269
connection fields，连接场 152，*152*，154，211，289
Conseil Européen pour la Recherche Nucléaire，欧洲核研究组织 61
conservation laws, 守恒律，133—134，166
Conway，John，约翰·康威 199—200
Cooper，Leon，莱昂·库珀 214

Cooper pairs，库珀对 214—215，217

Coppola，Francis Ford，弗朗西斯·福特·科波拉 207

Cosmic Background Explorer (COBE)，宇宙背景辐射探测器 21

cosmic rays 宇宙线

and antimatter，宇宙线与反物质 44—45

and black hole panic，宇宙线与黑洞灾难 191

and dark matter，宇宙线与暗物质 250

energy of，宇宙线的能量 56

and LHC experiment，宇宙线与 LHC 实验 98

and muons，宇宙线与 μ 子 48，106

and PAMELA experiment，宇宙线与 PAMELA 实验 200—202

Cosmic Variance(blog)，“宇宙方差”（博客）181，196，198

cosmological constant，宇宙学常数 221，255

cosmology，宇宙学 2

cryogenic particle detectors，低温粒子探测器 250—251

curiosity，value of，好奇心及其价值 13—14，26，278—279

D

The Daily Mail，《每日邮报》190

The Daily Show，《每日秀》189—191

Dalton，John，约翰·道尔顿 10

dark energy，暗能量 25，221

dark matter 暗物质

and “axions，”暗物质与“轴子”169

detecting，暗物质探测 25，64

discovery of，暗物质的发现 244—245

and the early universe，暗物质与早期宇宙 245—247

Feynman diagram of，暗物质的费曼图 *251*

and gravity，暗物质与引力 64，143，247—248

and the Higgs discovery，暗物质与希格斯子的发现 268

and the Higgs portal，暗物质与希格斯门户 249—252，*251*

and PAMELA experiment，暗物质与 PAMELA 实验 200—201

and physics beyond the Standard Model，暗物质与标准模型之外的物理 17，252—254

and supersymmetry，暗物质与超对称 190，261

and WIMPs，暗物质与弱作用有质量粒子 247—249

data collection，数据采集 110—114

Dawson，Sally，莎莉·道森 174

decay of particles 粒子衰变

discovery of，粒子衰变的发现 170

and evidence for the Higgs boson，粒子衰变与希格斯玻色子的证据 95—96

and field theory，粒子衰变与场论 131—133

Higgs decay modes，希格斯子的衰变模式 54，170—174，*171*，*173*，184—188

and neutrino emission，粒子衰变与中微子发射 46—48

neutron decay，中子衰变 46—47，131—134，*230*

and particle detectors，粒子衰变与粒子探测器 95—97

de Hevesy，George，乔治·德海维希 209—210

Democritus，德谟克里特 10，279

Deutsch，David，戴维·多伊奇 126

Dirac，Paul，保罗·狄拉克 44

Discover magazine，《发现》杂志 181，198—199

Dorigo，Tommaso，托马索·多里戈 198

down quarks 下夸克

and atomic structure，下夸克与原子结构 10—11，28

charge of，下夸克的电荷 50，294

interaction with Higgs boson，下夸克与希格斯玻色子的相互作用 143

and particle spin，下夸克与粒子自旋 291

and quark generations，下夸克与夸克代 *51*

and resting value of Higgs field，下夸克与希格斯场的静态值 146

and weak interactions，下夸克与弱作用 32，158

D Zero experiment，D 零实验 199—200

E

early universe，早期宇宙 245—247

The Economist，《经济学家》200

Einstein，Albert 阿耳伯特·爱因斯坦

and “aether” theory，爱因斯坦与“以太”理论 139

and energy/mass equivalency，爱因斯坦与质能关系式 34

and energy/wavelength connection，爱因斯坦与能量 / 波长的联系 126—127

and general relativity，爱因斯坦与广义相对论 14

and Lederman，爱因斯坦与莱德曼 19

“miraculous year，”爱因斯坦“奇迹年”13

and the photoelectric effect，爱因斯坦与光电效应 127，164

and quantum mechanics，爱因斯坦与量子力学 128

and special relativity，爱因斯坦与狭义相对论 123

and speed of light，爱因斯坦与光速 196，197

and theological implications of physics，爱因斯坦与物理学的形而上学意义 21，22—23

and vacuum energy，爱因斯坦与真空能 221，255

Eisner，Hal，哈尔·艾斯纳 135，146

electric charge, 参见 charge of particles, 粒子的电性

electricity，电性 14，121，213—214

electromagnetic calorimeters，电磁辐射量热计 *107*，107—108，*109*

electromagnetic force 电磁力

and atomic structure，电磁力与原子结构 42—43

electromagnetic fields，电磁场 33，120—122

and infinite-answer problem，电磁力与无穷大问题 229

and local symmetries，电磁力与局域对称性 **154**

and observable macroscopic forces，电磁力与可观察宏观力 **31**

and particle charge，电磁力与粒子电荷 **29**

and particle detector findings，电磁力与粒子探测器的发现 **104—105**

and particle spin，电磁力与粒子自旋 **291**

and quantum field theory，电磁力与量子力学 **33**

and superconductivity，电磁力与超导电性 **211**

and symmetry，电磁力与对称性 **152**，**213**

unification with weak force，电磁力与弱力的统一 **231**

electron neutrinos，电子中微子 **48—49**，**159**，**257**，**291**

electrons 电子

and atomic structure，电子与原子结构 **10—11**，**29**，**41**，**42—43**

and Higgs decay modes，电子与希格斯子衰变模式 ***173***

interaction with Higgs boson，电子与希格斯子相互作用 **143**

and linear accelerators，电子与直线加速器 **66**

and mass，电子与质量 **60**，**145**

and neutron decay，电子与中子衰变 **133—134**

and particle detectors，电子与粒子探测器 **104**，**108—110**，***109***

and particle spin，电子与粒子自旋 **129**，**285**，**288**，**291**

and resting value of Higgs field，电子与希格斯场的静态值 **146**

and size of atoms，电子与原子的大小 **145—146**

and solidity of matter，电子与物质的固态性质 **28**

and supersymmetry，电子与超对称 **257**

and symmetry，电子与对称性 **149**，**159**

and weak interactions，电子与弱作用 **159**

electron volt (eV) measure，电子伏（eV）计量单位 **55**，**59**，***59***

electroweak phase transition，电弱相变 **161**

electroweak theory，电弱理论 **257—261**

electroweak unification，电弱统一 **232—234**，**235**

elementary particles，基本粒子 **8—11**，**27**

elements，元素 10

Ellis，John，约翰·艾利斯 174，183，191

energy/mass equivalency，质能恒等式 34，57—61，86，142—144

Englert，Franʒois，弗朗索瓦·恩格勒特 183，221—226，228，238—241

entertainment industry，娱乐业 204—208

entropy，熵 267

Epicurus，伊壁鸠鲁 279，280

Euclidean geometry，欧几里得几何 124

European Organization for Nuclear Research，欧洲核研究组织 61

European Physical Society Prize，欧洲物理协会奖 64

Evans，Lyn 林恩·埃文斯

  and design of the LHC，埃文斯与 LHC 设计 81—83，241

  and explosion at the LHC，埃文斯与 LHC 爆炸 76

  and inauguration of the LHC，埃文斯与 LHC 的启用 4

  and new collider proposals，埃文斯与新对撞机建议 277

  and physics beyond the Standard Model，埃文斯与标准模型之外物理 18

  retirement，埃文斯退休 90—91

expansion of space，空间膨胀 246，254—255

experimentation vs.theory，实验与理论 8，192—193

The Fabric of Reality (Deutsch)，《真实世界的脉络》（多伊奇）126

Faraday，Michael，迈克尔·法拉第 14，121—122

Fawell，Harris，哈里斯·法韦尔 24

Fermi，Enrico，恩里克·费米 8，47，132，155，228—230

Fermi National Accelerator Laboratory (Fermilab) 费米国家加速器实验室

  competition with CERN，费米国家加速器实验室与 CERN 的竞争 65—69

  and Congressional hearings，费米国家加速器实验室与国会听证 269

D Zero experiment，D 零实验 199—200

maximum energies achieved，费米国家加速器实验室取得的最大能量 86

and predecessors of the LHC 的前任 16

and top quark discovery，费米国家加速器实验室与顶夸克的发现 136—137

fermions 费米子 293—295，*294*

and antimatter，费米子与反物质 43—44

and atomic structure，费米子与原子结构 28—29

and the Big Bang，费米子与大爆炸 161

and boson forces，费米子与玻色子力 52

and connection fields，费米子与连接场 162

described,293—295,294

detection of，费米子的探测 41

fermionic fields，费米子场 131—133，217

and Feynman diagrams，费米子与费曼图 167—168

and Higgs decay modes，费米子与希格斯子衰变模式 *173*

mass of，费米子质量 143，*294*

and neutron decay，费米子与中子衰变 132

and particle spin，费米子与粒子自旋 158，285—286，290—294

and quantum field theory，费米子与量子场论 33

and string theory，费米子与弦理论 262

and supersymmetry，费米子与超对称 257—258，*259*，261

Fermi telescope，费米望远镜 251—252

Feynman，Richard，理查德·费曼 101，167，213，229，237

Feynman diagrams 费曼图 167

and dark matter，费曼图与暗物质 *251*

and Englert and Brout model，费曼图与恩格勒特-布劳特模型 223

and gluon fusion to create Higgs，费曼图与胶子聚变产生希格斯子 166—167，167—169，*168*

and Higgs decay modes，费曼图与希格斯子衰变模式 *173*，188

and weak interactions，费曼图与弱作用 229

fields and field theory，场与场论 **31—35**，**118—120**，**123—128**，**220**

fine-structure constant，精细结构常数 **252—253**

fixed-target experiments，固靶实验 **62**

"flavor" symmetries，"味"对称性 **150**

force-carrying particles，传递力的粒子 **5**，**11**，**28—29**，**131**，**283**

Ford，**Kent**，肯特·福德 **244**

Forester，**James**，詹姆斯·福斯特 **68**

fossil hunting，寻找化石 **94**

Franck，**James**，詹姆斯·弗兰克 **209—210**

Franklin，**Benjamin**，本杰明·富兰克林 **121**，**271**

Freese，**Katherine**，凯瑟琳·弗里斯 **250**

Freund，**Peter**，彼得·弗罗因德 **216**

Friedman，**Jerome**，杰罗姆·弗里德曼 **66**

From Eternity to Here*(Carroll)**，《从永恒到此处》（卡罗尔）**255**，267***

funding for physics research，资助物理学研究 **17—18**，**69—73**，**80—83**，**269—270**

fuzziness of quantum mechanics，量子力学的困惑 **34**

Gaillard，**Mary K.**，玛丽·盖拉德 **174**

Galileo，伽利略 **156**

gamma rays，伽马射线 **251**

Gargamelle experiment，加尔加梅勒实验装置 **162**，**237**

gauge bosons 规范玻色子

and connection fields，规范玻色子与连接场 **153**

and development of the Higgs model，规范玻色子与希格斯模型的发展 **222—224**，**231**，**233**，**236**

and electroweak unification，规范玻色子与电弱统一 **233**

and particle spin，规范玻色子与粒子自旋 **286**，**291**

and symmetry，规范玻色子与对称性 **52**，**160**，**213**

gauge invariance，规范不变性 **151**

gauge symmetry 规范对称性

and connection fields，规范对称性与连接场 **153—154**

and development of the Higgs model，规范对称性与希格斯模型的发展 **219—220**，**222—223**，***225***，**227**，**236**，**239**

and superconductivity，规范对称性与超导电性 **211**，**212**

Geer，**Steve**，史蒂夫·格尔 **180**

Gell-Mann，**Murray**，默里·盖尔曼 **50**

general relativity，广义相对论 **14**，**123—124**

Gianotti，**Fabiola** 法比奥拉·詹诺蒂

and announcement of Higgs discovery，詹诺蒂与希格斯子发现的公布 **164—165**，**183—184**

and the arts，詹诺蒂与艺术 **277**

on data transmission system，詹诺蒂关于数据传输系统 **113**

and inauguration of the LHC，詹诺蒂与 **LHC** 的就职 **4**，**6**

and memo leaks，詹诺蒂与备忘录泄露 **203**

and OPERA experiment findings，詹诺蒂与 **OPERA** 实验上的发现 **195—197**

and physics beyond the Standard Model，詹诺蒂与标准模型之外的物理学 **18**

Gilbert，**Walter**，沃尔特·吉尔伯特 **220—221**

Ginzburg，**Vitaly**，维塔利·金兹堡 **214—215**

Giudice，**Gian**，吉安·朱迪切 **90**

Glashow，**Sheldon**，谢尔登·格拉肖 **232–234**，**236—237**

global positioning system (GPS)，全球定位系统 **14**

global symmetries，全局对称性 **151**

gluons 胶子

and connection fields，胶子与连接场 **153**

and creation of Higgs bosons，胶子与希格斯玻色子的产生 **166—167**，**167—169**，***168***

evidence of，胶子的证据 **64**

and Feynman diagrams，胶子与费曼图 ***168***

and Higgs decay modes，胶子与希格斯子衰变模式 *171*，172
masslessness of，胶子的无质量性 143
and nuclear forces，胶子与核力 30
and particle detectors，胶子与粒子探测器 96—97，97—98，103—104
and particle spin，胶子与粒子自旋 *53*，286
and proton collisions，胶子与质子碰撞 *102*
and quantum field theory，胶子与量子场论 33，129
and the Relativistic Heavy-Ion Collider (RHIC)，胶子与相对论性重离子碰撞机 67—68
and strong interactions，胶子与强作用 156
and supersymmetry，胶子与超对称 *259*
and virtual particles，胶子与虚粒子 101
The God Particle (Lederman and Teresi)，《上帝粒子》（莱德曼和特雷西）20
“God Particle” term，“上帝粒子”项 19，37
Goldstone，Jeff，杰弗里·戈德斯通 217，220—225，239，241
gravatinos，引力微子 286
gravitons 引力子
and connection fields，引力子与连接场 153
and force of gravity，引力子与引力 29
masslessness of，引力子的无质量性 143
and particle detector findings，引力子与粒子探测器的发现 104—105
and particle spin，引力子与粒子自旋 52，*53*，288
and quantum field theory，引力子与量子场论 33，130
gravity 引力
and dark matter，引力与暗物质 64，143，247—248
and field theory，引力与场论 117，123—125
gravitational fields，引力场 33，63—64，118—120
gravitational lensing，引力透镜 143
gravitational waves，引力波 124—125
and the hierarchy problem，引力与级列问题 254
particle associated with，引力相伴的粒子 29

and particle spin，引力与粒子自旋 52，286，291

and quantum field theory，引力与量子场论 33，130

and quantum mechanics，引力与量子力学 25，29

and the Standard Model，引力与标准模型 26

and superconductivity，引力与超导电性 211

and symmetry，引力与对称性 152，154，213

and vacuum energy，引力与真空能 221

Grazer，Brian，布赖恩·格雷泽 204—205

Great Pyramid of Giza，吉萨大金字塔 106

Greece，ancient，古希腊 7，10，279

Greek Security Team，希腊安全团队 113—114

Green，Michael，迈克尔·格林 262

Gross，David，戴维·格罗斯 30

Guinness Book of World Records，《吉尼斯世界纪录》67

Gunion，John，约翰·古宁 174

Guralnik，Gerald，杰拉德·古拉尔尼克 183，222，225—228，233—234，238—241

Haber，Howard，霍华德·哈勃 174

hackers，黑客 113–114

hadronic calorimeters，强子辐射量热计 *107*，107—110，*109*

hadrons 强子

discovery of，强子的发现 50—52，56

and Higgs decay modes，强子与希格斯子衰变模式 172

and nuclear forces，强子与核力 30

origin of term，强子项的起源 48

and particle colliders，强子与粒子对撞机 63，96，103，*109*

types of，强子种类 294
Hagen，Carl Richard，卡尔·哈根 183，222，225—228，233—234，238—241
Hahnemann，Samuel，塞缪尔·哈尼曼 39
Han dynasty，汉朝 121
hardening of electronics，电子产品的“强化”，108
Hawking，Stephen，史蒂芬 · 霍金 21，211，255
Heisenberg，Werner，沃纳 · 海森伯 155
helicity of particles，粒子的螺旋度 290—292
Hellman，Hal，哈尔·赫尔曼 55
Hertz，Heinrich，海因里希·赫兹 122，271
Heuer，Rolf，罗尔夫·霍伊尔 3，16
Hewett，JoAnne，乔安妮·休伊特 1—3，6，14，17—18，70，282
hierarchy problem，级列问题 254，255—256，260–261，265—266
Higgs，Peter 彼得·希格斯
and announcement of Higgs discovery，希格斯与希格斯子发现的公布 183，185
and development of the Higgs mechanism，希格斯与希格斯机制的发展 222—228，239—241
on “God Particle” term，希格斯与“上帝粒子”项 20
and Higgs boson name, 希格斯玻色子命名，11—12，238
and inauguration of the LHC, 与 LHC 的启用 5
Sakurai Prize，希格斯与樱井奖 240
Higgs bosons 希格斯玻色子
announcement of，希格斯玻色子的公布 3—4，6，12，183—185
and connection fields，希格斯玻色子与连接场 153
creation of,166–167，167—169，*168*
and dark matter，希格斯玻色子与暗物质 248—249，249—252，*251*
decay modes of，希格斯玻色子的衰变模式 16，54，170—174，*171*，173，*173*，184—188
discovery of，希格斯玻色子的发现 5—6，78—79，175，181—185
early indication of，早期探测，64
and Feynman diagrams，希格斯玻色子与费曼图 166—167，167—169，*168*，*173*

and field theory，希格斯玻色子与场论 117—118
and “God Particle” term，希格斯波色子与“上帝粒子”项，19—20
lifespan of，希格斯玻色子的寿命 170，272
and mass of particles，希格斯玻色子与粒子质量 5，12，27，31—37，*35*，53—54，58，60，142—146，273
and neutron decay，希格斯玻色子与中子衰变 132—133，134
origin of name，命名，5，11—12
and particle detectors，希格斯玻色子与粒子探测器 96，104
and particle spin，希格斯玻色子与粒子自旋 52—53，*53*，285，286，288
prediction of，希格斯玻色子的预言 224，266—267，282
and the Standard Model，希格斯玻色子与标准模型 9，11—12
summarized，35—36
and supersymmetry，希格斯玻色子与超对称 258，259，259—260
and the weak force，希格斯玻色子与弱力 32
and WIMPs，希格斯玻色子与弱作用有质量粒子 248—249，250，252
Higgs field 希格斯场 32-34
analogy for lay audience, 给外行的比喻，137—139
and the Big Bang，希格斯场与大爆炸 160—161
and connection fields，希格斯场与连接场 153
and the Higgs boson，希格斯场与希格斯玻色子 117—118，166—167，167—169
and mass of particles，希格斯场与粒子质量 5，12，27，31—37，*35*，53—54，58，60，142—146，273
and matter-antimatter asymmetry，希格斯场与物质-反物质对称性 268
and particle spin，希格斯场与粒子自旋 290—292
and relativity，希格斯场与相对论 139，273
resting value of，希格斯场的静态值 *35*，139—142，*141*，146，147—150，253—254，273
summarized,35—37
and supersymmetry，希格斯场与超对称 257，259—260，260—261
and symmetry breaking，希格斯场与对称性破缺 52，146，*147*，147—150，156—160，162，273—274，278，292

and vacuum energy，希格斯场与真空能 256

See also Higgs bosons，又参见希格斯玻色子

The Higgs Hunter's Guide（Gunion,Haber,Kane,and Dawson），174

Higgs Mechanism 希格斯机制

as collaboration, 合作 212

developments leading to, 发展的导向 222,224—226,236

and naming conventions, 命名习惯 237—239

and symmetry breaking，对称性破缺 289

and vacuum energy, 真空能 256

and weak interaction theory, 弱相互作用 163

High Energy Physics (Hellman)，《高能物理学》（赫尔曼）55

Hindus，印度的 10

homeopathy，顺势疗法 39—41

House of Wisdom（blog），智慧之家（博客），279

Howard，Ron，罗恩·霍华德 204—205

Hulse，Russell，拉塞尔·赫尔斯 124

Hunt，Johnnie Bryan，约翰尼·布莱恩·亨特 73

I

ICARUS experiment，ICARUS 实验 196—197

Illinois Mathematics and Science Academy，伊利诺伊大学数学和科学学院 19

Incandela，Joe，乔·印坎德拉 3—4，6，18，79，184，186，277

The Infinity Puzzle (Close)，《无限之谜》（克洛斯）234

information technology，信息技术 110—112，112—114，179—180，201—202

inner detectors，内探测器 107，*107*，*109*

Insane Clown Posse，疯狂小丑二人组 115—117

Institute for Advanced Study，高等研究院 19，155

Institute for Theoretical Physics，理论物理所 209—210

interference patterns，干涉条纹 125

International Conference on High Energy Physics (ICHEP)，国际高能物理大会 3，181，203

International Linear Collider (ILC) (proposed)，国际直线对撞机（拟建）276—277

International Space Station，国际空间站 70

Internet，互联网 113，274

Intersecting Storage Rings (ISR)，交叉存储环 61—62

ions，离子 45

iridium，铱 56

J

Jago，Crispian，克里斯皮安·杰戈 39—41

Janot，Patrick，帕特里克·亚诺特 65

Johnson Space Center，约翰森空间中心 70

Jona-Lasinio，Giovanni，乔瓦尼·乔纳-拉希尼奥 217，219

K

Kaluza，Theodor，西奥多·卡鲁扎 263

Kane，Gordon，戈登·凯恩 174，255

Kaplan，David，戴维·卡普兰 206—208，277

Kendall，Henry，亨利·肯德尔 66

Kibble，Tom，汤姆·基布尔 222，225—228，233—236，238—241

Klein，Abraham，亚伯拉罕·克莱因 221

Klein，Oskar，奥斯卡·克莱因 263

Krumhansl，James，詹姆斯·克罗姆汉瑟 72

L

Lamb，Willis，威利斯·兰姆 50

Lamont，Mike，麦克·拉蒙 77—78

Landau，Lev，列夫·朗道 214—215

Laplace，Pierre-Simon，皮埃尔-西蒙·拉普拉斯 120，123

Large Electron–Positron Collider (LEP)，大型正负电子对撞机 17，62，80，82

Large Hadron Collider (LHC) 大型强子对撞机

advances of，大型强子对撞机进展 56—57

and black hole panic，大型强子对撞机与黑洞灾难 189—191

blog coverage of startup，博客群的报道，199

and cancellation of the SCC，大型强子对撞机与 SCC 的取消 73

competition with Tevatron，大型强子对撞机与 Tevatron 的竞争 65

construction of，大型强子对撞机的建造 81—83

cost of，大型强子对撞机的费用 65，83，90，270，276

damage to，大型强子对撞机的危险性 *75—77*

and dark matter，大型强子对撞机与暗物质 252

and decay of Higgs bosons，大型强子对撞机与希格斯玻色子衰变 54

and discovery the Higgs，大型强子对撞机与希格斯子的发现 15—16

energies attained，大型强子对撞机可获得的能量 86—88，181

and energy/wavelength connection，大型强子对撞机与能量 / 波长的联系 127

and Evans 's retirement，大型强子对撞机与埃文斯的退休 90—91

impact on particle physics，大型强子对撞机对粒子物理学的影响 8—9

inauguration of，大型强子对撞机的启用典礼 1—6

magnet of，大型强子对撞机的磁体 75—77，88—90

mass of particles created by，大型强子对撞机产生的粒子质量 272

operation of，大型强子对撞机的操作 83—85

and particle “pileup，” 大型强子对撞机与粒子“堆积”102，182，185

planning and design of，大型强子对撞机的计划和设计 80—81，81—83

and quench，大型强子对撞机失超 76，

recovery from breakdown, 大型强子对撞机的修复，77—79

and statistical analysis，大型强子对撞机与统计分析 180

and string theory，大型强子对撞机与弦理论 262

and supersymmetry，大型强子对撞机与超对称 *259*

“Large Hadron Rap，”“大型强子说唱”205—206

Larry King radio show，拉里·金论辩广播节目，270

Laser Interferometer Gravitational-Wave Observatory (LIGO)，激光干涉引力波观测台 124—125

Laue，Max von，马克斯·冯·劳厄 209—210

Lederman，Leon，莱昂·莱德曼 19—20，25，37，48，67

Lee，Benjamin，本杰明·李 221，237—238

Lee，T.D.，李政道 155

Legoland，乐高乐园 9

Leibniz，Gottfried，莱布尼兹 222

Lemaître，Georges，乔治·勒迈特 22

leptons，轻子 293

and atomic structure，轻子与原子结构 11

generations of，轻子的代 *49*，295

and Higgs decay modes，轻子与希格斯子衰变模式 *171*，184—185，187

mass of，质量，53，143

and neutron decay，轻子与中子衰变 133—134

origin of term，轻子项的起源 48

and particle detectors，轻子与粒子探测器 96

and particle spin，轻子与粒子自旋 286，292

and resting value of Higgs field，轻子与希格斯场的静态值 146

and the strong nuclear force，轻子与强核力 41

Leucippus，留基伯 279

Lewis，Gilbert，吉尔伯特·刘易斯 127

LHcb experiment，实验装置 **97**

LHcf experiment，实验装置 **97**

lifespan of elementary particles，基本粒子的寿命 **94—95**，**105—106**，**170**

light，光 **125**，**143**

linear accelerators，直线加速器 **66**，**276**

liquid noble gas particle detectors，液态惰性气体粒子探测器 **250—251**

local symmetries，局域对称性 **151**，**154—155**，**211**，**222**，**289**

Lucas，**George**，乔治·卢卡斯 **207**

Lucretius，卢克莱修 **279**

Lykken，**Joe**，乔·莱肯 **79**，**238—239**

M

magnets and magnetism 磁体与磁性

and the electromagnetic field，磁体与电磁场 **120—122**

and fields，磁体与场 **116—118**

Insane Clown Posse on, 疯狂小丑二人组，**116—117**

at the LHC，**LHC** 上的磁体 **75—77**，**88—90**

and particle charges，磁体与粒子电荷 ***57***

and particle detectors，磁体与粒子探测器 **99—100**

technological advances，磁体与技术进步 **274**

Maiani，**Luciano**，卢西亚诺·马亚尼 **65**，**83**

Manhattan Project，曼哈顿计划 **72**，**269**

Mann，**Michael**，迈克尔·曼 **205**

Mansfield，**Edwin**，埃德温·曼斯菲尔德 **274**

mass 质量

and the Big Bang，质量与大爆炸 **161**

and creation of Higgs bosons，质量与希格斯玻色子的产生 **166—167**

and dark matter，质量与暗物质 246
and electroweak unification，质量与电弱统一 235
energy/mass equivalency，质能关系式 34，57—61，86，142—144
and energy/wavelength connection, 能量 / 波长的联系，126—127
fermions，费米子质量 143，*294*
and the Higgs boson/field，质量与希格斯子 / 场 5，12，27，31—37，*35*，53—54，58，60，142—146，273
and Higgs decay modes，质量与希格斯子衰变模式 173，188
and neutrinos，质量与中微子 *49*，49—50，53—54，143，*294*
and particle accelerators，质量与粒子加速器 57—61
and particle spin，质量与粒子自旋 283—292，*287*
and superconductivity，质量与超导电性 214—215
and symmetry，质量与对称性 36，212—213，217—220，*218*，223，*225*
and volume of particles，质量与粒子占据空间 28
matter，物质 5，11，28，130，131—133
Maxwell，James Clerk，詹姆斯·克拉克·麦克斯韦 121—122
McAlpine，Kate，凯特·麦卡尔平 205—206
media and pubhe attention to physics, 媒体及公众对物理学的关注
and black hole panic, 黑洞灾难 189—191
and blogs, 博客 198—200，200—202，202—204
and the entertainment industry, 娱乐业 204—208
and Higgs boson announcement, 希格斯玻色子的公布 135—136
mischaracterization of research, 对研究的不当描绘 273
and OPERA experiment findings,OPERA 实验发现 195—197
and publishing porcess, 发表过程 192—195
and rumors, 谣言 202—204
Megatrek computer system，Megatrek 计算机系统 179—180
mesons，介子 48，50，96，238，294—295
metric tensor，度规张量 124
Migdal，Alexander，亚历山大·米格德尔 228

Miller, David, 戴维·米勒 137

Mills, Robert, 罗伯特·米尔斯 154—155, 158, 212—213

Minimal Supersymmetric Standard Model, 最小超对称标准模型 258—259

"Miracles"（Insane Clown Posse），《奇迹》（疯狂小丑二人组），115—116

MoEDAL (Monopole and Exotics Detector At the LHC), 单极子和奇异粒子探测器 97, 98

"More is Different" (Anderson), 《多则不同》（安德森）219

Morrison geological formation, 莫里森地质构造 94

M-theory, M 理论 265

multiverse theories, 多宇宙理论 265—267, 268

Munch, Walter, 沃尔特·默奇 207

muons μ 子

and cosmic rays, μ 子与宇宙线 48, 106

detectors, μ 子探测器 107, *107*, 108—109, *109*

and Higgs decay modes, μ 子与希格斯子衰变模式 *173*

and mass, μ 子与质量 145

muon neutrinos, μ 子中微子 67, 159

and particle detectors, μ 子与粒子探测器 96, 105—106

and resting value of Higgs field, μ 子与希格斯场的静态值 146

and symmetry, μ 子与对称性 149, 159

N

Nambu, Yoichiro, 南部阳一郎 215—217, 219, 224, 239, 261

Nambu-Goldstone bosons, 南部-戈德斯通玻色子 217, 219—220, 223—224

Nanopoulos, Dimitri, 迪米特里·纳诺珀洛斯 174

National Academy of Sciences, 国家科学院 205

National Aeronautics and Space Administration (NASA), 美国国家航空航天局 70, 251

National Journal, 《国家杂志》273

National Science Foundation (NSF), 国家科学基金会 207

Nature，《自然》279

Neddermeyer，Seth，塞斯·内登迈耶 48

neutralinos，中性微子 258，*259*，261

neutrinos 中微子 19，*49*

and evidence for the Higgs boson，中微子与希格斯玻色子的证据 96

and Higgs decay modes，中微子与希格斯子衰变模式 *171*，173

mass of，中微子的质量 *49*，49—50，53—54，143，*294*

and neutron decay，中微子与中子衰变 *47*

and OPERA experiment findings，中微子与 OPERA 实验发现 195—197

and particle detectors，中微子与粒子探测器 104—105，*109*

and particle spin，中微子与粒子自旋 286，292

and proton decay，中微子与质子衰变 46—48

types of，中微子种类 48

neutrons 中子 60，145

and atomic structure，中子与原子结构 10—11，42—43

constituent quarks，中子与组分夸克 294

neutron decay，中子衰变 46—47，131—134，*230*

and quarks，中子与夸克 51

and symmetry-breaking，中子与对称性破缺 154—155

and total mass of ordinary matter，中子与普通物质总质量 247

and weak interactions，中子与弱作用 32

neutron stars，中子星 124，200—201

Neveu，André，安德烈·奈芙 262

New Scientists，《新科学家》200

Newton，Isaac，艾萨克·牛顿 21，118—120，123，125，222

Newtonian mechanics，牛顿力学 128

New York Times，《纽约时代周刊》203

Nielsen，Holger，霍尔格·尼尔森 261

Nobel，Alfred，阿尔弗雷德·诺贝尔 210，237

Nobel Dreams (Taubes)，《诺贝尔之梦》（陶布斯）179—180

Nobel Prizes 诺贝尔物理学奖
in Physics and the Bevatron，诺贝尔物理学奖与 **Bevatron** 加速器 **56**
and Brookhaven National Lab，诺贝尔物理学奖与布鲁克海文国家实验室 **67**
for cosmic acceleration，诺贝尔物理学奖与宇宙加速 **255**
criteria for selection，诺贝尔物理学奖的评选标准 **210—212**
for dark energy，诺贝尔物理学奖与暗物质 **221**
establishment of，诺贝尔物理学奖的设立 **210**
for gluon fusion，诺贝尔物理学奖与胶子聚变 **168**
for hadron discoveries，诺贝尔物理学奖与强子的发现 **30**，**106**
for Higgs boson，诺贝尔物理学奖与希格斯玻色子 **239—241**
Lamb on，兰姆的诺贝尔物理学奖献辞 **50**
for neutrinos types，诺贝尔物理学奖与中微子 **19**
for parity violation，诺贝尔物理学奖与宇称破坏 **155**
for photoelectric effect，诺贝尔物理学奖与光电效应 **127**
for quark discovery，诺贝尔物理学奖与夸克的发现 **66—67**
for relativity confirmation，诺贝尔物理学奖与相对论的确立 **124**
for symmetries of weak interactions，诺贝尔物理学奖与弱作用的对称性 **158**
for W and Z bosons discoveries，诺贝尔物理学奖与 **W/Z** 玻色子的发现 **62**，**80**，**237**
and World War Ⅱ，诺贝尔物理学奖与第二次世界大战 **209—210**
***Not Even Wrong*(blog)**，“甚至不是错”（博客）**202**
nuclear forces，核力 **30—31**，**117**，**213**
nuclear fusion，核聚变 **272**
nuclei of atoms，原子核 **28**，**42**
nucleons，核子 **42**
nucleosynthesis，核合成 **247**

Oliver，John，约翰·奥利弗 189—191

O’Neill，Gerard K.，杰拉德·奥尼尔 62

Oort，Jan，扬·奥尔特 244

OPERA experiment，OPERA 实验装置 195—196

Oppenheimer，Robert，罗伯特·奥本海默 156

Organisation Européenne pour la Recherche Nucléaire, 欧洲核研究组织（OERN），61

Ørsted，Hans Christian，奥斯特 121

Ouellette，Jennifer，詹妮弗·维莱泰 204，205

“Out of Control”（report），“失控：超导超级对撞机的教训”，71

outreach，推广科普知识 207—208

Overbye，Dennis，丹尼斯·奥弗比 203

paleontology，古生物学 93—94

parity，宇称 158，231—232

Park，Bob，鲍勃·帕克 72

Particle Fever (film)，（电影）《粒子热》207—208

partons，部分子 101—102，*102*，129

Pastore，John，约翰·埃利斯 269

Pauli，Wolfgang，沃尔夫冈·泡利 46–47，155—156，212，228—229

Pauli exclusion principle，泡利不相容原理 131

“Payload for Antimatter Matter Exploration and Light-nuclei Astrophysics” (PAMELA)，反物质探索和轻核天体物理学 200—202

peer-review，同行评审 192—195

periodic table of the elements，元素周期表 **10**

Perlmutter，Saul，索尔·帕尔马特 **255**

photoelectric effect，光电效应 **127，164**

photons 光子

and electromagnetism，光子与电磁学 **29**

and electron orbits，光子与电子轨道 **145**

and electroweak unification，光子与电弱统一 **235**

and field/particle duality，光子与场 / 粒二象性 **125—126**

and gravity，光子与引力 **143**

and Higgs decay modes，光子与希格斯子衰变模式 **16**，***171***，**173**，***173***，**184—188，202，249—250**

and the Higgs mechanism，光子与希格斯机制 **224**

masslessness of，光子的无质量性质 **143**

and neutron decay，光子与中子衰变 **132—133**

and particle detectors，光子与粒子探测器 **96，104，108—110**

and particle spin，光子与粒子自旋 ***53***，**285，286，288**

and the photoelectric effect，光子与光电效应 **127**

and quantum field theory，光子与量子场论 **33**

and Schwinger's model，光子与施温格模型 **231**

and supersymmetry，光子与超对称性 **258**，***259***

Physical Review Letters，《物理评论快报》**223，224**

Physics Letters，《物理快报》**223—224**

Picozza，Piergiorgio，皮耶尔乔治·皮科扎 **201**

"pileup" "堆积" **102，182，185**

pions，π 子 **295**

Pius Ⅻ，Pope，教皇庇护十二世 **22**

Planck，Max，马克斯·普朗克 **126—127，128**

Planck scale，普朗克尺度 **254，260**

Planck's constant，普朗克常数 **284**

planetary motion，行星运动 **118—120**

Polchinski，Joseph，约瑟夫·泡尔钦斯基 265
politics，政治 1—2，17—18，24，69—73，82
Politzer，David，戴维·波利策 30
Polyakov，Alexander，亚历山大·波利亚科夫 228
positrons 正电子 44—46，46，97
  and linear accelerators，正电子与直线加速器 66
  and PAMELA experiment，正电子与 PAMELA 实验 200—201
  and particle detector findings，正电子与里探测器的发现 104
potential energy，势能 140
Preposterous Universe (blog)，“荒谬的宇宙”（博客）198
“Primeval Atom”theory，“原初原子”理论 22
probability，概率 111，129，167—168，*168*
Project Exploration，“项目勘探”，93—94
proton-antiproton colliders，质子–反质子碰撞 80，90
protons 质子
  and atomic structure，质子与原子结构 10—11，42
  constituent particles，质子与组分粒子 101，166，294
  energy achieved in the LHC, 在 LHC 达到的能量，86—88
  and mass/energy equivalency，质子与质能恒等式 57—60
  mass of，质子质量 60，145
  and neutron decay，质子与中子衰变 133—134
  and particle accelerators，质子与粒子加速器 58，63
  and quarks，质子与夸克 51，67
  relativity effects，质子与相对论效应 101—102，*102*
  and symmetry-breaking，质子与对称性破缺 154—155
  and total mass of ordinary matter，质子与普通物质总质量 247
Proton Synchrotron，质子同步加速器 61

Q

quanta，量子 126

***A Quantum Diaries Survior*（blog），“量子日记生还者”（博客），198**

quantum field theory 量子场论

and field values，量子场论与场值 253

and the Higgs field，量子场论与希格斯场 32—34

and infinite-answer problem，量子场论与无穷大问题 229

and neutron decay，量子场论与中子衰变 131—133

and particle accelerators，量子场论与粒子加速器 57

and particle spin，量子场论与粒子自旋 285，288

and spacetime dimensionality，量子场论与时空维度 263

summarized,36

vibrations in fields，量子场的振荡 131—133

and Ward identities，量子场论与沃德恒等式 233

and wave functions，量子场论与波函数 129

quantum gravity，量子引力 254，262，264，267

quantum mechanics 量子力学

analogy for，量子力学的类比 128—130

and atomic structure，量子力学与原子结构 41—42

and black hole radiation，量子力学与黑洞辐射 211

Coleman on，科尔曼谈量子力学 281

and energy/wavelength connection，量子力学与能量 / 波长的联系 125—126

and experimental results，量子力学与实验结果 14

and field/particle duality，量子力学与场 / 粒子二象性 125—126

and field theory，量子力学与场论 33

fuzziness of，量子力学的困惑 34

and gravity，量子力学与引力 25，29

and particle spin，量子力学与粒子自旋 129，283—285
and probability，量子力学与概率 111
and spontaneous symmetry-breaking，量子力学与对称性自发破缺 227
and statistical analysis，量子力学与统计分析 178—181
and virtual particles，量子力学与虚粒子 101
quantum uncertainty，量子不确定性 *35*
quarks 夸克 19，293
and atomic structure，夸克与原子结构 10—11，28
color labels，夸克的色标 50–51，*51*，149，153，172，216，257，259，294
and connection fields，夸克与连接场 153
and creation of Higgs bosons，夸克与希格斯玻色子的产生 166—167，169
and dark matter，夸克与暗物质 *251*
and Feynman diagrams，夸克与费曼图 *168*
and Higgs decay modes，夸克与希格斯子衰变模式 *171*，171—174，187
and mass，夸克与质量 53，143，145，*294*
and neutron decay，夸克与中子衰变 133—134
and nuclear forces，夸克与核力 30
and particle detectors，夸克与粒子探测器 96—97，103，104
and particle spin，夸克与粒子自旋 285，286，291—292
and proton collisions，夸克与质子碰撞 *102*
and proton structure，夸克与质子结构 101
and quantum field theory，夸克与量子场论 129
quark-gluon plasma，夸克-胶子等离子体 97—98
and the Relativistic Heavy-Ion Collider (RHIC)，夸克与相对论性重离子加速器 67
and resting value of Higgs field，夸克与希格斯场的静态值 146
and the Standard Model，夸克与标准模型 26，*51*，198
and the strong nuclear force，夸克与强核力 41
and supersymmetry，夸克与超对称性 *259*
and virtual particles，夸克与虚粒子 51，101
quench，失超 76

R

Rabi，I.I.，拉比 48

radiation and radioactivity，辐射与放射性 29，41，131—132，250

radio waves，无线电波 122

Ramond，Pierre，皮埃尔·雷蒙德 262

Randall，Lisa，丽莎·兰道尔 265

Reagan，Ronald，罗纳德·里根 69

reconciliation，和解 218—221

Relativistic Heavy-Ion Collider (RHIC)，相对论性重离子对撞机 67，69

relativity 相对论

- **and “aether” theory**，相对论与“以太”理论 139
- **and creation of Higgs bosons**，相对论与希格斯玻色子的产生 166
- **effect on protons**，质子上的相对论效应 101—102，*102*
- **and gravity**，相对论与引力 29
- **and the Higgs mechanism**，相对论与希格斯机制 225
- **Nobel Prizes for**，诺贝尔物理学奖，124
- **and particle mass**，相对论与粒子质量 58，142—144
- **and resting value of Higgs field**，相对论与希格斯场的静态值 139，273
- **and superconductivity**，相对论与超导电性 215
- **and symmetry**，相对论与对称性 220—221，223
- **and velocities in the LHC**，相对论与 LHC 里的粒子速度 86—87

relic abundance，剩余丰度 246

religion and physics，宗教与物理学 21—22，22—24

renormalization，重整化 229，235，236，239

Riess，Adam，亚当·里斯 255

Rohlf，James，詹姆斯·罗尔夫 180

Rome，罗马 279

Royal Academy of Sciences，皇家科学院 209—210
Rubbia，Carlo，卡罗·鲁比亚 62，80—81，90，179—180，237
Rubin，Vera，维拉·鲁宾 243—244
Rutherford，Ernest，恩斯特·卢瑟福 41，46

S

Sagan，Carl，卡尔·萨根 280
Sakurai Prize，樱井奖 240
Salam，Abdus，阿布杜斯·萨拉姆 162，217，225，233—237
Savage，Christopher，克里斯托弗·萨维奇 250
scalar bosons 标量玻色子
　and the Higgs mechanism，标量玻色子与希格斯机制 224
　and particle spin，标量玻色子与粒子自旋 286，289—290
　and spontaneous symmetry-breaking，标量玻色子与对称性自发破缺 217—218，*218*，225
scalar fields 标量场
　and development of the Higgs model，标量场与希格斯模型的发展 222，223—224
　and particle spin，标量场与粒子自旋 286，292
　and spontaneous symmetry-breaking，标量场与对称性自发破缺 217—218，*218*
　and supersymmetry，标量场与超对称性 260
　and vacuum energy，标量场与真空能 256
Scherk，Joël，乔尔·舍克 262
Schmidt，Brian，布赖恩·施密特 255
Schmitt，Michael，迈克尔·施密特 203
Schriffer，Robert，罗伯特·施里弗 214
Schwartz，Melvin，梅尔文·施瓦茨 48，67
Schwarz，John，约翰·施瓦兹 262–263
Schwinger，Julian，朱利安·施温格 213，219—220，223，229—232，*230*
Schwitters，Roy，罗伊·施维特 71

Science and Entertainment Exchange, 科学与娱乐交流，**205**

scientific method，科学方法 **175—176**，**266**，**280—281**

scintillation，闪烁体 **251**

Scott，**Ridley**，雷德利·斯科特 **205**

Segrè，**Emilio**，埃米利奥·塞格雷 **56**

Shaggy 2 Dope，毛二呆 **115—116**

Shaposhnikov，**Mikhail**，米哈伊尔·沙普什尼科夫 **266**

sigma intervals，σ宽度（区间）**176—178**，***177***

SLAC Linear Accelerator Center，**SLAC** 直线加速器中心 **66—67**

Smoot，**George**，乔治·斯穆特 **21**

solar energy，太阳能 **30**

Soviet Union，苏联 **228**

spacetime，时空 **124**，**263—264**，***264***，**286**

special relativity，狭义相对论 **123**，**127—128**

spin of particles 粒子的自旋

  and degrees of freedom，粒子自旋与自由度 **288—290**

  described，粒子自旋的描述 **285—288**

  and fermions，粒子自旋与费米子 **158**，**285—286**，**290—294**

  and gravity，粒子自旋与引力 **52**，**286**，**291**

  and helicity，粒子自旋与螺旋度 **290—292**

  intrinsic spin values，粒子自旋与内秉自旋值 ***287***

  and mass，粒子自旋与质量 **283—292**

  of massless particles，无质量粒子的自旋 **158**

  and parity violation，粒子自旋与宇称破坏 **231—232**

  right-hand rule，粒子自旋的右手规则 **286**

  spin statistics theorem，自旋统计定理 **286**

  and superconductivity，粒子自旋与超导电性 **215**

Standard Model 标准模型

  and the Big Bang，标准模型与宇宙大爆炸 **161**

  and bosons，标准模型与玻色子 **52—54**，***53***

and dark matter，标准模型与暗物质 245—247，249
fields specified in，标准模型规定的场 252
and Higgs decay modes，标准模型与希格斯子衰变模式 171，186，188
and the Higgs field，标准模型与希格斯场 137
and the Higgs mechanism，标准模型与希格斯机制 224
and human biology，标准模型与人类生物学 280
and leptons，标准模型与轻子 *49*
and particle detector findings，标准模型与粒子探测器的发现 103
and particle spin，标准模型与粒子自旋 286
physics theories beyond，标准模型之外的物理学 17
and properties of the Higgs boson，标准模型与希格斯玻色子的性质 11—12，26—27，37，55，169，245
and quantum field theory，标准模型与量子场论 33
and quarks，标准模型与夸克 26，*51*，198
and statistical analysis，标准模型与统计分析 179
and supersymmetry，标准模型与超对称 257，*259*
theory finalized，标准模型与理论终结 8
and weak interactions，标准模型与弱相互作用 *230*，235，280
Stanford Linear Accelerator Center (SLAC)，斯坦福直线加速器中心 66—67
statistical analysis 统计分析
and discovery of the Higgs，统计分析与希格斯子的发现 181–185，187—188
and OPERA experiment findings，统计分析与 OPERA 实验发现 196
and particle accelerator results，统计分析与粒子加速器结果 64—65
and particle decay，统计分析与粒子衰变 54
and quantum mechanics，统计分析与量子力学 178—181
and significance intervals，统计分析与显著性区间 175—178，*177*，181—185，196—197
statistical vs.systematic error，统计误差与系统误差 197
and threshold for discovery，统计分析与发现的阈值 16，165
Steinberger，Jack，杰克·斯坦伯格 48，67，79
Stewart，Jon，乔恩·斯图尔特 190—191

strange quarks，奇异夸克 50，*51*，146，158，294

string theory，弦理论 117，261—264，267

strong nuclear force 强核力

and charge of particles，强核力与粒子电荷 43

and dark matter，强核力与暗物质 247—248

and fermions，强核力与费米子 293

and Higgs decay modes，强核力与希格斯子衰变模式 172

and mass of ordinary matter，强核力与普通物质的质量 145

and mass of particles，强核力与粒子质量 273

and particle detector findings，强核力与粒子探测器的发现 103，104—105

and particle spin，强核力与粒子自旋 291

and quantum field theory，强核力与量子场论 130

and quarks，强核力与夸克 41

range of，强核力作用范围 30

and resting value of Higgs field，强核力与希格斯场的静态值 146

and string theory，强核力与弦理论 262

and supersymmetry，强核力与超对称 257

and symmetry，强核力与对称性 152，213

and Yang-Mills theories，强核力与杨–米尔斯理论 156

Strumia，Alessandro，亚历山德罗·斯特鲁米亚 201

Sundance Film Festival，圣丹斯电影节 208

Sundrum，Raman，拉曼·森德勒姆 265

superconducting magnets，超导磁体 75—77，88—90，274

Superconducting Super Collider (SSC)，超导超级对撞机 1—2，17，24，69—73，80，234–235，270，275

superconductivity，超导电性 211—215

supergravity theory，超引力理论 265

superpartner particles，超级伙伴粒子 257—259，*259*

Super Proton Synchrotron (SPS)，超级质子同步加速器 62，90

superstring theory，超弦理论 262，265

supersymmetry，超对称 **257—261**，***259***，**262**，**268**，**286**

Susskind，**Leonard**，伦纳德·萨斯坎德 **261**

symmetry and asymmetry 对称性与反对称性

analogy for lay audience，给外行的比喻，**137—139**

and the Big Bang，对称性与大爆炸 **160—161**

and connection fields，对称性与连接场 **152**，***152***，**162**

and electroweak unification，对称性与电弱统一理论 **232—234**

"**flavor**" **symmetries**，"味"对称性 **150**

and gauge bosons，对称性与规范玻色子 **52**，**160**，**213**

and the Higgs boson，对称性与希格斯玻色子 **12**

and the Higgs field，对称性与希格斯场 **52**，**146**，***147***，**147—150**，**156—160**，**162**，**273—274**，**278**，**289**，**292**

local symmetries，局域对称性 **151**，**154—155**，**211**，**222**，**289**

and matter-antimatter ratio，对称性与物质 / 反物质比 **268**

and particle spin，对称性与粒子自旋 **289**

summarized，**36**

and superconductivity，对称性与超导电性 **211—215**

supersymmetry，超对称性 **257—261**，***259***，**262**，**268**，**286**

symmetry-breaking，对称性破缺 **52**，***147***，**147—153**，**156—160**，**162**，**215—218**，**218—221**，***225***，**233**，**235—236**，**292**

and weak interactions，对称性与弱相互作用 **150—153**，**154—156**

Synchrocyclotron，同步辐射 **61**

T

Taubes，**Gary**，嘉里·陶布斯 **179—180**

tau leptons τ 轻子

discovery of，τ轻子的发现 **49**，**66**

and Higgs decay modes，τ轻子与希格斯子衰变模式 **170**，***171***，**199**

interaction with Higgs boson，τ轻子与希格斯玻色子的相互作用 143
and mass，τ轻子与质量 145
and particle detector findings，τ轻子与粒子探测器的发现 104，180
and resting value of Higgs field，τ轻子与希格斯场的静态值 146
and symmetry，τ轻子与对称性 149，159
tau–antitau pairs，τ子-反τ子对 *171*，172，*173*，187
tau neutrinos，τ子中微子 41，159
taxes，税 270
Taylor，Joseph，约瑟夫·泰勒 124
Taylor，Richard，理查德·泰勒 66
“technicolor”models，“彩色”模型 268
technological applications of physics research，物理学研究的技术应用 271—272，274—275
The Telegraph，《每日电讯报》78，163
Teresi，Dick，迪克·特雷西 20，25
Tevatron 太电子伏加速器
competition with LHC，Tevatron 与 LHC 的竞争 65
described,68
and Higgs decay modes，Tevatron 与希格斯子衰变模式 199
maximum energies achieved，Tevatron 与最大能量的实现 86
as predecessor of the LHC，Tevatron 作为 LHC 的前辈 16
and search for the Higgs，Tevatron 与希格斯子的搜寻 68—69
and top quark discovery，Tevatron 与顶夸克发现 136—137，198
theology and physics，神学与物理学 21—22，22—24
theory of everything，万有理论 262
“A Theory of Leptons”(Weinberg)，“轻子理论”（温伯格）235—237
‘t Hooft，Gerard，杰拉德·特霍夫特 236，238，239
tidal forces，引潮力（潮汐力）63—64
time travel，时间跨度 196
Tkachev，Igor，伊戈尔·特卡乔夫 266
Tomonaga，Sin-Itiro，朝永振一郎 213，229

Tonelli，Guido，圭多·托内利 **164，184，195—196**

topography，拓扑学 **152**

top quarks 顶夸克

charge of，顶夸克的电荷 **50，294**

and creation of Higgs bosons，顶夸克与希格斯子的产生 **167**

discovery of，顶夸克的发现 **16，68，198**

and Higgs decay modes，顶夸克与希格斯子衰变模式 **170**

and the Higgs field，顶夸克与希格斯场 **137**

interaction with Higgs boson，顶夸克与希格斯玻色子相互作用 **143**

and quark generations，顶夸克与夸克代 ***51***

and resting value of Higgs field，顶夸克与希格斯场的静态值 **146**

and symmetry of weak interactions，顶夸克与弱作用的对称性 **158**

toroidal magnets，环形磁体 **99—100**

TOTEM (Total Elastic and diffractive cross-section Measurement)，总弹性及衍射截面测量 **97—98**

Touschek，Bruno，布鲁诺·图切克 **62**

translation invariance，平移不变量 **149**

triggers，触发器 **111—112**

Twitter，推特网站 **203—204**

U

UA2 detector，**UA2** 探测器 **184**

uncertainty，不确定性 ***35***，**130**

unified theories，统一理论 **282**

up quarks 上夸克

and atomic structure，上夸克与原子结构 **10—11，28**

charge of，上夸克的电荷 **50，294**

interaction with Higgs boson，上夸克与希格斯玻色子相互作用 **143**

and particle spin，上夸克与粒子自旋 285，291

and quark generations，上夸克与夸克代 *51*

and resting value of Higgs field，上夸克与希格斯场静态值 146

and symmetry of weak interactions，上夸克与弱作用的对称性 158

and weak interactions，上夸克与弱作用 32

U.S.Congress，美国国会 1，24，269

U-70 Synchrotron，U−70 同步加速器 87

V

vacuum energy，真空能 221，253，254—256，265—267

valence quarks，价夸克 *102*

Veltman，Martinus，"Tini"马丁努斯·韦尔特曼 236

Violent J，凶猛吉 115—116

VIRGO observatory，VIRGO 天文台 124—125

virtual particles 虚粒子

and boson mass，虚粒子与玻色子质量 156

and creation of Higgs bosons，虚粒子与希格斯玻色子的产生 167—168

and dark matter，虚粒子与暗物质 249—250

and field values，虚粒子与场值 253

and Higgs decay modes，虚粒子与希格斯子衰变模式 170，188

and mass，虚粒子与质量 144

and neutron decay，虚粒子与中子衰变 132—133

and proton collisions，虚粒子与质子碰撞 *102*

and proton mass，虚粒子与质子质量 101

and quantum field theory，虚粒子与量子场论 129—130

quark-antiquark pairs，虚粒子与夸克-反夸克对 51，101

and resting value of Higgs field，虚粒子与希格斯场静态值 253—254

and supersymmetry，虚粒子与超对称 260

visible light，可见光 **122**

***viXra log*（blog）**，**163—164**

Wagner，**Walter**，沃尔特·瓦格纳 **189—191**

Waldgrave，**William**，威廉·沃尔德格雷夫 **137**

Ward，**John**，约翰·沃德 **233—234**，**235—237**

Ward identities，沃德恒等式 **233**

Watts，**Gordon**，戈登·瓦特 **2**，**68**

wave functions，波函数 **33—34**，**42**，**129**

W bosons W 玻色子

- **and the Big Bang**，W 玻色子与大爆炸 **161**
- **and connection fields**，W 玻色子与连接场 **153**
- **and creation of Higgs bosons**，W 玻色子与希格斯玻色子产生 **169**
- **discovery of**，W 玻色子的发现 **62**，**237**
- **effects of**，W 玻色子效应 **237**
- **and Higgs decay modes**，W 玻色子与希格斯子衰变模式 **170**，***171***，**172—173**，***173***，**187**
- **and the Higgs mechanism**，W 玻色子与希格斯机制 **224**
- **and mass**，W 玻色子与 质量 **53**，**145**
- **and particle detector findings**，W 玻色子与粒子探测器的发现 **104**，**180**
- **and particle spin**，W 玻色子与粒子自旋 ***53***，**283**，**286**，**288**，**290**
- **prediction of**，W 玻色子的预言 **235**
- **and Schwinger's model**，W 玻色子与施温格模型 **231**
- **and the strong nuclear force**，W 玻色子与强核力 **130**
- **and supersymmetry**，W 玻色子与超对称 **258**，***259***，**260**
- **and symmetry breaking**，W 玻色子与对称性破缺 **156**，**160**
- **and weak interactions**，W 玻色子与弱作用 **31—32**，**229—30**

and WIMPs，W 玻色子与弱作用有质量粒子 248—249

Weakly Interacting Massive Particles (WIMPs)，弱作用有质量粒子 247—248，250，261

weak nuclear force 弱核力

bosons of，弱核力的玻色子 31

and dark matter，弱核力与暗物质 247—248

evolution of theory，弱核力与理论演化 228—232，*230*

experimental evidence for，弱核力的实验证据 162

and fields，弱核力与场 31—32

and the hierarchy problem，弱核力与级列问题 254

and the Higgs field，弱核力与希格斯场 34

and neutron decay，弱核力与中子衰变 47，*47*

and particle spin，弱核力与粒子自旋 291

and resting value of Higgs field，弱核力与希格斯场的静态值 140

and solar energy，弱核力与太阳能 30

and the Standard model，弱核力与标准模型 *230*，235，280

and symmetry，弱核力与对称性 36，150—153，158—160，162，213

and W and Z bosons，弱核力与 W/Z 玻色子 31，62，162

and Yang-Mills theories，弱核力与杨–米尔斯理论 156

Weinberg，Steven 斯蒂芬·温伯格

and axions，温伯格与轴子 249

background，温伯格个人背景 234—235

Congressional testimony，温伯格与国会听证 24

on funding for Big Science，温伯格与大科学基金 270—271

and Goldstone's theorem，温伯格–戈德斯通定理 217

Nobel Prize，温伯格与诺贝尔奖 237

and origin of Higgs boson name，温伯格与希格斯玻色子命名的原委 238

and "A Theory of Leptons，" 温伯格与"轻子理论" 235—237

and vacuum energy，温伯格与真空能 267

and weak interaction theory，温伯格与弱作用理论 162

Weyl，Herman，赫尔曼·外尔 151

Wheeler，John，约翰·惠勒 33

Wigner，Eugene，尤金·魏格纳 23

Wikipedia，维基百科 240

Wilczek，Frank，弗兰克·维尔切克 30，168—169，249

Wilson，Robert，罗伯特·威尔逊 67—68，269—270

“WIMP miracle”，“弱作用有质量粒子奇迹”248—249

Woit，Peter，彼得·沃伊特 202

Wolf Prize in Physics，物理学沃尔夫奖 240

working groups，工作团队 192—193

World Conference of Science Journalists，世界科学记者大会 198

World Data Center for Climate，世界气候数据中心 111

Worldwide LHC Computing Grid，国际间 LHC 计算网络 112—113

World Wide Web，国际互联网 113，274

Wu，Sau Lan，吴秀兰 64—65，104，202，277

Yahia，Mohammed，穆罕默德·叶海亚 279

Yang，Chen Ning，杨振宁 154—155，158，212—213

Yang-Mills model，杨-米尔斯模型 229—231

You Tube，205—206

Z

Z bosons，Z 玻色子 62，235，237

　and the Big Bang，Z 玻色子与大爆炸 161

　and connection fields，Z 玻色子与连接场 153

and creation of Higgs bosons，Z 玻色子与希格斯玻色子的产生 169
and electroweak unification，Z 玻色子与电弱统一 233
and Higgs decay modes，Z 玻色子与希格斯子衰变模式 170，*171*，172，*173*
and the Higgs mechanism，Z 玻色子与希格斯机制 224
and mass，Z 玻色子与质量 53，145
and particle detectors，Z 玻色子与粒子探测器 96，104，180
and particle spin，Z 玻色子与粒子自旋 *53*，283，286，288—289，290
and the strong nuclear force，Z 玻色子与强核力 130
and supersymmetry，Z 玻色子与超对称 258，*259*，260
and symmetry breaking，Z 玻色子与对称性破缺 156，160
and the weak force，Z 玻色子与弱作用力 31
and weak interactions，Z 玻色子与弱相互作用 162
and WIMPs，Z 玻色子与弱作用有质量粒子 248—249
Zweig，George，乔治·茨威格 50
Zwicky，Fritz，弗里茨·兹维基 244

译后记

值至本书即将付梓之际，欣闻2013年度诺贝尔物理学奖新鲜出炉。今年的物理学奖毫无悬念地颁发给了英国物理学家彼得·希格斯和比利时物理学家弗朗索瓦·恩格勒特，以表彰他们对希格斯玻色子所做的准确预言。本书选择在此时刻面世，可谓适逢其时。我们相信，随着诺贝尔奖掀起的人们希望对希格斯子略知一二的热潮，本书在提供解颐的同时，也为广大有志于基础研究的青年才俊提供了适当的内驱力。当今时代，西方经济复苏乏力，而中国则在鼓励创新、追求原创性研究和基础研究方面持续着力投入。我们在四川雅砻江锦屏创建的“中国锦屏地下实验室”在暗物质探索方面正取得国际领先的研究成果。而对暗物质和暗能量的研究正是希格斯玻色子之后基础物理研究领域下一个有望突破之所在。中国人在完全自主的科研平台上做出具有世界级水平的发现，将真正使中国本土科学家成为下一个诺贝尔物理学奖的有力竞争者。我们期望本书能为这一美好愿望的实现献上一份绵薄之力……

王文浩

2013 年 10 月 10 日

图书在版编目（CIP）数据

寻找希格斯粒子 / （美） 肖恩・卡罗尔著；王文浩译 . — 长沙：湖南科学技术出版社，
2018.1（2024.11重印）
（第一推动丛书 . 物理系列）
ISBN 978-7-5357-9515-1
Ⅰ . ①寻… Ⅱ . ①肖… ②王… Ⅲ . ①粒子物理学—普及读物 Ⅳ . ① O572.2
中国版本图书馆 CIP 数据核字（2017）第 226153 号

The Particle at the End of the Universe
Copyright ©2012 by Sean Carroll
All Rights Reserved

湖南科学技术出版社通过美国 Brockman，Inc. 独家获得本书中文简体版中国大陆出版发行权
著作权合同登记号 18-2013-420

XUNZHAO XIGESI LIZI
寻找希格斯粒子

著者
[美] 肖恩・卡罗尔
译者
王文浩
出版人
潘晓山
责任编辑
吴炜　戴涛　李蓓
装帧设计
邵年 李叶 李星霖 赵宛青
出版发行
湖南科学技术出版社
社址
长沙市芙蓉中路一段 416 号
泊富国际金融中心
http://www.hnstp.com
湖南科学技术出版社
天猫旗舰店网址
http://hnkjcbs.tmall.com
邮购联系
本社直销科 0731-84375808

印刷
湖南省众鑫印务有限公司
厂址
长沙县榔梨街道梨江大道20号
邮编
410100
版次
2018 年 1 月第 1 版
印次
2024 年 11 月第 9 次印刷
开本
880mm × 1230mm　1/32
印张
12.75
插页
8 页
字数
280000
书号
ISBN 978-7-5357-9515-1
定价
59.00 元

版权所有，侵权必究。

2011年，乔安妮·休伊特在美国俄勒冈州尤金市的物理学科普报告会上向听众讲述暗物质知识

2012年7月4日，法比奥拉·詹诺蒂、罗尔夫·霍伊尔和乔·印坎德拉准备宣布新发现

站在费米实验室外的莱昂·莱德曼

威斯康星大学的吴秀兰。她一直在LEP和LHC上搜寻希格斯子

W玻色子和Z玻色子的发现者和大型强子对撞机的倡导者卡罗·鲁比亚

法比奥拉·詹诺蒂，2011～2012年间ATLAS的发言人

LHC的建造者林恩·埃文斯

CERN和LHC以及主要实验地点的鸟瞰图。实际的环形管道位于地下，在地面上是看不到的

2011年，乔安妮·休伊特在美国俄勒冈州尤金市的物理学科普报告会上向听众讲述暗物质知识

在LHC隧道内，偶极磁体已准备就绪，等待运行

9月19日
事故后LHC磁
体的损坏状况

LHC质子束的所有质子均来自这种小型氢气罐。它所含的质子足以让LHC运行10亿年

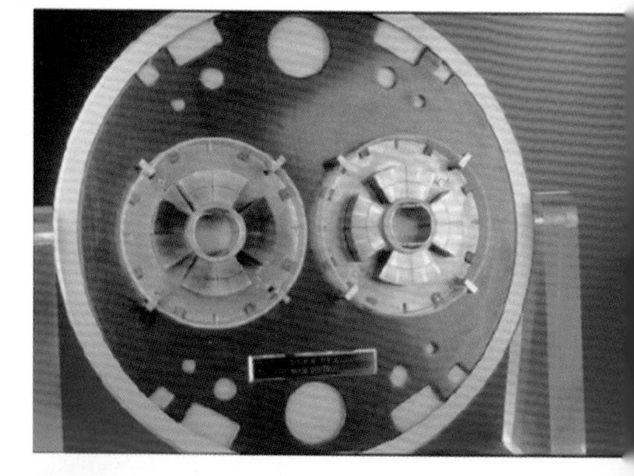

LHC上偶极磁体的截面模型。两个束流管道载着质子沿相反方向运动

内置无线电发射器的小“乒乓球”。让它在LHC的束管内滚动以便检查管内有无障碍物

乔·印坎德拉，CMS在2012年的发言人

ATLAS探测器记录的待定希格斯子事件。两个长的蓝色线条是μ子，短蓝线是电子，因此这个事件表示希格斯子衰变到两个Z玻色子

在建的ATLAS探测器。注意位于中下部的人。8根巨型管道是用于偏转μ子（以便测知其能量）的磁体

在建的CMS探测器

南部阳一郎，对称性破缺、胶子和弦理论的先驱

菲利普·安德森，凝聚态物理的领导者，一个思维缜密的倔老头

从左至右：汤姆·基布尔、杰拉德·古拉尔尼克、卡尔·R.哈根、弗朗索瓦·恩格勒特和罗伯特·布劳特，摄于2010年樱井奖颁奖典礼。彼得·希格斯分享了该奖，但未出席

彼得·希格斯，访问ATLAS实验装置

从左至右：格拉肖、萨拉姆和温伯格，摄于1979年诺贝尔奖颁奖典礼

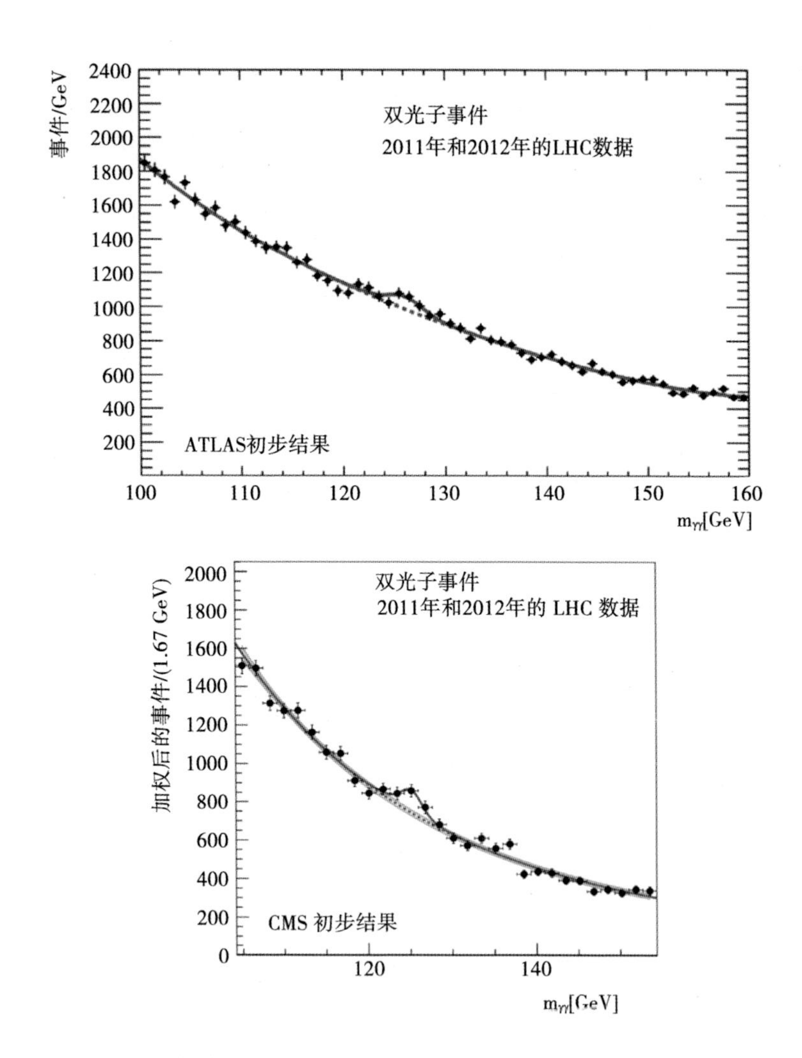

LHC搜寻希格斯子产生和分析得到的数据。曲线显示的是产生两个高能光子的事件数，其中光子的总能量在100～160 GeV之间。数据来源：ATLAS和CMS在2011年和2012年的数据。图中虚线显示的是没有希格斯子时的预言结果，实线显示的是有希格斯子（对ATLAS，质量为126.5 GeV；对CMS，质量为125.3 GeV）时的结果

我们为何进行科学研究

漫画，扎克·韦纳史密斯绘

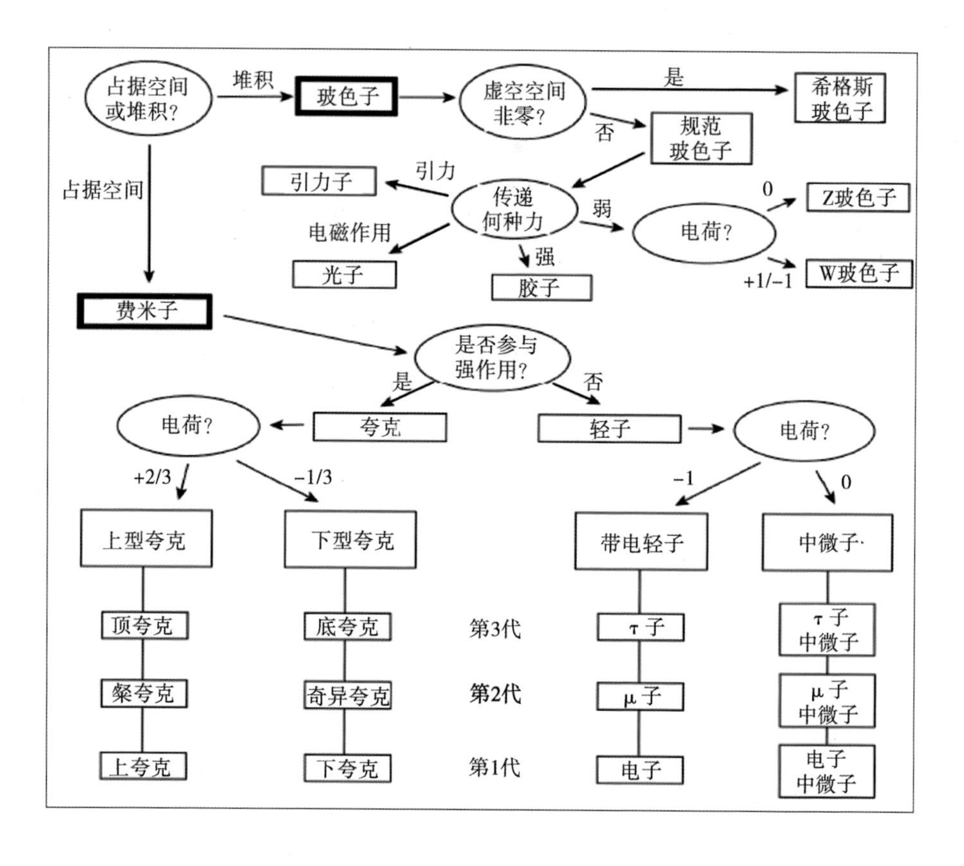

标准模型下基本粒子家族图。这是现代版的粒子周期表。夸克用蓝色表示，轻子用褐色表示，规范玻色子用绿色表示，希格斯子用红色表示